U0958406

精细化学品分析与应用

主　编　张玉苍
副主编　孙岩峰　李　阳
主　审　何钟林

北　京
冶 金 工 业 出 版 社
2022

内容简介

本书主要介绍精细化学品分析中常用的分析方法，包括其原理和应用，具体有精细化学品的系统剖析、色谱法在精细化工中的应用、紫外-可见吸收光谱、红外吸收光谱、有机质谱、核磁共振氢谱等内容。

本书可作为理工科、医学、农业类院校和师范大学本科生的专业教材，也可供从事精细化工、有机合成、医药中间体制备、染料、涂料、农药等领域的从业人员及科研工作者参考。

图书在版编目（CIP）数据

精细化学品分析与应用／张玉苍主编．—北京：冶金工业出版社，2011.8（2022.2 重印）

ISBN 978-7-5024-5690-0

Ⅰ.①精… Ⅱ.①张… Ⅲ.①精细化工—化工产品—化学分析—高等学校—教材 Ⅳ.①TQ075

中国版本图书馆 CIP 数据核字（2011）第 160006 号

精细化学品分析与应用

出版发行 冶金工业出版社 **电　话** (010)64027926
地　址 北京市东城区嵩祝院北巷 39 号 **邮　编** 100009
网　址 www.mip1953.com **电子信箱** service@mip1953.com

责任编辑 于昕蕾 美术编辑 彭子赫 版式设计 葛新霞
责任校对 王贺兰 责任印制 禹 蕊
北京虎彩文化传播有限公司印刷
2011 年 8 月第 1 版，2022 年 2 月第 2 次印刷
787mm×1092mm 1/16；13 印张；312 千字；195 页
定价 29.00 元

投稿电话 (010)64027932 投稿信箱 tougao@cnmip.com.cn
营销中心电话 (010)64044283
冶金工业出版社天猫旗舰店 yjgycbs.tmall.com
（本书如有印装质量问题，本社营销中心负责退换）

前　言

近代化学化工的发展方向是精细化和绿色化。任何企业生产任何产品，都会涉及原料工艺、设备规模和质量检验三方面问题，其中对产品的质量检验尤为重要，现代分析方法和分析手段在各种各样创新产品的制造和研究中起到了至关重要的作用。

"精细化学品分析"作为一门学科发展非常迅速。利用现代化的分析、检测手段，对产品质量进行监控，保障产品质量安全。精细化学品分析不仅仅为最终结果提供"化验单"，还参与整个合成、加工及应用的全过程。通过对化合物进行结构分析，可为新产品的开发、决策提供依据和质量保证。

目前，有关精细化学品分析学科的教科书，大多侧重于方法和手段的介绍。传统的分析方法如重量分析、容量分析等在早期的教科书中作了较多的介绍，仪器分析则介绍得不深、不系统。随着精细化学品合成方法的不断发展，合成化合物的结构更加复杂化，迫切需要采用现代的分析方法和分析手段来适应合成工艺的发展，仪器分析在精细化学品分析中的作用尤为重要。

本书将教学和科研相结合，重点介绍了常用的仪器分析方法（如四大谱：UV、IR、MS、NMR）等的基本原理和在精细化学品分析中的应用，基本体现了当今该领域的研究水平，系统性强，具有较强的实用性和参考价值。本书不同于一般的"仪器分析"教科书，也有别于某些专用化学品剖析的书籍，不仅介绍了普通的原理，也结合精细化学品分析的实际需要进行了探讨，专业和普及兼顾，理论和实践兼容，可作为理工科大学、医学院、农学院和师范大学本科生的专业教材，也可以作为从事精细化工、有机合成、医药中间体制备、染料、涂料、农药等领域科研工作者的参考书。

衷心感谢大连工业大学应用化学教研室各位同事的帮助，特别感谢何连芳老师的默默支持。感谢迟青山、张文明、杜静、周长俊、杨洋、孟岩等，是他们的真诚帮助使得本书顺利完成。感谢何钟林教授对本书的指导，以及对本书的审阅。

在本书编写过程中，参考了大量国内外前辈和同行们撰写的书籍和期刊论文资料。主要引用的参考文献列在了书后，还有一些由于内容分散，恕未能一一罗列，在此一并表示衷心的感谢！

由于编者水平有限，不能面面俱到，书中有不妥之处敬请广大读者不吝赐教，以便今后加以更正。

编 者

2011 年 4 月

目　录

1 绪　论

1.1 精细化学品的范畴和发展

精细化工是生产精细化学品工业的简称。何谓精细化学品，各国的定义不同。国内外许多学者的专著对“精细化工”（Fine Chemical Industry）和“精细化学品”（Fine Chemicals）的定义都有论述，并且不断地补充新的内涵，它是发展的，逐步趋于完善的。

各国对于精细化学品的范畴，并无共同的准则，而是根据化工生产技术和生活水平等综合因素来确定的，且随着科学技术的发展而不断调整。各国对精细化学品所下的定义不同，精细化工发展的水平不同，其范畴也就不同。日本在1988年的精细化学年鉴中，列为精细化工产品的有51个行业类别的产品。大多数欧美国家将中国和日本所称的精细化学品又分为精细化学品和专用化学品。事实上，在欧美国家广泛使用“专用化学品”一词，很少使用“精细化学品”这个词，这可能是因为广泛使用的是大量的具有特殊功能的专用化学品而非精细化学品。

在我国，精细化学品一般指经深度加工、技术密集度高和附加值大的化学品。精细化学品包括两种类型的产品：一类是可以用化学式表示其成分、组分单一、加工度高、质量要求高的化工产品，如医药、农药的原料，化学试剂，合成香料，合成染料，功能聚合物等；另一类是由若干种化合物组成的复合物或配合物，如牌号众多的染料、复合农药、医药制剂、复合香精、化妆品、涂料、化纤油剂、黏合剂、油墨等。前一类产品强调的是产品的规格和纯度，以规格和纯度决定其性能。此类产品在一定条件下可单独作为产品，亦常作为后一类产品的主要成分，通过复配物的形式被应用于不同对象和目的，故相对于后一类产品其用途较为广泛。后一类产品强调的是其功能，它是以特定应用对象和目的所要求的特定功能为目标而设计加工的，故专用性强、适用范围狭窄，因而常称为专用化学品。

我国精细化工的范畴，化工部1986年3月《关于精细化工产品分类的暂行规定和有关事项的通知》中规定为如下11个产品类别：(1) 农药；(2) 染料；(3) 涂料（包括油漆和油墨）；(4) 颜料；(5) 试剂和高纯物；(6) 信息用化学品（包括感光材料、磁性材料等能接受电磁波的化学品）；(7) 食品和饲料添加剂；(8) 黏合剂；(9) 催化剂和各种助剂；(10) 化工系统生产的化学药品（原料药）和日用化学品；(11) 高分子聚合物中的功能高分子材料（包括功能膜、偏光材料等）。

1994年8月，化工部《关于确定“大化工”、“精细化工”统计范围（试行稿）的通知》中，对精细化工范畴又划分为十二大类：化学农药、涂料、油墨、颜料、染料、化学试剂及各种助剂、专项化学品、信息化学品、放射化学品、食品和饲料添加剂、日用化学品、化学药品。其中各种助剂包括催化剂、塑料助剂、橡胶助剂、印染助剂等；专项化学品是指水处理化学品、造纸化学品、皮革化学品、油田化学品、生物工程化学品、工业用表面活性剂、碳纤维、化学陶瓷纤维、胶黏剂和高功能化工产品等。

近十几年来，精细化学品的发展之迅速，应用领域之广泛都是其他工业难以相比的。尤其是20世纪70年代“石油危机”以来，化工产品的精细化是发达国家化学工业发展的一个重要标志，已形成了与基础化学工业相对应的诸多分支。除了传统的精细化工行业，如医药、染料、农药、化妆品等进一步发展外，汽车化学品、表面活性剂、油田化学品以及助剂工业都得到极大的发展。

从世界范围来看，精细化学品在化学工业中是速度最快、技术含量最丰富、附加价值最高的产品之一；同时技术垄断性强，新品种开发费用高，国内外竞争激烈，促进了精细化工的迅速发展，使其在整个化学工业中的比率不断上升。精细化工所占比率，常用精细化率表示，即：

$$\text{精细化率} = \frac{\text{精细化工产品总值}}{\text{化工产品总值}} \times 100\%$$

据统计，美国的精细化率在20世纪70年代，为37%～40%，在20世纪80年代增至45%～50%，在20世纪90年代中期已达53%；德国的精细化工率在20世纪70年代为38%～40%，在20世纪80年代中期为53%，在20世纪90年代中期达到56%；日本的精细化工率在20世纪70年代为38%～39%，在20世纪80年代为50%，在20世纪90年代中期达到57%；瑞士是精细化工高度发达的国家，其精细化工率目前接近90%。估计到21世纪初世界主要工业国家的精细化工率均达到60%～65%。

我国的精细化工起步比较晚，基础也较薄弱。目前还存在着产业结构不合理、产量低、品种少、开发能力差、环境污染严重等问题。1985年我国的精细化率仅为23.1%，1994年达到29.78%，大大低于发达国家水平。我国每年需要大量进口精细化工产品，据1985年统计，我国进口化工产品约1500种，其中精细化工产品占80%以上。为此，我国已在化学工业发展规划中将精细化工列为发展重点。

近几年来，我国精细化工取得了很大成绩，先后建立了水处理、食品添加剂、饲料添加剂、生化工程、丙烯酸系列产品、气雾剂等精细化工技术中心，一批重点实验室及研究开发基地亦先后在各地建立，一大批精细化工产品在开发、生产和应用方面取得可喜的成绩，科技队伍迅速成长、壮大，精细化工生产企业遍布城乡。但我国目前的精细化工尚存在新结构化合物品种少、质量差，开发手段及生产设备、技术落后，复配等应用技术滞后，不能实现经济规模等问题。

同时，精细化学品的发展史是与化合物的分离和分析技术的发展紧密联系的，在某种意义上甚至可以说就是化合物分离和分析技术的发展史，分离和分析技术及设备的每一次突破和飞跃，都促进了精细化学品的进一步发展。所以，作为化学及化工工艺的学生，特别是学习精细化工类的学生，掌握并熟悉现代分离和分析设备及技术是十分必要的。

1.2 精细化学品分析的研究方法

鉴于产品分析与企业的商业利益和知识产权等的敏感关系，许多公开的论文报告中都尽量避免使用“剖析”这个词条。但是，它的内容，它对精细化工专业人才培养过程中的重要性，却是不可避免的。因此，正确理解和运用精细化学品分析的技术和方法，掌握它的原理，发挥它在精细化学品工业中的独特作用，是我们应该十分关注的。

那么，如何才能掌握“精细化学品分析”这一专业技术知识呢？精细化学品门类繁多，通常是组成复杂的复配体系。如一个新问世的化妆品，可能由无机、有机和高分子等多种成分构成；一些动植物体内的有价值的成分，也是与大多数生化物质共存于一体。此外，样品中各组分含量可能相差悬殊，有时常量、微量与痕量组分共存于一体，而人们最感兴趣或最有效的组分又可能是其中的微量、痕量组分。样品中的某些组分在加工、贮存或应用过程中，可能已发生某些变化，如高分子材料中的抗氧剂、交联剂等的分析，通常得到的是发生某些反应后的产物，由此而推断其原始物质状态及含量。

因此，精细化学品分析一般是一种综合分析。需要熟悉和掌握无机、有机、生化等领域中的各种分析方法，如元素分析、结构分析、成分分析等。需要熟悉和采用最新的分析仪器和手段，提供更丰富，更准确的结构与成分信息。也只有这样，才能提高精细化学品分析的工作效率和准确性。

首先，我们需要学习剖析研究的一般工作方法。剖析取样应注意厂家、商标、批号、专利号和包装，贮存条件等信息，以确保样品来源的可靠性和代表性。非均匀体系还要按分析化学的方法正确取样。样品来源不准确、取样没有代表性，或存放不合理而被污染、变质等都可能使剖析研究复杂化，甚至徒劳无功。同一厂家不同批号的产品组成亦可能不相同。此外，对样品生产厂家的了解，还有助于缩小文献及专利查阅范围，以及了解是否申请专利保护和专利保护的范围、时间等重要信息。

其次，是对样品的用途、应用性能的学习和了解，可给出一些重要的结构成分信息。许多商品材料的用途-结构-成分之间有很密切的关系。对样品价值的了解，也是决策剖析工作的深度、规模及速度等十分重要的因素。通常为了了解样品的某些特殊性能，仅对样品中某些特定成分进行分析即可。只有在某些引进技术的全面消化与国产化研究中，才需要对样品进行较全面的剖析。

对样品的一般性质考察也很重要，如样品的外观审查，色、嗅、味，密度以及溶解度检验。另外还需作好样品的预处理。

最后，对样品中各组分的分离和纯化以及对分离开的各组分进行结构与成分分析，是学习精细化学品分析的主要内容。在学习方法上，我们以方法和手段为主线，依次介绍气相色谱（GC）、液相色谱（LC）、薄层色谱（TLC）和纸色谱（PC），并介绍紫外与可见光谱（UV）、红外光谱（IR）、质谱（MS）和核磁共振波谱（NMR）。对这些方法和手段的介绍，除了阐述基本原理外，还结合精细化学品分析应用的实例，进行了分析。为了加强对精细化学品剖析的学习和了解，我们综合介绍了各种方法和手段，并配有实例讲解，以供学习和掌握。

1.3　精细化学品分析的成就与发展

分析技术的发展已经历了200多年的历史，学科之间的相互渗透是分析化学发展的基本规律。剖析技术的发展主要分为三个阶段：

第一阶段是化学分析法阶段。在化学发展的早期，天然产物的分析主要是通过分析燃烧和焙烧所产生的气体和固体来推测化合物的结构。这种方法历时较长、耗费较大、误差较大，如吗啡发现过程。早在1803年人们从罂粟中分离出一种白色化合物，定名为吗啡，具有明显的镇痛作用，又有巨大的成瘾性。人们对其结构进行了长期持续的研究，直到

1881 年经过锌粉蒸馏，分离得到产物菲，说明氢化菲环结构，并根据降解产物，才确定了 3 个氧官能团的位置。到 1925 年，古兰德和 R·罗宾逊提出了吗啡的结构式，但没有确定乙氨基的位置。最后到 1952 年全合成吗啡成功，才确定了它的化学结构式。前后共花了 149 年。到了 19 世纪末 20 世纪初，以德国的利比西和费歇尔为代表的化学家所采用的确定化学结构的方法则是利用化合物的特征反应和降价反应。例如，芳胺的重氮化和耦合反应。但是，对于一个未知的、复杂的或物化性质十分接近的体系，采用上述经典的分离和分析方法很难达到目的。

第二阶段是色谱、波谱法阶段。1903 年俄国植物学家 Tswett 在研究中分离叶绿素的过程中首次采用了色谱技术。但遗憾的是，直到 20 世纪 50 年代以后，色谱分离法才应用于剖析技术，这就简化了分离程序，大大提高了分离效果。该法可用已知样品进行色谱分离，达到对比鉴定的目的，因而节省了测试时间及样品用量。随后人们根据不同的化合物在固定相上吸附作用的差别发现了吸附色谱；根据混合物各组分在两种互不相溶的液体中溶解度的差别发明了分配色谱等，如纸色谱、薄层色谱、柱层析、气相色谱（GC）、高效液相色谱（HPLC）等。自此为有机化合物的有效分离与分析开辟了一个新局面。特别是各种波谱测定方法应用于剖析技术后，可以对大部分化合物进行原始状态的分析，分析所需样品少、时间短，而得到数据较多。

第三阶段是分析仪器联用技术和计算机专家系统阶段。从 20 世纪 80 年代开始的所谓“第三次科学浪潮”以来，分析化学正在经受着从内涵到外延极为深刻的冲击，进入重大变革的历史时期。特别是材料和生命科学的发展，对分析化学提出了新的要求。精细化学品的崛起，已成为工农业、国防业和高科技开发不可缺少的物质基础，也给精细化学品的分析带来许多新的课题。分析化学从学科的角度，已吸收了现代物理学、化学、生物、电子、数学和计算机科学中最新的科学技术成就，这样就使分析化学发展成一门综合性科学——分析科学（Analytical Science）。这些论点也被越来越多的科学家所接受。色谱与波谱技术的联用，如：气-质（GC/MS）、液-质（HPLC/MS）等方法已被广泛应用。近年来超临界流体色谱（SFC）的发展弥补了 GC 法和 HPLC 法的部分缺点，更易实现与 MS 和 IR 的联用，市场上已有 SFC/MS、SFC/FT-IR 联用的商品仪器。这些新的分离方法和新的仪器联用技术使分离步骤简化，并能提供更灵敏、更准确、更丰富的结构信息，这就提高了解决复杂体系、复杂结构的能力。计算机进入剖析领域后，使剖析工作有了质的飞跃，引起了分析仪器的革命，如实验数据和图谱的处理、存储、检索等。近年来计算机专家系统在有机波谱结构剖析和推断中已有了显著的成绩，首先是建立了数据库，将已有的波谱与结构相关知识加以归纳、总结。然后，专家系统中的推理机又将数据库中提供的丰富知识和规律，进行逻辑推理和分析，提供可能的结构。这样对剖析工作起到良好的启示作用。

我国高校中第一个“分析科学系”已在武汉大学成立，第一份《分析科学学报》于 1993 年创刊，第一套《分析科学现代方法》丛书也已经出版。近年来国内已出版了以剖析为名的几本专著，如大连理工大学杨锦宗教授编著的《染料分析与剖析》（化学工业出版社，1987），朱普农先生等编著的《高分子材料剖析》（科学出版社，1988）。剖析技术已成为 1992 年“分析化学前沿讨论会”重点的选题之一。

精细化学品分析不仅仅是应用分析化学的基本理论和方法来解决精细化学品专业分析中的一些具体问题，它还面临着一系列新的挑战。例如，在一种防晒化妆品的研制和生产过程中，很重要的一个问题就是如何评价防晒产品抗紫外线效能。国外通行的做法是采用离体实验方法测定防晒护肤品的SPF值，其理论基础是紫外分光光度法。但在实践上，不同的紫外光谱区域UVⅠ和UVⅡ对皮肤的作用机理可能是不同的；不同的制样方法和条件（防晒化妆品一般是一种不完全溶解的复配物）对测定结果也有影响；最后由于皮肤老化机理是一个复杂的生物过程，有关衰老机理至今尚未有统一的学说。所以，精细化学品分析不单纯是一个分析或分析方法问题，它涉及许多相邻近的学科。精细化学品分析学科的发展无疑给这些相邻近学科领域的发展带来巨大的利益。反过来，这些相邻近学科领域的开拓也给精细化学品的分析带来许多新的课题和任务。

著名的长沙马王堆出土文物中防腐剂、各种织物及颜料的剖析，为我国古代灿烂的科学技术与物质文明提供了有力的证据；采用质子萤火方法对两千多年前的越王勾践的宝剑，进行了不破坏分析，揭示了我国古代冶金史上的辉煌篇章。国外一个有趣的例子是德国博物馆曾以90万马克收藏了所谓“历史珍品”的希特勒日记，但通过剖析该日记本封背用的黏合剂，发现系20世纪60年代才生产的聚乙烯吡咯烷酮类化学浆糊，这场闹剧很快收场。

精细化学品分析作为一门学科，它的巨大成就不仅仅表现在个别事例的辉煌上，否则，我们也只能看到它一些零零散散的发展。作为近代化学工程与工艺（也包括其他工程与工艺），生产任何一种产品，一般面临着三个问题，第一是怎样生产，即用什么样的原料工艺；第二是生产规模，用什么样的设备来实现；第三是质量问题，即分析和检测方法。这就好比一个鼎，三足鼎立，缺一不可，才能得到一个有一定科技含量的产品。就分析测试方法本身而言，世界通行的教科书，通常都是以方法和手段来展开。早期的教科书，一般分为重量分析、容量分析和仪器分析。容量分析中又分为酸碱滴定、氧化还原滴定、沉淀滴定和络合滴定。仪器分析部分一般仅介绍电重量分析和比色分析。随着科学技术的发展，特别是分析科学的提出，分析化学已经走出化学。近代分析测试中已突出了分离方法的重要性。如20世纪70年代Peter、Hayes和Hieftje出版的一本《分析化学理论和实践》教科书，已把书正名称作《化学分离和测定》。该书详细介绍了色谱理论和色谱方法。20世纪90年代美国Varian公司推出GC STAR3400、3600、3800等新型气相色谱仪，可永久安装并同时操作多达3个进样口和检测器，并具有快速加热和快速冷却柱箱，意味着大大缩短分析时间，提高生产率。特别是Saturn2000台式离子阱气相色谱/质谱联用仪，可同时连接FID、ECD、TSD和PFPD检测器，如PFPD可对多达28种元素有很好的灵敏度和选择性。通过Windows XP下的系统软件，全自动控制自动进样口以及气相色谱和质谱的操作和数据处理，满足分离和测定的需要。

仪器分析方法与分析仪器的进步是相辅相成的。精细化学品分析中光谱分析方法也是经常应用的。除发射光谱和原子吸收光谱外，近代光谱学方法早已突破了以Beer-Lambert为基础的比色分析的范畴，按照电磁波波长递减的顺序，应是核磁共振、远红外光谱、红外光谱、近红外光谱、可见光谱、紫外光谱、软X射线、X射线荧光光谱及γ射线等。它们在精细化学品的结构分析与成分分析中都有很好的应用。仪器分析方法虽然有快速、灵敏的特点，但是也不能完全迷信仪器分析方法，在有些情况下，普通的化学分析方法，如化学分析显色对卤素离子、硫酸根、碳酸根等的鉴定仍是很有效的方法。

仪器分析也不总是与高昂的设备费用、复杂的物理测试过程相联系。有一些仪器分析方法也是在一般精细化学品分析实验室中常见的，如基于电位分析的 pH 值测定仪、离子选择性电极和离子计、自动电位滴定仪以及电导分析仪等。

应当说明，精细化学品分析也不是包罗万象的百科全书。仅靠分析和测试的手段，也会遇到解决不了的复杂体系分离、测定和复杂结构鉴定的难题。这一方面是由于科学水平的发展的限制，另一方面也是由实际问题的多样性所致。例如，一种精细化工产品，在分析时某些关键的组分在合成、加工或贮存过程中已经发生了变化，部分消失或完全消失、失活；某些微量组分可能在分离中丢失，或分离得到的样品纯度不够，致使提供的信息不准确；最后，许多产品的性能还受其合成、加工、复配的工艺所限制，如前面提到的防晒化妆品的研制。再例如，一个高分子精细化学品还受到聚合物的立构规整度、支化度、相对分子质量的分布、结晶形态以及加入助剂在整体中的分布等影响。总之，一个材料的性质受到多方面成分与结构的影响，往往也不能完全由精细化学品分析所提供的信息和资料所决定。所以，在一些新材料、新的精细化学品的研制中，仅靠分析的手段是不够的，必须发挥多学科的综合作用。这就是哲学上所说的：分析与综合是矛盾的两个方面，是相辅相成的。它们既是对立的，又是统一的。一个精细化学品分析工作者，既要学习分析的方法，也要学习综合分析法，才有旺盛的生命力。精细化学品分析工作者不仅要学会在实验室里工作，更要关心科学技术的最新发展，关心工程和工艺前沿的最新成就！

2　精细化学品的系统剖析

剖析是指运用化学和物理等方法对一个复杂样品（精细化工产品、环境分析样品、天然物等）进行全面系统的分析鉴定过程。剖析时首先要采用分离技术，把混合物中各组分逐一分离、纯化，然后对各组分的性质、类属及化学结构、含量进行定性和定量的分析鉴定。

精细化学品的剖析在其产品开发研究以及生产管理中起着十分重要的作用。剖析工作的对象和目标大致有三个方面：国内外新产品、天然产物、产品生产过程中出现的剖析工作课题。

通过对国内外新产品的剖析研究，人们可以对这些新产品的组成、结构有清晰的了解，对于产品的性能与其组成、结构的关系有深入的认识。

天然化合物尤其是中草药和海洋生物中的活性成分对人类疾病有着特殊的疗效，但目前对其中的许多有效组分还不十分清楚，有待于人们去剖析和鉴定，以便能够进行人工合成的探索。

各种化工产品在研制和生产过程中经常出现化合物结构测定的问题，尤其是新产品研制过程中遇到的剖析课题很多。对这些产品、中间体或副产品的结构搞清楚后，有利于产品质量的稳步提高，有利于副产品的综合利用。

2.1　剖析工作的特点及作用

2.1.1　剖析工作的特点

剖析工作中的样品通常是组成复杂的混合体系，现代分析方法中没有一种方法能独立完成这些复杂的分析课题，必须采用多种方法进行综合分析。剖析技术是分离、分析、结构鉴定和合成等方法相结合的综合技术，它具有如下特点：

（1）剖析对象的复杂性。随着科学技术的发展，剖析技术所面临的工作对象常常是组成十分复杂的体系。剖析对象可能是国内外的新产品或生产过程中的中间体，也可能是天然资源或“三废”处理样品。剖析对象的组成有的较简单，仅含数种成分，但大多数是复杂的配方，含数十种组分，如许多复合材料常是由无机、有机和高分子等多种化合物成分构成。需剖析的样品有的较多，可充裕地进行各种分离测试，有的却只有几毫克，甚至是微克级，需精打细算。对这些复杂样品的剖析，已主要不是元素的组成，而是各种元素的连接与组合方式，即物质的分子结构、元素的价态和相态等的分析。另外，在复杂体系的样品中各组分的含量常相差悬殊，有时常量、微量与痕量组分共存于一体，而人们感兴趣的组分又可能是其中的微量、痕量组分。不同含量的组分要求不同的分析方法和分析过程。有的样品在合成、加工过程中或储存、应用过程中，某些组分已发生了变化，如高分子材料中的抗氧剂、交联剂等的剖析，通常得到的是发生某些反应后的产物。剖析样品所得到的结果，可能是其变化过程中的产物组成，要得到原始组成，还必须根据存放、应用的条件进行反推。

由此可见，剖析对象十分复杂，剖析工作者必须调查和熟悉工作样品的来源、基本性质、可能的组合、制作过程及应用范围等，以便制订切实可行的工作程序和选用最佳的剖析方法。

（2）剖析工作的综合性。由于剖析对象十分复杂，必然决定剖析过程也是十分复杂的过程，需要多种技术、多种仪器、多种方法综合协调作用，才能完成剖析任务。现代分析科学领域中的许多分析方法，如元素分析、结构分析、成分分析、无机分析、有机分析、生化分析等方法和仪器，都可能被剖析工作所利用。

对于配方性的精细化工产品，还需获得有关组分含量信息，有时还要根据剖析结果进行产品配制，将配得产品的性能与样品的性能进行比较，以检验剖析结果的可靠性。

由于剖析工作是一种十分复杂的综合性的研究工作，因此要求剖析工作者具有综合的技术知识，并具备如下的技术能力：

1）具有较全面的化学基础，包括鉴定无机物、有机物、合成物、天然物结构的基本知识；

2）熟悉各种分析仪器的原理、特点和应用范围，并能综合解析各种光谱、波谱；

3）跟踪分析化学领域中新技术、新方法以选择最佳分析方案，摄取有效的分析信息，确证各结构难点；

4）具备熟练的纯品分离、制备、纯度鉴定的实验技巧，包括制订各种合成路线，熟练地进行各类合成反应；

5）懂得有关配方、加工等应用方面的知识，以创建独有的新工艺、新产品。

因此，剖析工作往往不是靠一个人完成的，而是由一批专家组成的群体齐心协力来完成的。

（3）剖析过程的复杂性。由于样品组成的多样性和剖析要求的特殊性，决定了剖析过程的复杂性。剖析工作通常包含三个重要过程：

首先是要选用各种分离、纯化手段，对复杂体系进行分离，制备纯品，并进行纯度鉴定。

其次是对分离开的各组分进行定性、定量及结构的鉴定。此时，如果是无机元素，则必须运用原子光谱、电子能谱或X射线光谱技术；如果是有机物，就必须运用紫外、红外、核磁共振、质谱等波谱分析仪器和方法进行化学结构鉴定。

最后是对推测的结构进行合成、加工及性能评价。

所以整个剖析过程既是把分离分析、结构分析与成分分析相结合的一门综合分析技术，又是把分析信息与合成加工及应用技术紧密结合的一项系统工程。不同体系样品的剖析程序可能相差很大，增加了剖析研究过程的复杂性。

（4）剖析的局限性。剖析工作在生产和科学研究中的重要作用不言而喻，但需指出的是，并不是什么东西都能剖析，也不是任何样品都可准确剖析。在实践中发现，人工合成或复配的产品容易剖析，而天然产品（如中草药）的剖析难度就很大。在剖析研究中也没有常胜将军，任何高明的剖析专家也会遇到解决不了的复杂体系分离和复杂结构鉴定的难题。即使剖析结果很完整、很成功，也可能无法制成预期性能的产品。这可能因为：第一，剖析的样品中，某些关键组分由于在合成、加工或贮存过程中发生了变化或完全消失，已很难从产品中获得准确信息；第二，由于剖析技术与水平所限，某些微量组分可能在分离中丢失或得到的纯品纯度不够，提供信息不够准确，导致结论有误，或是采用仪器方法的灵敏度、准确度不够高，给出的结果不够全面；第三，许多产品的性能还受其合成、加工工艺的限制，如聚合物的结构规整度、支化度、相对分子质量分布、结晶状态以及加入助剂在整体中的分布等对材料的性质均有很大影响，而这些结构信息很难通过剖析研究全部弄清。所以，在一些新材料研制中仅靠剖析技术是不够的，还必须发挥多学科的综合作用。

2.1.2 剖析工作的作用

剖析工作在各个领域中的作用如下：

（1）剖析工作在新产品开发中的作用。剖析工作与新产品的开发密切相关。要开发一种精细化工新产品，就必须了解国内外的信息，而剖析工作正是获得这种信息的特殊的情报工作。据悉，在一些大的产业公司内，通常都是利用剖析定自己的研究方向。例如，许多国外的精细化工产品，性能优异，但价格昂贵，又未知其化学结构和配比。通过剖析，就可获得其详细结构和配比，从而为开发国产产品打下基础。根据剖析获得的结构，结合我国国情，进行补充和改进，就可迅速有效地开发我国自己的、价格低廉的新产品。如我国的染料工业就是在剖析基础上发展起来的。又如我国的彩色感光材料业，在 20 世纪 70 年代起步时就是从剖析工作开路，瞄准世界先进水平，获取了大量感光有机物结构的信息。以此为起点，开创了有我国特色的感光材料工业体系。

（2）剖析工作在化工生产中的作用。各种精细化工产品的生产过程一般较长，有时需要有十几个反应步骤，控制各步骤中间体的质量是保证生产正常进行的关键，这就需要对各阶段的中间体进行及时剖析。在新产品研制过程中，要及时掌握产品的质量、中间体的性质、可能产生的副反应和副产品性质等，也都要进行一系列的剖析工作，以便修改工艺路线。因此，剖析对研制新产品、提高和确保产品质量、确定合理工艺路线、综合利用副产品等均起着十分重要的作用。

（3）剖析工作在环境保护中的应用。治理和保护环境是人类当前面临的十分严峻的任务，“三废”治理离不开剖析工作。在环境污染物的鉴定与治理中，利用剖析技术对污染物的种类进行定性鉴别，一方面可以了解环境的污染程度，另一方面还可以追溯污染物的来源，从而做到从污染源头上进行治理与控制。以废水处理为例，一般废水中含有多种成分，如重金属、氰化物、氟化物、砷化物、酚类、富氧污染物、多环芳烃等。首先要应用吸附、絮凝、过滤、离子交换、反渗透等分离技术，对废水进行分离和分级处理；然后分析鉴定各污染物的类别；最后还要测定处理后水的纯度和污染物的去除情况等，在这过程中，既处理了废水，又回收了废水中某些有用物质，变废为宝。而这一切正是剖析工作的主要内容。

（4）剖析工作在开发利用自然资源中的作用。我国有丰富的自然资源，其开发和利用对国民经济发展有重大意义。特别是在“回归自然”的潮流下，现今世界上天然产品备受青睐，对天然资源的综合剖析将是其扩大利用的前提。例如，在我国，有很丰富的构树资源，长期以来其茎、叶未被利用。后来有不少学者对其进行了剖析和研究，从构树叶中提取了黄酮类化合物，并对其进行分离鉴定，这一化合物具有一定的抗氧化性，且随着浓度的增加，抗氧化性增强。同时还发现构树叶中蛋白质含量也高达20%～30%，氨基酸、维生素、碳水化合物及微量元素也十分丰富，有十分广泛的应用前景。由此可见，构树资源的利用是以其化学成分的剖析为基础的。

综上所述，剖析是精细化工中的一项重要手段，对研制新材料、利用天然资源、保证产品质量均有重要作用。因此，国内外许多研究和产业部门均有一支强有力的剖析技术队伍，对本行业的最新信息和产品进行及时剖析。

对于研究精细化工配方工艺的工作者来说，必须懂得剖析这一特殊技术的作用和一般程序。一旦遇到需要剖析的样品，就可自行剖析研究或委托专业单位进行剖析，并对剖析结果作出正确的评价。

2.2　剖析工作的一般程序

由于剖析研究的样品体系不同，以及剖析的目的、侧重点不同，其工作程序仍有千差万别，试图用一种简单的模式去完成所有样品的剖析研究是不现实的。图2-1是以商品材料剖析为例概述了剖析研究的一般工作程序。

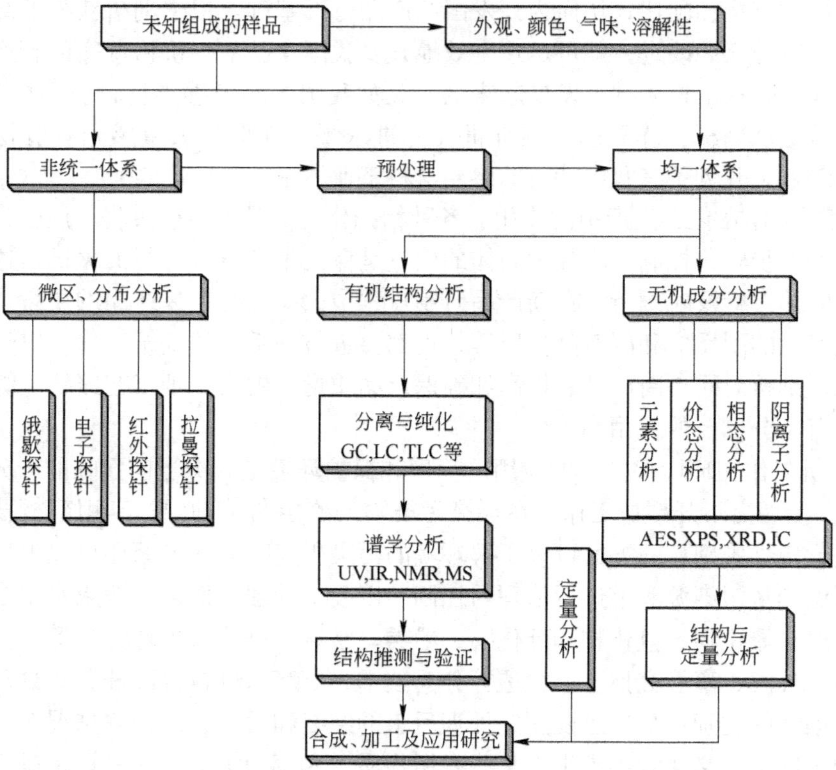

图2-1　剖析工作的一般程序

2.2.1　对样品有关信息的了解和调查

对剖析的样品进行了解和调查，这是剖析工作的第一步。通过对剖析样品的调查了解，可以明确剖析的目的、任务、价值，以确定剖析范围，节省不必要的实验；同时可以得到许多有关样品的知识，有利于剖析工作的深入进行。对样品的调查了解主要从以下两方面入手。

（1）样品的来源。剖析工作的对象大致来自3个方面，一是国内外新产品，特别是填补国内空白所引进的国外新产品；二是天然产物；三是生产过程中出现的剖析课题。

如果是国内外新产品，需要尽可能地获知该产品的商品名称、生产厂家、商标、批号，以缩小查找专业文献的作者和时段范围。如是天然产物，则要了解动植物种、属的拉丁名称。根据化学分类学原理，同源植物有相似的化学组成，因此要查找与其相同种、属植物的化学组分。例如，人参中含有可增强人体免疫功能的12种皂甙 R_x（x = o、a、b_1、b_2、c、d、e、f、g_1、g_2、g_3、h），在其同属植物三七中也含有与人参相似的皂甙，只是 R_o、R_c的含量较少。如是生产过程中的剖析课题，则应了解该产品的生产流程、反应方程式，以尽可能获知剖析样品属生产过程的哪一阶段，以及可能的化学结构。

（2）样品的用途和经济价值。通过了解样品的用途，常可获知样品的一些固有特性及可能组分，这有利于缩小剖析范围。如果剖析样品是民用的和销售量较大的材料和制品，一般均是价格低廉的通用化工原料；若是军用产品，则可能是一些具有特殊性质的新材料。某高分子材料，若该材料用于承重和耐压，则必是一些加热不变形、交联度较高的树脂；相反，不耐摩擦的一些材料，则多是尼龙、聚甲醛、聚乙烯等。

取样时，需了解样品商标、贮存条件、容器破损和样品污染变质等情况，为下一步对样品初步检验提供可靠的信息。

2.2.2 对样品进行初步检查

对样品的外观进行认真的观察，再用一些简单方法进行初步检验，可以缩小剖析的范围，甚至可以确定其中的某些组分。

2.2.2.1 观察物理状态

首先观察样品是固体还是液体。如样品是固体时，还应大致判断样品是高分子制品，还是一般的固体样品。在显微镜或放大镜下观察晶体形状，察看样品中是否有两种或数种不同形状的晶体存在，由此可以初步判断样品的纯度。如样品是液体时，应注意观察其中是否有固体悬浮物或有互不相溶的其他液相存在。

2.2.2.2 颜色的观察

无机物的颜色较易观察，大多数无机盐是无色的，少数无机物具有特征性颜色，如 $KMnO_4$呈紫红色，$K_2Cr_2O_7$呈橙黄色，含水 $CuSO_4$呈蓝色，碘呈紫色，溴呈红色。

大多数纯度高的有机化合物为无色物质，只有部分有机化合物，在存放一段时间后，由于光和空气的作用会显示某些颜色。这是由于有机化合物中的某些官能团被氧化所致，例如芳香胺、酚。尤其是一些多官能团的胺和酚，常呈现黄色至褐色。如果纯化合物有颜色，说明该化合物分子中含有生色基团，例如硝基、亚硝基、偶氮物和醌类化合物。一些具有4个以上双键的共轭体系，如叶绿素、胡萝卜素也有颜色。有些化合物在光照时会发出荧光，如洗衣粉中的某些荧光增白剂，即使量很少，也会发生蓝色、绿色荧光。某些状态是有色化合物与无色化合物混杂在一起，此时必须先分离，再分别进行剖析鉴定。

2.2.2.3　嗅味的审察

对于具有特征性嗅味的化合物，可以通过特征性嗅味来识别。取出样品并将其滴1~2滴于滤纸上，使其挥发并嗅其气味。常见的有机化合物的典型嗅味表现为：萜类烃、环己酮、葑那酮及正丁醇具有萜嗅味；低级脂肪酸中甲酸、乙酸具有鲜明的酸嗅味，丙酸以上的酸具有汗臭的不愉快嗅味；低级酮、醛、氯代烃具有麻醉剂的甜嗅味；酚具有“苯酚”嗅味；酚醚具有大茴香或茴香嗅味；芳香族硝基化合物具有苦杏仁嗅味；脂肪酸酯具有水果香味；异腈具有讨厌的甜嗅味；硫醇、硫醚具有类似硫化氢的不愉快嗅味：吲哚类化合物的粪臭等。但对于混合物样品不能单凭气味武断地作出结论，需要结合其他分析结果综合考虑。

2.2.2.4　溶解度试验

通过测定样品的溶解度，可以了解有关其分子的极性和某些官能团的资料。此外，溶解度试验还能提示固体物质怎样精制和用重结晶方法能否把混合物分离开来。溶解度试验最好是用下列溶剂进行：水、乙醚、5%氢氧化钠溶液、5%碳酸氢钠溶液、5%盐酸、浓硫酸、酒精、苯、冰醋酸、石油醚。溶解度试验步骤：取0.01~0.18g样品，加入约3mL溶剂充分混合；为了测定样品在稀氢氧化钠、碳酸氢钠溶液和盐酸中的溶解度，要仔细振摇。再把样品溶解于碳酸氢钠溶液时，应当观察是否有二氧化碳放出。如果是混合物，则将其不溶物分出去后，将滤液中和，并注意在中和时析出的是否是原来的化合物，如发生混浊则表明样品中有酸性或碱性成分。如果样品在室温下不溶解，可将其稍微加热至沸腾。在这种情况下，特别是当样品与酸或碱一同加热时，必须确定样品是否由于水解或类似的不可逆反应而发生了任何变化，即重新把样品分离出来，并测定其熔点或沸点。

从溶解度试验得出如下的结论：

（1）在水和乙醚中的溶解情况。一般含有极性官能团的有机化合物能溶于水，但是随着分子中烃基部分的增大，极性相应地减小，在水中的溶解度也减小。大多数有机化合物能溶于乙醚，而极性强的化合物则不溶于乙醚中。易溶于乙醚的化合物通常是非极性的或中等极性的。有机化合物按照它们在水和乙醚中溶解度的不同，可分成下列4类。

1）溶于水、不溶于乙醚类物质的极性化合物，主要是盐、多元醇、糖、氨基醇、羟基羧酸、二元酸和多元酸、低级酰胺、脂肪族氨基酸、磺酸。

2）溶于乙醚、不溶于水类物质的非极性化合物，主要是烃、卤代烃、醚、C_3以上的醇、高级酮和醛、高级肟、中等和高级羧酸、芳香羧酸、酸酐、内酯、酯、高级腈和酰胺、酚、硫酚、高级胺、醌和偶氮化合物。

3）溶于水和乙醚类物质的极性和非极性基团的影响处于均衡状态的化合物，如低级脂肪醇、低级脂肪醛和酮、低级脂肪腈、酰胺和肟、低级环状醚（四氢呋喃、二氧己环）、低级和中级羧酸、羟基酸、酮酸、二羧酸、多羟基酚、脂肪胺、吡啶及其同系物和氨基酚。

4）不溶于水和乙醚类物质的化合物，如高级稠合烃、高级酰胺、蒽醌、嘌呤衍生物、某些氨基酸（胱氨酸、酪氨酸）、氨基苯磺酸、高级胺、磺酰胺和高分子化合物。

（2）在碱和酸中的溶解情况。在这些试验中，必须核对样品是否发生了什么变化。上述溶解度分类中的2）和4）类化合物，与酸或碱发生反应是很显然的，因为这类化合物通过成盐而变为水溶性的；对于1）和3）类，其本身为水溶性化合物，应预先用试纸检定溶液的pH值。溶解于稀盐酸的是脂肪胺、芳香胺（溶解度随芳香基数目的增加而显著降低。二苯胺微溶，三苯胺完全不溶）和胍类等含氮的碱性有机化合物。可同时溶解于氢氧化钠溶液和碳酸氢钠溶液的是高级酸类（如羧酸、磺酸和亚磺酸）、某些酸性酚（硝基酚、4-羟基香豆素）等。只溶解于氢氧化钠溶液的是酚、某些烯醇、酰亚胺、脂肪族伯硝基化合物、芳基磺酰胺（氮原子上不带取代基和带简单取代基的）、肟、硫醇和硫酚。有机碱的盐跟碱溶液反应析出游离碱，它或者以结晶状态析出，或者析出油状物，也可以通过嗅味来鉴别。C_{12}以上的脂肪酸在碱中不能生成透明的溶液，而是形成乳白色的典型的肥皂。β-双羰基化合物与苛性钾反应立即成盐，而不能用5%氢氧化钠水溶液中和。在碱和酸中都能溶解的化合物（两性化合物）有：氨基酸、氨基酚、氨基磺酸和氨基亚磺酸等。

（3）在浓硫酸中的溶解情况。有机化合物溶解于浓硫酸时常常伴随着放热和放出气体等反应发生，因此硫酸试验一般得不到关于化合物分类的确切结论，但也常可得到有用的资料。例如，在浓硫酸中不饱和化合物转变成水溶性的硫酸酯，含氧化合物（如果其烃基不超过9～12个碳原子）一般形成盐而溶解。醇发生酯化或脱水反应，烯烃可能聚合。某些烃发生磺化，三苯甲醇、酚酞和类似的化合物会发生加酸显色现象，含碘化合物分解释放出碘。需要注意的是：当化合物具有一个以上的官能团时，可能对溶解性能有严重的影响，以至于常常不能单从溶解性能数据来推导其结构。

2.2.2.5 灼烧试验

通过燃烧试验可以区分脂肪族化合物、芳香族和一些不饱和化合物。具体的操作为：取样品数滴或结晶数粒（0.1g）放在不锈钢刮刀上，隔火逐渐加热。当样品着火时，从火焰中取出刮刀，观察并记录样品的燃烧变化：颜色、嗅味和挥发成分的出现。如果样品是可燃的，微微发光的蓝色火焰，表示样品含氧较多（醇、醚等）；如果发出黄色火焰并生成烟，则表明是碳含量高的不饱和化合物（芳香烃、炔烃等）；如果加热后有残余物，可灼烧到含碳成分完全氧化，对剩余的无机残渣再进行分析；如果存在燃烧残渣，则表明存在金属离子的无机盐，或者是金属有机化合物；如果残渣是金属的氧化物或碳酸盐，说明样品是酸性化合物的盐（羧酸，酚等），如果是金属的硫化物、亚硫酸盐或硫酸盐，则说明样品是醛或酮的酸式亚硫酸盐加成物，也可能是亚磺酸盐、磺酸盐或硫醇的衍生物。另外需要注意，样品的不同组分会影响燃烧特点的判断，而且燃烧实验会破坏样品。利用红外光谱对样品进行初步检验，可以大致推断样品主要组分的类别。

2.2.2.6 物理常数测定

剖析样品的物理常数测定项目主要有熔点、沸点、相对密度、折光率和比旋光度等。如果样品是混合物，必须将样品分离到纯品后再进行测定。如果样品是单一的纯化合物，则在初步检验阶段就可以进行测定。

对固体样品应测定其熔点，方法主要有两种：一是应用不同型号的熔点测定仪进行测定，有时还可在显微镜下观察样品的熔化情况；二是提勒管法，即将粉末状样品放在玻璃质毛细管中，再将毛细管放在提勒管的油浴中进行测试。有机化合物的熔点及熔点范围（熔化开始到结束的温度范围，又称熔距）与物质的纯度有关，纯度越高，熔点越尖锐，即熔点范围越窄。

对液体有机化合物，应测定其沸点。少量样品可用微量法测定沸点，与固体化合物测熔点相似。纯粹的液体有机化合物的沸点范围是很窄的。

2.2.2.7　元素定性分析

元素定性分析可以提供剖析样品较重要的结构信息，以缩小剖析样品的可能范围。进行元素定性分析时，试样需具有较高纯度，以期得到较准确的结果。在初步检验中，元素定性分析的主要任务是检测样品中含有哪些杂元素。

经过灼烧试验，已可判别剖析样品是有机化合物或无机化合物。若是无机化合物，元素定性分析的方法一般是将样品或硝化后的样品用原子发射光谱（AES）分析。若是有机化合物，就不必再鉴定样品中是否有碳、氢元素存在，而是检测样品中的杂元素（氮、磷、硫、卤素）和其他金属元素。

简单的 Beistein 铜试验法可以检验样品中的卤素，即将样品放在一根用煤气灯火焰加热的铜丝上裂解，如火焰呈鲜绿色，表明含有卤素。对杂元素的细微检测，一般应用经典的钠熔法，有机化合物与金属钠共熔、分解，然后用各种试剂测试分解产物，以确定有机化合物中氮、硫、磷和卤素等杂元素的存在。

钠熔法的反应方程式为：

$$\text{C、H、O、N、S、X 等} \xrightarrow{\text{钠熔}} NaCN、Na_2S、NaSCN、NaX\text{ 等}$$

钠熔法的具体操作如下：（1）将大约 0.05g 干燥的样品放入玻璃试管中，加入一粒豌豆大小的新切的钠，加热数分钟，使试管呈暗红色；（2）冷却后加入几滴乙醇，消耗多余的钠，再缓慢加热，使多余的乙醇挥发；（3）用强火加热试管至暗红色，快速浸入含蒸馏水的烧杯中，试管碎裂；（4）过滤除去碎玻璃，将滤液分成若干份，分别检验其中的硫、磷、氮和卤素。

硫：将 1mL 滤液用乙酸酸化，加入几滴乙酸铅溶液，如出现黑色沉淀，表明含硫；或在滤液中加入 1～2 滴新鲜亚硝基铁氰化钠（$Na_2[Fe(NO)(CN)_5]$），如出现明显红蓝色，表明含硫。

磷：将 1mL 滤液用浓硝酸酸化，加入几滴钼酸铵溶液，加热至沸腾。如产生黄色沉淀，表明含磷。

氮：在滤液中加入 2 滴新鲜的饱和硫酸亚铁溶液，煮沸 1min，滤去可能出现的沉淀（FeS）。待冷却后再加入 1 滴 5% 的硫酸铁溶液，并用稀盐酸酸化，直到氢氧化铁恰好溶解，如产生普鲁士蓝沉淀，表明含氮。

氯：取 1mL 滤液与稀硝酸一起煮沸（去除可能生成的 HCN 和 H_2S），冷却后加入硝酸银溶液。如出现白色沉淀，并可溶于氨水，表明含氯；如出现黄色沉淀，表明含溴或碘。

氟：将 1mL 滤液用乙酸酸化，煮沸 1min，冷却后加入 2 滴饱和氯化钙溶液，如生成胶状沉淀，悬浮于溶液中，表明含氟。或将滤液滴于锆-茜素试纸（1% 茜素乙醇溶液和 0.4% 硝酸锆溶液浸渍过的滤纸）上，任其干燥。如红色试纸上出现黄色，表明含氟。

2.2.3 混合物中各组分的分离和提纯

对一些复杂组分的未知物样品，必须采取不同的分离方法，将样品中的各个组分分离开，再用各种分析仪器来鉴定各个组分的化学结构。一般来说，分离和纯化效果的好坏是决定分析鉴定成败的关键。分离纯化试验往往需要反复试验多次，才能得到满意的结果，其工作量通常占整个剖析工作量的一大半。常用的分离、纯化方法包括：萃取法、沉淀法、蒸馏法、制备衍生物法、重结晶法、盐析法、升华法、酸碱法、电泳法、浓差渗析法、泡沫浮选法等方法，色谱法（纸色谱法、薄层色谱法、柱色谱法、离子交换色谱、凝胶色谱、制备色谱法）也是非常常用的分离纯化方法。

2.2.4 化合物结构的测定

经过预分析、预分离和纯品制备，就可进入剖析工作的核心部位，即将所分离到的化合物进行化学结构测定。

测定一般按以下步骤进行。

（1）测定相对分子质量。经典的测定相对分子质量方法有冰点下降法、沸点升高法、蒸汽压下降法和渗透压法等；并有专门的仪器装置。上述方法所测定的相对分子质量有一定误差，现代测量相对分子质量的方法是质谱法，它具有测定速度快、样品用量少、数据准确等优点。

（2）确定分子式。确定化合物分子式的方法主要有两种，即元素分析法和质谱法。

1）元素分析法。经过元素定量分析已测得样品中碳、氢、氮的百分比含量（$w(\mathrm{C})$、$w(\mathrm{H})$、$w(\mathrm{N})\%$），并已测得该化合物的相对分子质量 M。这样就可按下列计算式，计算出分子中各元素的原子数。

碳原子数：$^{\#}\mathrm{C}=\dfrac{w(\mathrm{C})\times M}{12}$

氢原子数：$^{\#}\mathrm{H}=w(\mathrm{H})\times M$

氮原子数：$^{\#}\mathrm{N}=\dfrac{w(\mathrm{N})\times M}{14}$

氧原子数：$^{\#}\mathrm{O}=\dfrac{(100\%-w(\mathrm{C})-w(\mathrm{H})-w(\mathrm{N}))\times M}{16}$

2）质谱法。高分辨质谱能准确给出分子离子峰的精密质量数和各元素的原子数，即得到分子式。

如果不是高分辨质谱，则可以准确测得分子离子峰 M^+ 和其同位素峰 $(M+1)^+$、$(M+2)^+$ 的相对强度，然后根据$\dfrac{M+1}{M}$和$\dfrac{M+2}{M}$的百分比或丰度比，查 Beynon 表（质谱专著或手册）求得分子式。当然，如果分子离子峰不明确，此方法就不能应用。

（3）计算不饱和度。不饱和度（F）是用以表示分子中不饱和程度高低的参数，又称双键的当量数或分子中的环数和重键数，对测定化合物的结构有重要意义。根据化合物的分子式可以计算不饱和度。

分子式 $\mathrm{C_X}$、$\mathrm{H_g}$、$\mathrm{N_z}$、$\mathrm{O_n}$ 可以写成通式 $\mathrm{I_Y}$、$\mathrm{II_N}$、$\mathrm{III_Z}$、$\mathrm{IV_X}$，其中：

Ⅰ为 H、P、Cl、Br 等一价元素；
Ⅱ为 O、S 等二价元素；
Ⅲ为 N、P 等三价元素；
Ⅳ为 C、Si 等四价元素。

不饱和度 $F = X - \frac{1}{2}Y + \frac{1}{2}Z + 1$

每个双键或环的不饱和度为 1，三键的不饱和度为 2，苯环的不饱和度为 4。

例如，叔丁基甲基肉桂醛的分子式为 $C_{14}H_{18}O$，其不饱和度为：

$$F = X - \frac{1}{2}Y + \frac{1}{2}Z + 1 = 14 - \frac{18}{2} + 1 = 6$$

结构式为：

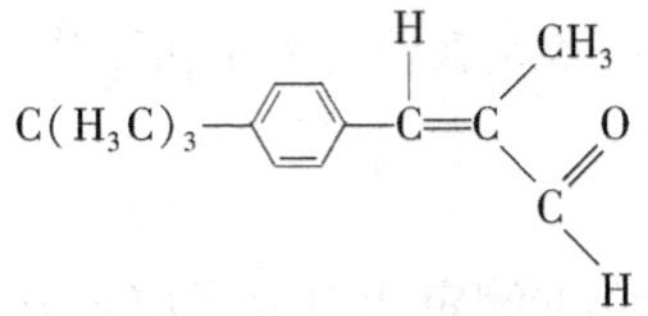

（4）推断结构式。对样品进行紫外、红外、核磁共振、质谱分析，综合所得的各种分析数据，就可进行结构式推断。

结构式推断一般从小到大，从简单到复杂，逐步深入。例如，从紫外与红外光谱中，可以获知化合物的一些分子骨架和官能团信息，也就知道该化合物是否含有苯环、羰基、羟基、硝基、氨基、腈基等；从核磁共振（氢谱和碳谱）中，可以了解该化合物中碳、氢结合的类型、数目和相互联结方式，由此推测未知分子中可能存在的结构单元，也即确定该化合物中是否含有 $CH_3CH_2—$ 、$(CH_3)_2CH—$ 、$H_3C—\underset{|}{C}{=}\underset{H}{C}—$ 、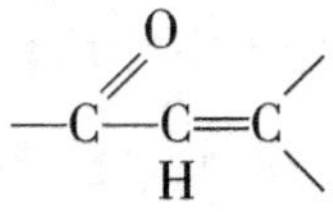 、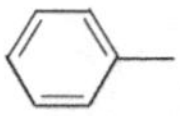 等结构碎片。从总的分子式扣除已测得的一些结构碎片，就可知道剩余部分的碳、氢比例及彼此的联结方式。再综合考虑质谱中碎片相关信息，组装成可能的分子结构，并用各种波谱数据逐一解释，舍去不合理的结构式，最后审定最可能的结构式。

推断结构式的详细过程可参看有关专著。

（5）合成验证。由于剖析过程中分离、纯化得到的样品不一定有足够的纯度，所应用的分析仪器、方法也可能存在一定的局限性，给出的信息就不一定准确和完善，由此推断出来的未知组分的结构式就可能有错误，因而必须用合成来验证。

合成验证通常是合成标准样品（化合物本身或衍生物），或寻找纯物质作类似的波谱分析，或从标准图谱库中查找结构相同的谱图，仔细分析比较这些波谱数据和化学测定数据（如熔点），以便作出最后的判断。

2.2.5　各组分的定性分析

从有机混合物中分离提纯后的每种组分，可根据不同情况选用各种分析手段进行测试，并给予推测和鉴定。常用的分析鉴定方法有化学分析、色谱、红外光谱、核磁共振波谱、质谱、紫外可见吸收光谱、元素分析和物理常数测试方法等。但是这些仪器分析技术各有特长与不足，因而遇到复杂的剖析课题，往往需要联合使用这些仪器分析技术，取长补短，综合分析。

2.2.6 各组分的定量分析

一个精细化工配方的剖析，除了鉴定出组成配方的各类化合物的结构外，还要分别对各组分的含量进行测定。

定量测定的方法很多，常用的有化学分析法、仪器分析法。而仪器分析法中，色谱法（气相色谱、液相色谱、薄层色谱法等）和光谱法（紫外光谱、红外光谱）用得较为普遍。

对不同的化合物有不同的定量分析方法和精密度要求。例如，天然植物药中的有效成分有时仅为原植物的万分之几或百万分之几，经过大量的工作，才能分离到微量的有效成分。对这种有效成分进行定量测定就必须十分严密和细致。一般应用工作曲线法，即从剖析样品中分离、纯化所得的纯化合物（或标准品）A 与某种溶剂配成不同浓度的一组溶液，测定该组溶液的信号响应强度。然后以强度对浓度作图，得到工作曲线。以同样实验条件再测定剖析样品与某种溶剂组成的溶液的强度，从工作曲线中就可查得该组分 A 在剖析样品中的浓度，从而达到定量测定的目的。

对于另一些样品，如精细化工产品的配方剖析，样品量充裕，又只需要确定某种组分含量的百分比范围，其定量测定的要求相对较低，定量测定方法也较为简便。

例如，一种液体洗涤剂，经剖析知其中的表面活性剂结构为壬基酚聚氧乙烯醚（E.0.9～10），需要确定表面活性剂在洗涤剂中的含量百分比。通常的液体洗涤剂由有机化合物（主要为表面活性剂）、无机化合物（各种助剂，如焦磷酸钾、碳酸钠、硅酸钠和少量羧甲基纤维素钠）和水组成。表面活性剂的定量分析方法除应用聚氧乙烯醚类专一的测定法外，一般可用较为简单的称重法按图 2-2 步骤进行。

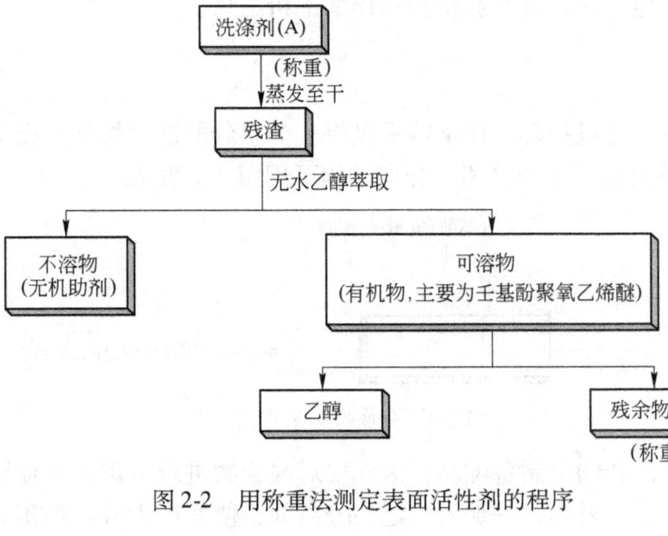

图 2-2 用称重法测定表面活性剂的程序

将残余物 B 称重，计算$\frac{m_B}{m_A}\times 100\%$，即求得表面活性剂在洗涤剂中的百分含量。至于其余的无机助剂用量可参照一般洗涤剂要求适量配置，并通过应用性能测试不断调整。这样，一个具有相似洗涤效果的新洗涤剂就产生了。

2.2.7　合成、加工和应用性能研究

精细化工产品配方的剖析目的是为了得到一个性能优异的新产品。因此在完成了剖析样品中各组分的分离、结构和含量分析后，还必须进行产品的合成、加工和性能研究。如果剖析所得的关键化合物国内无相似产品，就应着手自行合成，并对合成的最终产品进行分析鉴定，所得数据应与剖析结果吻合。然后加入其他助剂，组成一个新的配方，试验其应用效果。

如果剖析所得的结果是天然植物药的有效成分，而且已知其含量，下一步工作就要进行适合于治疗某种疾病的制剂研究。研究内容应包括：制剂成分（纯化合物或仅有效部分）、制剂形式（注射剂、片剂等）、制剂工艺、质量控制标准和制剂的稳定性试验等。这一系列工作，其工作量不亚于剖析工作本身。

如果剖析的样品是国外产品，获得剖析结果后应尽快进行仿制。然后，将仿制品和国外产品同时进行对比应用试验，并根据试验结果适当调整或改进仿制品的配方和组成，以提高仿制品的质量。通过一系列的应用试验，一方面可以检验剖析结果的准确性；另一方面通过应用研究，可以创造出性能优异的新产品，从而达到剖析工作的最终目的。

2.3　分离与纯化的方法

对于混合物样品（如复合材料）难以直接进行结构鉴定工作，在剖析时，需要首先采用各种分离技术，先将样品按类别分离，将每类材料中各种组分依次分离，并纯化得到各个较纯的组分。对后者可分别利用化学分析和仪器分析进行定性分析，以确定各个组分的化学结构。分离和纯化效果的好坏是决定分析鉴定成败的关键，所以分离纯化试验往往需要反复试验多次，才能得到满意的结果。如果分离方法选择不当，得到的组分不纯，就会干扰下一步的结构鉴定工作，甚至会得到错误的剖析结果。

2.3.1　分离原理

借助于一定能量，通过物理、化学等手段将多个组分的混合物分离成单个组分（或几个组分的混合物）的过程，称为分离。分离过程可用图2-3表示。

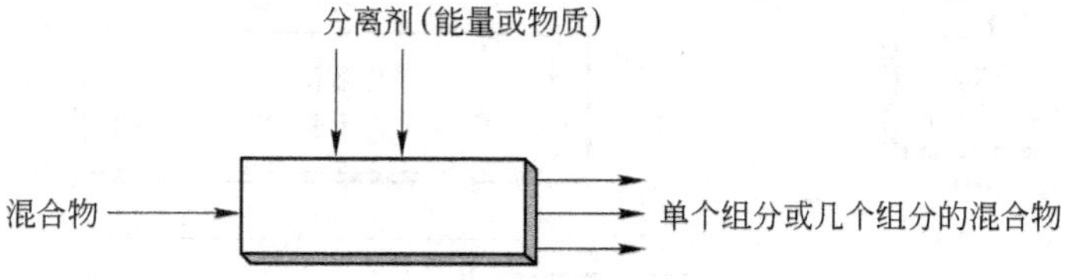

图2-3　分离过程示意图

精细化工常需从混合物中制备纯品，因此要对混合物进行分离。为使混合物分离，必须建立某些装置、系统或过程，并加入一定的分离剂，使其产生分离作用。分离剂就是加到装置中使分离过程得以实现的能量或物质，也可以两者并用。常用的分离剂有蒸气、冷却水、吸收剂、萃取剂、机械功、电能等。分离装置是分离过程得以实施的必要物质设备，也可以是某个特定的装置。例如，用蒸馏法分离某液体有机混合物，必须应用蒸馏装

置，在其中加热，使液体分级气化，达到分离，这里的加热就是对混合物外加的能量（能量分离剂）。应用萃取法分离有机混合物时，必须在萃取装置（如分液漏斗）中加入萃取剂（物质分离剂）。

实施分离过程的操作技术叫分离技术。

要使一个混合物达到顺利分离，必须具备内、外两个因素。外部因素是分离装置和分离剂，内部因素是混合物的各组分性质有明显差异或它们与分离剂的作用各不相同。应该说，外部因素是实现分离的条件，内部因素是达到分离的主要基础。

2.3.2 理化分离法

2.3.2.1 萃取

萃取法是分离、提取或纯化各类有机化合物的重要手段。应用萃取法可以从固体或液体混合物中提取出所需要的物质，也可以用来洗去混合物中少量杂质。萃取法具有可以连续操作、分离效果好、能耗低、易于自动控制等优点。萃取一般在常温下进行，适宜于热敏性物质的分离。利用剖析样品中各组分在萃取剂中不同的溶解度和亲和力，选择合适的萃取剂进行连续萃取，使某一组分在萃取剂中浓集，达到分离。萃取剂与混合物中某些组分也可能发生一些化学反应，如甲苯与苯胺的混合物，可用酸液萃取。苯胺与酸液成盐转入水相，从而与甲苯分离。水层用碱中和后，即得到苯胺。对于液体剖析样品，萃取操作可以在分液漏斗中进行，也可以将剖析样品拌以惰性填充剂（如硅藻土）后，置于索式提取器（图2-4）中，用不同极性溶剂相继萃取。在萃取固体有机化合物时，如高分子样品中的添加剂剖析，可以将高分子材料碾碎或研磨成细粉，放在索式提取器中用己烷、乙醚、甲醇等溶剂将各类添加剂萃取出来。样品粉碎的程度与萃取效果有直接关系，粉碎程度高，萃取效果好。但颗粒过小，可能会产生结块，反而会影响溶剂与样品的充分接触。这就要求根据经验来确定样品的粉碎程度。

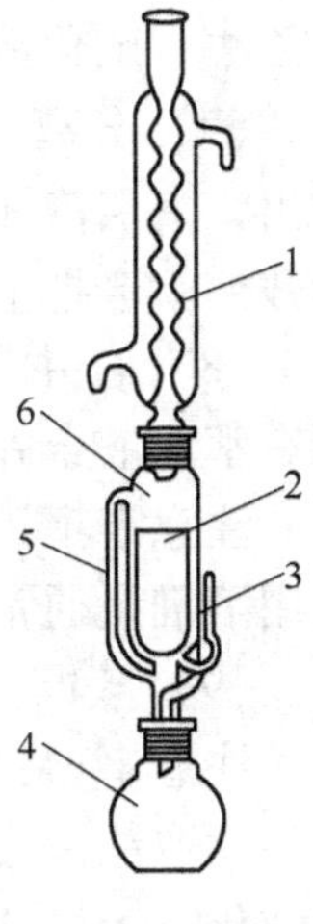

图2-4 索式提取器
1—冷凝管；2—装样品滤纸袋；3—虹吸管；4—烧瓶；5—溶剂蒸气上升装置；6—提取管

液相萃取操作及注意事项：

（1）准备。选择较萃取剂和被萃取溶液总体积大一倍以上的分液漏斗。检查分液漏斗的盖子和旋塞是否严密。检查分液漏斗是否泄漏，通常先加入一定量的水，振荡，看是否泄漏。

注意事项：不可使用有泄漏的分液漏斗，以保证操作安全；盖子不能涂油。

（2）加料。将被萃取溶液和萃取剂分别由分液漏斗的上口倒入，盖好盖子。萃取剂的选择要根据被萃取物质在此溶剂中的溶解度而定，同时要易于和溶质分离开，最好用低沸点溶剂。一般水溶性较小的物质可用石油醚萃取；水溶性较大的可用苯或乙醚；水溶性极大的用乙酸乙酯。

注意事项：必要时要使用玻璃漏斗加料。

（3）振荡。振荡分液漏斗，使两相液层充分接触。振荡操作一般是把分液漏斗倾斜，使漏斗的上口略朝下。

注意事项：振荡时用力要大，同时要绝对防止液体泄漏。

（4）放气。振荡后，让分液漏斗仍保持倾斜状态，旋开旋塞，放出蒸气或产生的气体，使内外压力平衡。

注意事项：切记放气时分液漏斗的上口要倾斜朝下，而下口处不要有液体。

（5）重复振荡。再振荡和放气数次。

（6）静置。将分液漏斗放在铁环中，静置。其目的是使不稳定的乳浊液分层。一般情况须静置10min左右，较难分层者需静置更长时间。

注意事项：在萃取时，特别是当溶液呈碱性时，常常会产生乳化现象，影响分离。破坏乳化的方法有：较长时间静置；轻轻地旋摇漏斗，加速分层，若因两种溶剂（水与有机溶剂）部分互溶而发生乳化，可以加入少量电解质（如氯化钠），利用盐析作用加以破坏，若因两相密度差小发生乳化，也可以加入电解质，以增大水相的密度，若因溶液呈碱性而产生乳化，常可加入少量的稀盐酸或采用过滤等方法消除。根据不同情况，还可以加入乙醇、磺化蓖麻油等消除乳化。

（7）分离。液体分成清晰的两层后，就可进行分离。分离液层时，下层液体应经旋塞放出，上层液体应从上口倒出。如果上层液体也从旋塞放出，则漏斗旋塞下面颈部所附着的残液就会把上层液体沾污。

（8）合并萃取液。分离出的被萃取溶液再按上述方法进行萃取，一般为3～5次。将所有萃取液合并，加入适量的干燥剂进行干燥。萃取次数多少，取决于分配系数的大小。

注意事项：萃取不可能一次就萃取完全，故须较多次地重复上述操作。第一次萃取时使用溶剂量通常较以后几次多一些，主要是为了补足它稍溶于水而引起的损失。

（9）蒸馏。将干燥了的萃取液加到蒸馏瓶中蒸去溶剂，即得到萃取产物。

注意事项：对易于热分解的产物，应进行减压蒸馏。

萃取法一般用于剖析样品的预分离，在除去萃取溶剂后，剩余物再作进一步的色谱分离纯化。无机盐不溶于有机溶剂，因此可采用溶剂萃取方法，将无机组分和有机组分分离。随着现代科技的发展，萃取技术和设备也在不断发展，如化学萃取、电泳萃取、液膜萃取、双水相萃取、凝胶萃取、微波萃取等。新型萃取方法的发展，使这一经典的分离技术的应用范围和效率大大扩大和提高。其中最突出的进展属近20年来发展起来的最新萃取技术——超临界流体萃取。

2.3.2.2　超临界萃取

该技术是利用超临界状态（超临界压力p_c和超临界温度T_c）下的流体作为萃取剂，从液体或固体混合物中萃取出特定组分，以达到某种分离目的。由于超临界流体既具有与气体相似的低黏度、高渗透、高扩散能力，又具有与液体相近的密度和对物质良好的溶解能力，而且流体的这种溶解能力随体系的温度、压力变化十分敏感，从而可以通过改变体系的温度和压力来调节组分的溶解度。特别要指出的是，在临界点附近，温度和压力的微小变化往往会导致溶质的溶解度发生几个数量级的变化。利用这一特性进行分离操作，效果极佳。而且整个萃取过程无相变，能耗较低。

超临界流体萃取技术兼具萃取和蒸馏两种功能和特点，又具有高萃取效率及选择专一性的特点，在一些发达国家中如雨后春笋般发展起来，并广泛应用于食品、医药、化妆品、香料、石油化工等领域。例如，从红辣椒中提取辣椒素，从天然香料中提取品质优良的香精等。

常见的超临界流体有二氧化碳、氮、乙烯、丙烷、丙烯、水等。由于二氧化碳的临界温度（$T_c = 31℃$）、临界压力（$p_c = 6.38MPa$）较易达到，而且化学性质稳定、无毒、无臭、无色、无腐蚀性，容易从溶质中分离，因此是常用的超临界流体。

超临界流体萃取技术还经常用于环境分析样品剖析时的前处理。这是因为超临界流体通常对分子质量较大的有毒有机物具有很强的溶解能力，因而可用来萃取环境分析样品中的有毒物质。另外，与其他的萃取方法相比，超临界流体萃取过程简单、迅速，又可避免有毒有机溶剂的使用。例如，用该法萃取被多氯联苯污染的土壤，在10MPa、304.6K条件下，经过1～3.5min的萃取，就可使土壤中多氯联苯的含量从247mg/mL降到2～3mg/mL，萃取物立即可进行结构测定。

超临界流体萃取过程易与气相色谱、薄层色谱、高效液相色谱、超临界流体色谱和质谱联用。

2.3.2.3 *蒸馏法*

利用液体有机混合物中各组分挥发度不同而进行的分离方法称为蒸馏。这是分离和精制液体样品最有效的方法之一，最简单的蒸馏是通过加热，使液体沸腾，产生的蒸气在冷凝器中冷凝，然后收集馏出物。如果剖析样品中含数个液体化合物，它们之间挥发度相差较大（彼此的沸点差大于30℃），就可用蒸馏法分别将它们蒸馏出来，达到分离。这种分级蒸馏法又称分馏。蒸馏法又分为常压蒸馏、减压蒸馏和水蒸气蒸馏。常压蒸馏亦称普通蒸馏，即在大气压力下进行蒸馏。减压蒸馏是使蒸馏系统内维持一定的真空度，液体在低于其沸点条件下被蒸馏。水蒸气蒸馏是将水蒸气压力作为分压，一些与水不能互溶的成分可在低于沸点的条件下随水蒸气蒸馏出来。蒸馏法仅适用于对热稳定的组分的分离，而且剖析样品应有足够量时才可用此法。为了提高蒸馏效率，降低蒸馏过程中的能耗，近年来蒸馏技术有了不少进展，主要体现在蒸馏技术理论的深入研究、高效蒸馏设备的开发和应用、新蒸馏过程的探索和开发三方面。新蒸馏过程包括添加物蒸馏、耦合蒸馏和分子蒸馏等，添加物蒸馏是在蒸馏过程中加入某些添加物，利用溶液的非理想性，增大某一组分的挥发性，使组分更易分离，达到高效节能的目的，如萃取蒸馏、共沸蒸馏、熔盐蒸馏、络合蒸馏、加盐萃取蒸馏等。耦合蒸馏是将蒸馏过程与其他过程同时进行，以达到强化和简化过程的目的，如反应蒸馏、催化蒸馏、吸附蒸馏、膜蒸馏等。分子蒸馏又称短径蒸馏，蒸馏装置中蒸发面与冷却面之间的距离小于分子的平均自由行径，使从蒸发面上跳跃蒸发的分子在很少受到其他残存空气分子的冲击下就达到冷却面而冷凝。分子蒸馏是在高真空（0.1～6MPa）下进行，适用于一些热敏性液体有机化合物的最后纯化，特别是一些天然精油的纯制，可避免蒸馏过程中可能发生的重排、异构化，甚至聚合、分解等副反应。

A 简单蒸馏操作

简单蒸馏操作如图2-5所示。

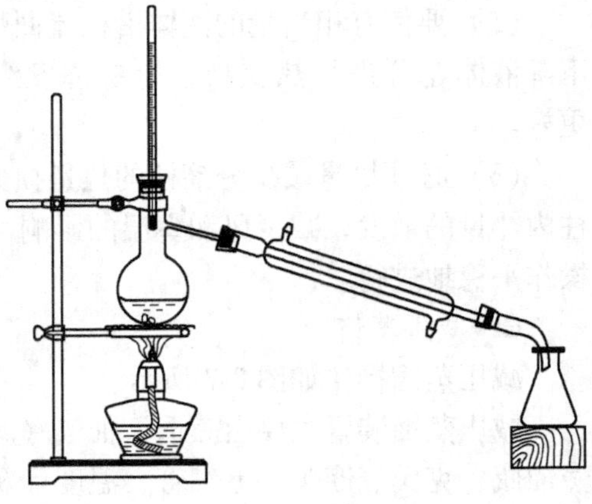

图2-5 简单蒸馏装置

（1）加料。仪器安装好后，取下温度计套管和温度计，在蒸馏头上放一长颈漏斗，慢慢将蒸馏液体倒入蒸馏瓶中，注意漏斗下口处的斜面应超过蒸馏头支管的下限。

（2）加沸石。为防止液体暴沸，加入 2 ~ 3 粒沸石。如果加热中断，再加热时，须重新加入沸石。

（3）加热。在加热前，应检查仪器装配是否正确，原料、沸石是否加好，冷凝水是否通入，一切无误后方可加热。适当调节电压，使温度计水银球上始终保持有液滴存在，此时温度计读数就是液体的沸点。蒸馏速度以 1 ~ 2 滴/s 为宜。

（4）馏分收集。收集馏分时，沸程越小馏出物越纯，当温度超过沸程范围时，应停止接收。注意接收容器应预先干燥、称重。

（5）停止蒸馏。维持加热程度至不再有馏出液蒸出，而温度突然下降时，应停止加热，后停止通水，拆卸仪器与装配时相反。

B　简单分馏操作

以分馏水和乙醇为例介绍简单分馏操作，分馏装置见图 2-6。

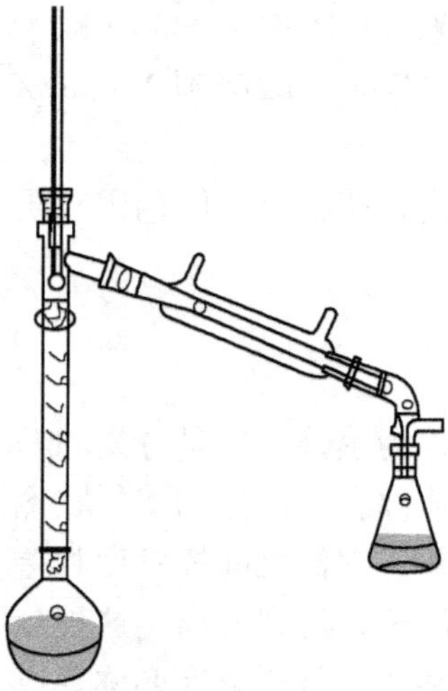

图 2-6　分馏装置

（1）在 25mL 圆底烧瓶内放置 5mL 乙醇，5mL 水及 1 ~ 2 粒沸石，按简单分馏装置安装仪器。

（2）开始缓缓加热，当冷凝管中有蒸馏液流出时，迅速记录温度计所示的温度。并控制加热速度，使馏出液以 1 ~ 2 滴/s 的速度蒸出。

（3）收集馏出液，注意并记录柱顶温度及接受器的馏出液总体积。继续蒸馏，记录馏出液的温度及体积。将不同馏分分别量出体积，以馏出液体积为横坐标，温度为纵坐标，绘制分馏曲线。

（4）当大部分乙醇和水蒸出后，温度迅速上升，达到水的沸点，注意更换接收瓶。

（5）停止分馏。

简单分馏操作和蒸馏大致相同，要很好地进行分馏，必须注意下列几点：

（1）分馏一定要缓慢进行，控制好恒定的蒸馏速度（1 ~ 2 滴/s），这样，可以得到比较好的分馏效果。

（2）要使有相当量的液体沿柱流回烧瓶中，即要选择合适的回流比，使上升的气流和下降液体充分进行热交换，使易挥发组分尽量上升，难挥发组分尽量下降，分馏效果更好。

（3）必须尽量减少分馏柱的热量损失和波动。柱的外围可用石棉包住，这样可以减少柱内热量的散发，减少风和室温的影响，也减少了热量的损失和波动，使加热均匀，分馏操作平稳地进行。

C　减压蒸馏

减压蒸馏操作如图 2-7 所示。

减压蒸馏装置主要由蒸馏、抽气（减压）、安全保护和测压四部分组成。蒸馏部分由蒸馏瓶、克氏蒸馏头、毛细管、温度计及冷凝管、接收器等组成。克氏蒸馏头可减少由于液体暴沸而溅入冷凝管的可能性；而毛细管的作用，则是作为气化中心，使蒸馏平稳，避

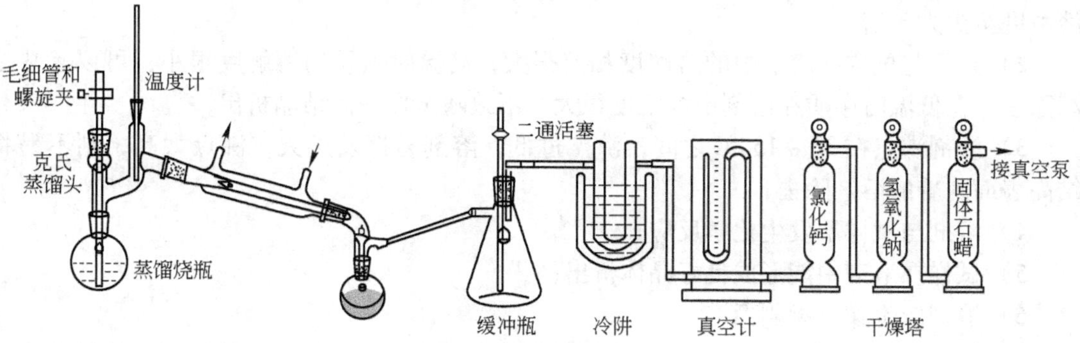

图 2-7　减压蒸馏装置

免液体过热而产生暴沸冲出现象。毛细管口距瓶底约 1～2mm，为了控制毛细管的进气量，可在毛细玻璃管上口套一段软橡皮管，橡皮管中插入一段细铁丝，并用螺旋夹夹住。蒸出液接收部分，通常用多尾接液管连接两个或三个梨形或圆形烧瓶，在接受不同馏分时，只需转动接液管，在减压蒸馏系统中切勿使用有裂缝或薄壁的玻璃仪器。尤其不能用不耐压的平底瓶（如锥形瓶等），以防止内向爆炸。抽气部分用减压泵，最常见的减压泵有水泵和油泵两种。安全保护部分一般有安全瓶，若使用油泵，还必须有冷阱及分别装有粒状氢氧化钠、块状石蜡及活性炭或硅胶、无水氯化钙等的吸收干燥塔，以避免低沸点溶剂，特别是酸和水汽进入油泵而降低泵的真空效能。所以在油泵减压蒸馏前必须在常压或水泵减压下蒸除所有低沸点液体，水以及酸、碱性气体。

实验关键及注意事项：

（1）仪器安装好后，先检查系统是否漏气，方法是：关闭毛细管，减压至压力稳定后，夹住连接系统的橡皮管，观察压力计水银柱有否变化，无变化说明不漏气，有变化即表示漏气。

（2）为使系统密闭性好，磨口仪器的所有接口部分都必须用真空油脂润涂好，检查仪器不漏气后，加入待蒸的液体量不要超过蒸馏瓶的一半，关好安全瓶上的活塞，开动油泵，调节毛细管导入的空气量，以能冒出一连串小气泡为宜。

（3）当压力稳定后，开始加热。液体沸腾后，应注意控制温度，并观察沸点变化情况。待沸点稳定时，转动多尾接液管接受馏分，蒸馏速度以 0.5～1 滴/s 为宜。

（4）蒸馏完毕除去热源，慢慢旋开夹在毛细管上的橡皮管的螺旋夹，待蒸馏瓶稍冷后再慢慢开启安全瓶上的活塞，平衡内外压力，（若开得太快，水银柱很快上升，有冲破测压计的可能），然后关闭抽气泵。

2.3.2.4　重结晶

化合物在某溶剂中的溶解度随温度而变化，而使之析出结晶，达到分离纯化的目的，这种方法叫做重结晶。重结晶法一般用于固体试样的纯化处理。操作方法是先将化合物粗品与适当的溶剂配制成热的饱和溶液，趁热过滤以除去不溶的组分。冷却后物质通常以纯净的状态重新结晶析出。

（1）溶剂的选择。重结晶法所选择的溶剂应该具备以下的条件：

1）在较高温度时（溶剂沸点附近），试样在其中的溶解度比在室温或较低温度下的溶解度至少大3倍；

2）杂质与试样在溶剂中的溶解度相差很大，高温时杂质的溶解度很小，可以趁热过滤除去，在低温时杂质在溶剂中溶解度很大，不致随试样一同结晶析出；

3）溶剂沸点在30～150℃之间，沸点过低，溶剂易挥发逸失，沸点太高，则不易将结晶表面附着的溶剂除去；

4）溶剂与试样不发生化学反应；

5）试样在溶剂中能形成良好晶体析出；

6）溶剂应价廉，无剧毒。

溶剂的选择通常是根据经验，即“相似相溶”。如果对溶剂的选择与溶剂的用量都不十分清楚，可以先利用试管进行少量实验。

此外，复合溶剂的重结晶也是值得重视的方法。复合溶剂重结晶又称为沉淀法重结晶。复合溶剂经常采用水-乙醇、水-二氧杂环己烷、氯仿-石油醚、苯-甲醇等“溶剂对”。

（2）重结晶的操作。首先将物质与溶剂一起加热（此时所用溶剂的量还不足以将物质全部溶解。因为在通常情况下，溶解度曲线在接近溶剂的沸点时会突然升高，故在重结晶中总应将溶剂加热到沸点）。然后，小心地通过冷凝管补加溶剂，直到在沸腾时固体物质全部溶解为止。停止加热，冷却溶液，随着温度的降低溶解在溶剂中的固体将会慢慢析出，待到没有析出的固体量不变时，过滤收集固体。

在重结晶操作时，要注意防止所用的溶剂着火。为了便于重复操作，固体和溶剂都应先称量。倘若在预试验中已发现不溶解的杂质系以残渣存留，则不应加入过多溶剂。

使用混合溶剂时，最好先将物质溶于少量的溶解度较高的溶剂中，然后趁热慢慢加入溶解度较低的那种溶剂，直到在后者触及溶液的部位有沉淀生成但立刻又溶解为止。如果溶液的总体积太小，则可多加一些溶解度大的溶剂，然后重复上述操作。

如有必要，可在物质溶解之后加入粉末状活性炭或骨架碳进行脱色，或加入滤纸浆、硅藻土等脱色剂使溶液澄清。要防止因加入脱色剂所引起的剧烈的、爆炸性的沸腾（暴沸）。

2.3.2.5　升华法

物质自固态不经过液态而直接变成蒸气的现象称为升华。升华常用于固体有机化合物的分离、纯化。能应用升华分离的物质必须在其熔点以下具有相当高的蒸气压（高于2.7kPa），经升华后可以除去不挥发性杂质或分离不同挥发性杂质或分离不同挥发度的固体混合物。所得物质一般纯度较高，可以直接用于化学结构测定（装置如图2-8所示）。

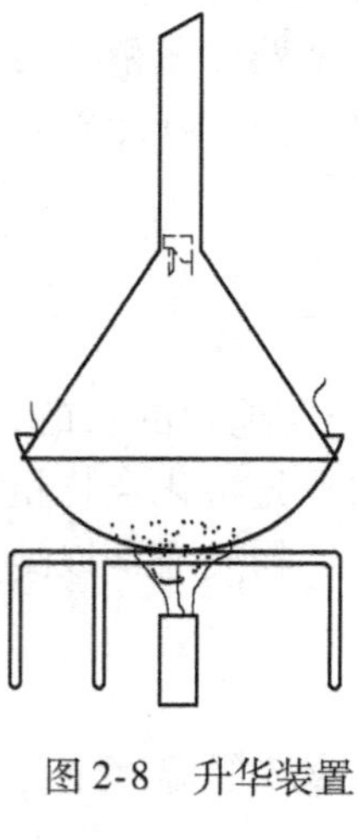

图2-8　升华装置

（1）升华操作（以碘的升华为例说明）如下。

1）在蒸发皿中放入已充分干燥的0.5g碘。

2）在蒸发皿上盖一张刺有密集小孔的滤纸（注意刺眼一面朝上）。

3）滤纸上倒扣一个口径比滤纸小的玻璃漏斗。

4）漏斗颈部塞一点疏松棉花。

5）先用电热套小火加热，使其慢慢升华（注意：加热时，应用手将漏斗按紧防止蒸气外逸污染环境）。

6）当有升华的I_2颗粒产生较多时，即停止加热。

7）待装置冷却后，收集产品。

（2）升华法注意事项如下。

1）常压及减压升华均需在通风柜内进行。

2）常压升华时必须防止升华产物的外逸。

3）升华时加热不能过快，根据升华的速度缓慢加热。

4）减压升华时，必须先在常温下抽去低沸点挥发物，然后缓慢加热，控制升华速度。

2.3.2.6 过滤

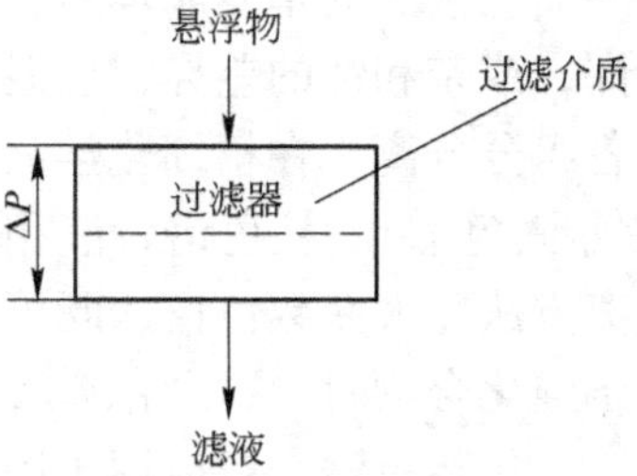

图 2-9 过滤示意图

使悬浮液通过某种具有渗透作用的多孔性介质（如滤纸）的过程称为过滤。过程的结果是固体颗粒被截留，液体通过介质，从而实现了固、液分离，如图 2-9 所示。为了使液流能通过过滤介质，应在过滤介质的前后端保持一定的压力降，以推动液流。通常的推动力有重力、压力、离心力和真空。根据不同的推动力，过滤可分为自然过滤、压滤、离心过滤和真空过滤四类。其中压滤效率最高，但需要特殊设备；真空过滤的设备较为简单，但推动力最小。

近年来国外发展一种高梯度磁分离技术（HGMS），其实质是一种磁力过滤设备。在外界高磁场梯度范围内，铁磁性和顺磁性物质可以被磁力推到相当高的磁场强度区域，而反磁性物质则在较低磁场区域。如在反磁性物质的载体溶液中加入一些磁化添加剂，磁化添加剂与各种反磁性物质之间会产生不同的缔合等作用，使反磁性物质也可达到不同的分离，HGMS 可应用于 0.1 ~ 100μm 的质点，因而可用于一些高分子化合物，包括血红细胞等的分离。

2.3.2.7 离心和超离心

悬浮粒子受离心力作用，先向离心管周边移动，再向底部沉降，达到液-液或固-液分离的过程称为离心。这是利用旋转运动的离心力和物质的沉降系数（单位离心力作用下粒子沉降速度）或离心力和浮力密度的差别而进行的分离、浓缩和纯化的操作。如果离心机的转速超过 25000r/min，其产生的离心过程称为超离心，可专门用于分离具有生物活性的高分子化合物，也可以用于测定高分子化合物的相对分子质量。

在固液分离时，特别是对含很小的固体颗粒悬浮液进行分离时，离心分离是一种非常有效的途径。

（1）在使用离心机时，离心管必须对称平衡，否则应用水作平衡物以保持离心机旋转平衡。

（2）离心机启动前应盖好离心机的盖子，先在较低的速度下进行启动，然后再调节所需的离心速度。

（3）当离心操作结束时，必须等到离心机停止转动后才能打开盖子，决不能在离心机转动时打开盖子或用手触摸离心机的转动部分。

（4）玻璃离心管要求较高的质量，塑料离心管中不能放入热溶液或有机溶剂以免在离心时管子变形。

（5）离心的溶液一般控制在离心管体积的1/2左右，切不能放入过多的液体以免在离心时液体散逸。

在精细化工配方的剖析过程中，离心操作往往可以代替过滤，用于难分离悬浮液的分离。

2.3.3 色谱法

色谱法的基本原理是利用混合物各组分在某一物质中的吸附或溶解性能（分配）的不同，或亲和性的差异，使混合物的溶液流经该种物质进行反复的吸附或分配作用，从而使各组分分离。在精细化学品的剖析工作中，薄层色谱、纸色谱、气相色谱（气-液色谱和气-固色谱）、柱色谱、液相色谱（液-固色谱和液-液色谱）、凝胶渗透色谱是最常用的分离方法。大多数色谱法既可以分离混合物并进行定量分析，又可以制备纯品。当其用作制备纯化合物时，这种色谱又称为制备色谱。

气相色谱一般应用于沸点低于45℃的易挥发性物质或挥发性衍生物的分析。气相色谱包括气-液色谱和气-固色谱。气-液色谱中的色谱柱装有含液体固定相的惰性固体担体，气-固色谱中的色谱柱装的是固体固定相。气相色谱可用于有机混合物的定量和定性分析。在气相色谱用于制备性分离时，可将分离得到的物质在柱的末端用冷阱冷冻下来，作进一步研究（元素分析、生物试验、核磁共振波谱、紫外吸收光谱、拉曼光谱等）。另外，通过一个接口，可以将气相色谱与红外光谱、质谱仪相连接，形成定量分离与定性分析相结合的联用仪器。气相色谱的优点在于效率高、选择性好、应用范围广、速度快、便于定量分析、样品量少、非破坏性；缺点在于样品必须有挥发性和热稳定性，难于进行制备分离。

高效液相色谱的优点在于高压、高速、高效和高灵敏度。对于非挥发性样品，高沸点、热稳定性差、相对分子质量大的有机物原则上都可以利用高效液相色谱法来进行分离和分析。但是液相色谱分析速度比气相色谱慢，操作复杂。高效液相色谱根据分离机理的不同可以分为：液-液色谱，液-固色谱，离子交换色谱，离子对色谱，离子色谱和空间排阻色谱（凝胶渗透色谱）。在精细化学品分析中较常用的高效液相色谱包括液-固色谱、液-液色谱、凝胶渗透色谱。其样品量也可大至数克规模，可以用于制备纯样。应用高效液相色谱对试样进行分析时，必须综合考虑各种因素，从而合理地选择适宜的色谱方法。需要考虑的因素包括：样品的性质（相对分子质量、化学结构、极性、溶解度参数等物化性质），液相色谱分离类型的特点及应用范围，实验条件（仪器、色谱柱等）。例如，对于相对分子质量大于2000的聚合物、蛋白质等化合物，适宜的液相色谱为凝胶渗透色谱，同时它还可以测出化合物的相对分子质量分布。

固定相是一种固体物质，溶质以吸附的机理在液固界面上分配。高效液固色谱、柱层析以及大多数薄层色谱、纸色谱等都属于这种液固过程。

纸色谱又称为纸层析，是一种微量的分析方法。固定相的载体是由高纯度纤维素制成的质地均匀的特种滤纸。固定相为纤维素上的水分，或为浸润在滤纸上的溶剂。需要注意，当纸层析用于检验物质纯度时，要用至少两种不同的流动相体系对试样进行层析，以使结果可靠。

纸色谱与薄层色谱的差别很小，纸色谱的固定相载体是应用各类纤维素，薄层色谱则是应用硅胶或类似吸附剂。薄层色谱的分析速度比纸色谱的快，其效率较高，适用性广，可用腐蚀性试剂，试样消耗量少。另外，薄层色谱可负荷的样品量比纸色谱大 2 ~ 3 个数量级，故薄层色谱也可用于混合物的制备性分离。目前，已发展出高效薄层色谱，其有效塔板数可以达到5000，而一般的薄层色谱的塔板数为600。在进行柱层析以前，可用薄层色谱作预试验，以便检测确定柱层析的分析条件。

薄层色谱的一个缺点在于当试样量大于50mg 时，会导致分离效率变低。故如对混合物中含量较少的组分感兴趣时，就有必要应用柱层析分离。柱层析虽然耗时多、分离效率低，但可分离的试样量较大。

2.3.4 其他分离方法

2.3.4.1 凝胶过滤

高分子化合物（天然和合成的）的分离技术，又叫凝胶色谱或分子筛色谱。起分离作用的凝胶具有分子筛性能，是一种具有一定孔径网状结构的高分子化合物，其化学结构属于葡聚糖、聚丙烯酰胺、琼脂糖及它们的衍生物，使用最广泛的葡聚糖凝胶是由一定相对分子质量的葡聚糖和交联剂以醚键的形式互相交联而成。

大部分凝胶可在水中溶胀至一定体积，然后将其装入柱中，在柱顶加入定量待分离的样品溶液，用水或缓冲液洗脱，在洗脱过程中，较小的分子渗入凝胶内部，其渗入情况随分子大小而定，并处在一个动态平衡过程中；较大的分子随洗脱液流经凝胶外部空隙进入接受器，因此，当多种成分的混合液通过凝胶柱后。从柱中流出的次序按相对分子质量递减的顺序排列，分别收集，即可使混合液达到分离。相对分子质量从数百到数十万的高分子化合物，均可以通过选择合适孔径的凝胶进行分离。凝胶过滤特别适用于具有生物活性的高分子化合物的分离。凝胶过滤常用来从蛋白质、多糖中脱盐，也可测定高分子化合物的相对分子质量。

2.3.4.2 膜分离

在一定推动力下，应用自然或人工合成的高分子薄膜（半透膜）对分子大小不同的物质进行分离的过程称为膜分离，膜分离过程在室温下进行，不发生相变，但需要一定压力作推动力。它的应用面广，不仅可分离液体溶液（如海水淡化、废水处理），还可以用于气体分离（富氧膜）。此外，膜蒸馏、渗透蒸发、液膜技术等一类新型的膜分离技术也已得到广泛应用。有人预言：膜分离技术有望代替蒸馏、萃取、蒸发、吸附、盐析等分离操作，特别适用于物化性质相似的同分异构体或具有生物活性的天然高分子化合物的分离。

2.3.4.3 溶解沉淀法

在不断搅拌下，将沉淀剂滴入某混合物溶液中，此时混合物中各组分的溶解度逐渐改变。当沉淀剂加到一定浓度时，某些组分产生沉淀而析出，然后用过滤或离心方法除去，从而达到分离目的。例如，在中草药水提取液中，加入乙醇或丙酮等有机溶剂后，蛋白质、多糖类物质的溶解度显著降低，可以从溶液中沉淀出来，这样就可与低分子的天然物分离。同样，合成高分子化合物也可应用甲醇等沉淀剂，将其从高分子溶液中沉淀出来，以便与添加剂分离；如果沉淀剂是无机盐，则称盐析法，是沉淀分离蛋白质的常用方法。

2.3.4.4　吸附

当流体（气体或液体）与多孔性的固体接触时，由于流体分子与固体表面分子之间的相互作用，流体分子会停留在固体表面上，这种流体分子在固体表面上浓度增大的现象称为固体表面的吸附。吸附操作就是利用多孔性固体对流体混合物中各组分的选择性吸附；当流体与固体表面接触时，流体中一种或几种组分被选择性地吸附在固体表面上，这样就达到了被吸附组分与流体中其他组分分离的目的。多孔性固体（又称吸附剂）有硅胶、氧化铝、活性炭、分子筛等，吸附作用是各类色谱技术的基础，在剖析过程中也经常应用吸附分离，如重结晶时应用活性炭的吸附作用，除去微量杂质；从液体化合物中除去微量水分也往往应用分子筛的吸附作用。

2.3.5　纯度鉴定

分离后得到的各组分的纯度鉴定是非常重要的，只有纯度足够好的样品提供的各种结构分析数据才是可信和有价值的。对未知组分的纯度鉴别，最困难的是它的结构组成可能是全然未知或知之甚少，很难捕捉到它们的特征物理常数和光谱特征等信息；因而，分离过程中各组分是否已分离开、感兴趣的组分在何处、分离过程是否满意、能否满足结构分析的要求等一系列基本问题经常困扰着剖析工作者。

2.3.5.1　样品外观审察与物理常数测定

对分离后各组分的外观审察，如颜色是否均一、是否有好的晶形、粉末是否松散等信息，对纯度鉴别是很有用的。在样品量足够、实验条件允许时，测定某些物理常数，如熔点、沸点、分解温度等数据，也是纯度鉴定的有用信息。

2.3.5.2　元素分析

样品中有机组分的元素含量分析也是判定样品纯度的可靠方法之一。如果化合物中C、H、O、N等主要元素的质量分数与标准物质或预想结构中元素质量分数的理论计算值之间的偏差在0.5%以内，可认为样品的纯度已足够作谱学结构分析用。

2.3.5.3　红外光谱分析

红外光谱是剖析鉴定样品纯度最常用的一种方法。通常可用红外光谱跟踪分离中各组分的纯度，待不同的提纯方法皆给出相同的红外谱图且图中各个峰的位置及强度不存在异常现象时，可认为达到红外光谱的“光谱纯”。

2.4　分离与分析方法的选择

一般来说，色谱法是非常有效的分离测试方法。紫外光谱和红外光谱、核磁共振波谱法、质谱法和元素分析法是在有机化合物的定性分析中非常重要的方法。但对于不同的被剖析的样品可以根据其所含有组分的复杂情况，适当选择上述分析方法。

2.4.1　选择分离方法的准则

影响分离方法选择的因素有很多，其中主要包括：分离对象的性质、规模（浓度、数量）、要求分离后达到的纯度等。此外，一些外界因素，如现有的条件（设备、试剂），操作者对某些方法熟练与否，熟练程度等也是要考虑的因素。因为分离是依据欲分离组分之间在某些化学、物理性质方面的差异，因此只要组分性质有差别，尽管是很小的差别，就有可能利用它们的溶解度、挥发度、电离度、移动速度、颗粒大小等方面来选择、设计合适的分离方法。例如，要分离两种非离子型的物质，则离子交换、电泳、电渗等方法就不能考虑。为了弄清分离方法的选择，可以将分离方法的选择归纳为 8 个原则，见图 2-10、表 2-1。

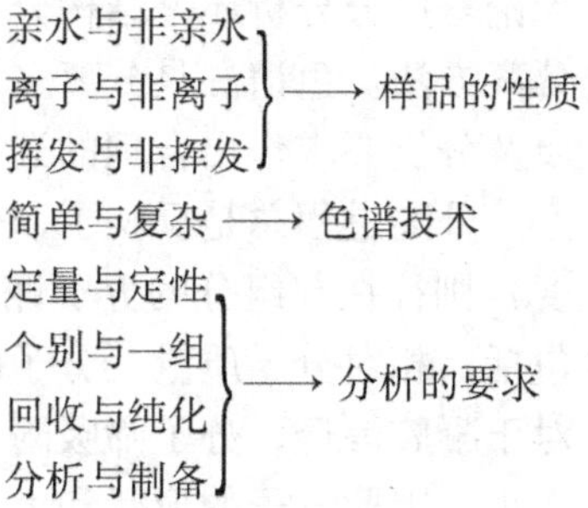

图 2-10　选择主要分离方法的八项准则

表 2-1　分离方法分类

序号	标　准		分 离 方 法									
	A	B	LLE	D	GC	LSC	LLC	IEC	E	GPC	PC	P
1	亲水的	疏水的	X	B	B	B	B	A	A	X	X	A
2	离子的	非离子的	X	B	B	B	B	A	A	B	X	A
3	挥发的	不挥发的	B	A	A	B	B	B	B	B	B	B
4	简单的	复杂的	A	A	B	B	B	B	A	B	A	A
5	定量的	定性的	A	B	A	A	A	A	B	A	B	A
6	个别的	成组的	X	A	A	X	A	A	X	X	B	B
7	回收的	纯　的	X	A	B	B	B	B	B	B	B	A
8	分析的	制备的	X	B	A	A	A	A	A	A	A	X

注：LLE—液液萃取；D—蒸馏；GC—气象色谱；LSC—液-固色谱；LLC—液-液色谱；IEC—离子交换色谱；E—电泳；GPC—凝胶渗透；PC—平板色谱；P—沉淀。

表 2-1 中第一项标准又分成 A，B 两类，并在每一种方法下面注明该法适合于哪一类。对两类标准都适用的方法或者差别不大时，则用 X 表示。还要注意的是根据表中所列的标准来选择方法时，常常是根据习惯而不是按它们可能的用途来选择。例如液-固色谱和液-液色谱也可用于制备分离，但现实中高压液相色谱主要用于分离。尽管表 2-1 中所列的有些方法十分类似，但它们并不完全属于同一种类型。

2.4.2　选择分离方法的因素

2.4.2.1　分离样品的组成和性质

样品（即分离对象）的性质不同，对分离方法的要求亦不同。表 2-1 中前两项是分离对象的性质，即亲水与疏水、离子与非离子两类，常常是相互关联的。通常，疏水化合物为非离子型，而亲水的为离子型或强极性化合物。两类化合物的分离方法一般不相同，大多数分离方法只适用于其中一类。比较困难的分离是亲水性和极性大、离子型化合物。一般选用萃取、离子交换、电泳、渗析、薄层色谱和纸色谱分离。第三项属性是与热性质相关的特性，如挥发性、热稳定性，首选的分离方法是蒸馏与气相色谱法。

样品的组成是简单的还是复杂的，是选择分离方法的另一重要因素。组成简单的样品无论是成分分析还是结构分析都比较容易。剖析中的样品大多是复杂体系，必须选用多种分离方法。色谱法是分离多组分样品的首选方法，而色谱法中又有众多分支，可按样品性质及分析要求作出合理的选择。

分离过程总是反映了欲分离物质的宏观性质上的差别，而某些性质（如蒸气压、溶解度）则往往与组分的分子性质及其结构有关。一般说来，能影响分离方法选择的分子性质包括：相对分子质量、分子的体积与形状、偶极矩与极化率，分子电荷与化学反应性等。对于凝胶渗透、分子筛吸附、渗析、应用大环多元醚的萃取以及色谱等方法，涉及孔穴的大小，因此分子的形状和大小起着决定性作用，另外也要适当考虑化学反应性。而对离子交换、电泳、离子对缔合萃取等方法，分子电荷起主导作用，当然也要考虑到化学反应性、分子形状。而对蒸馏来说，决定性的是分子间的力，它与偶极矩和极化率有关，也还要考虑到分子形状和相对分子质量的大小。

样品的复杂性是与样品中组分数目有关的。表 2-1 中存在着两种极端情况：简单的和复杂的。到目前为止，只有色谱技术能一次将复杂的样品中各种组分彼此分离。

2.4.2.2　分离的目的与要求

分离的目的是要考虑到随后的分析步骤是定性的还是定量的。定性分离的目的并不要求分离的高效率和方法的准确性，其主要目的是得到纯度足够结构分析用的样品；定量分析则要考虑分离方法的精密度和准确性。GC 将是优先考虑的最适合于定量分析的分离方法，但是它所分离的组分必须具有挥发性。沉淀法尽管费时，但由于它适应性比较强，所以仍有广泛的用途，可用于各种不同类型的样品，它的随后分析方法常常是重量法。

样品的数量和某些组分的含量是选择分离方法时应考虑的因素之一，微量样品的分离要求采用微量实验技术，而大量样品中微量和痕量组分的分离则要求先进行富集，如萃取、吸附等，再进行纯化分离。分离的程度是选择分离方法时应考虑的另一因素，有些分析要求将样品中的各个组分彼此完全分开，而另一些分析则只要知道某一类物质的总量即可。例如，对于某一烃类混合物，当要求测定每种烃的含量时，选用气相色谱法最合适，若只要求测定混合物中烷烃和烯烃总量时，采用化学分离法即可。

被分离组分的含量和浓度会对分离方法的选择有影响，例如，微量组分的分离与富集往往采用各种色谱技术和萃取法。除此之外，也要考虑到分析方法要求的精密度与准确度。分析方法要求的分离程度，即被分离物质的纯度，也是选择分离方法时要考虑的。有些分析要求把各组分一一分离开来，而另外一些情况下却不需一一分离，只要知道某一类物质的量即可。例如，对于一个烃类混合物来说，当要求测出每一种烃的含量时，GC 是最合适的方法：但是如果只要求知道该样品中烷烃类总量、烯烃类总量时，就可以采用其他的分离方法。如要测定各个镧系元素的含量时，最好使用色谱技术，但当只要求测定镧系的总量时，就可选用沉淀或萃取等方法。

被分离样品的量也是选择分离方法时要考虑的。但是，一般说来，色谱技术很难按比例放大来处理大量的物质。此外，可用的样品有多少，也对分离方法的选择有限制。例如，如果只有 10μL 样品，那就不能选择蒸馏法。

2.4.3 分离的一般步骤

2.4.3.1 分离均相体系

如果样品组成是未知的均相体系，首先应采用简单的物理、化学分离方法，然后再采用色谱法。对于气体样品，首先考虑应用气相色谱的方法分离，其他的可能性是应用热扩散和化学反应。采用分馏法时，样品必须是液体。对固体来说，相应的选择是区域熔炼。无论是固体还是液体都可以用其他方法进行分离，包括 GC 在内，只要样品有所需的挥发性。

2.4.3.2 分离复杂样品

对于体系复杂、非均相的气体、液体、固体混合样品的分离，首先采用简单的物理、化学分离方法。如蒸馏、过滤、离心、吸收等将样品分离成气、液、固三种均相体系。通过蒸馏、过滤、离心得到的液相样品，可用萃取或吸附富集后按极性大小分组，然后再选用相应的色谱法作进一步分离、纯化，得到纯组分后，再选用 UV、IR、MS、NMR 等方法作结构与成分分析。固体样品按相对分子质量大于或小于 2000 分组，小相对分子质量的组分可按液体样品处理，大相对分子质量的组分可用适当的溶剂沉降分组。可溶性组分一般为线性、可塑性高聚物，可用凝胶色谱法分离，再用 IR、NMR 作结构分析。不溶性组分除无机填料外通常为热固性高聚物，可用 IR 技术中的 ATR 或采用热降解和化学降解等，使之变成小分子单体和可溶性小分子，再用 GC、GC-MS、GC-FTIR 等作结构和成分分析。

3 色谱法在精细化工中的应用

3.1 引言

色谱法是分离混合物、提纯物质以及结构同一性鉴定的有效方法之一。20 世纪初由俄国植物学家茨维特创立。茨维特让从绿叶中提取出来的色素石油醚溶液，通过一根填满碳酸钙的细长玻璃柱，然后用纯净的石油醚加以冲洗，结果在玻璃柱内的植物绿叶色素就被分离成几个具有不同颜色的谱带，然后利用谱带颜色对混合物进行鉴定分析。当时，茨维特将这种分离方法命名为色谱法，分离出的谱带称为色谱。

俄国植物学家茨维特在 1906 年使用的装置：色谱原型装置，如图 3-1 所示。

试样混合物的分离过程也就是试样中各组分在称之为色谱分离柱中的两相间不断进行着的分配过程。其中的一相固定不动，称为固定相；另一相是携带试样混合物流过此固定相的流体（气体或液体），称为流动相。当流动相中携带的混合物流经固定相时，其与固定相发生相互作用。由于混合物中各组分在性质和结构上的差异，与固定相之间产生的作用力的大小、强弱不同，随着流动相的移动，混合物在两相间经过反复多次的分配平衡，使得各组分被固定相保留的时间不同，从而按一定次序由固定相中流出。与适当的柱后检测方法结合，实现混合物中各组分的分离与检测，如图 3-2 所示。两相及两相的相对运动构成了色谱法的基础。

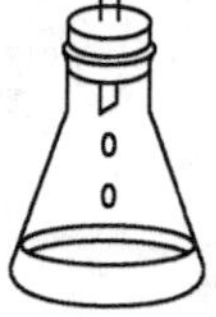

图 3-1 色谱原型

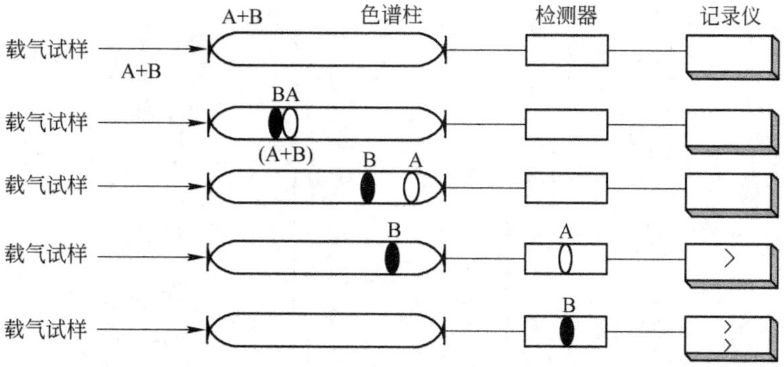

图 3-2 色谱分离示意图

3.2 色谱的分类

3.2.1 按分离原理分类

色谱法的基本原理是基于混合物中的组分在固定相和流动相之间的不均匀分配。不均匀分配的先决条件是各个单一组分对两相不同的“亲和力”和向两相不均匀扩散的可能性。

表 3-1 列出了按照分离原理对色谱进行分类的方法。

表 3-1 按照分离原理分类

名 称	主要分离过程性质	测定被分离物对两相亲和力大小的单位
吸附色谱法	吸 附	吸附系数
分配色谱法	萃 取	分配系数
离子交换色谱法	静电作用及扩散	电荷电离常数和有效的离子直径
凝胶色谱法	扩 散	有效分子尺寸
亲和色谱法	依据生物特征和配基的相互作用	无通用单位

（1）吸附色谱。由于物质对带有活性的固体或液体表面吸附力的差异，使混合物中的单一组分在固体或液体界面上呈现出浓度变化，出现该组分的浓缩，这种现象称为吸附。对于各组分来说，吸附系数的差异决定于相界面上浓度的差异。若两相之间做相对移动，则这种差异就表现为色谱分离。吸附亲和力主要取决于物质的极性大小。有机化合物分子中的官能团与非极性的碳链相比，对吸附色谱的分离效果有更大的影响。吸附色谱适宜于把混合物中的物质按其所含的极性基的数目和类型进行分离。

（2）分配色谱。利用各个被分离组分在固定相和流动相两相之间分配系数的不同而进行分离的称为分配色谱。也就是说，分配色谱主要根据物质在两相中的溶解度差异而实现。分配系数 K_0 是固定相中一种组分的平衡浓度对流动相中同一物质浓度的比。因此，各组分的分离效率与其分配系数的差值成比例。

在分配色谱法中，通常使用一个两相系统，一相含有机溶剂较多，而另一相含水较多。水相通常固定在亲水性载体上，如滤纸、硅胶等，有机相通常是移动相。如果将它们的关系反过来，则称为反相色谱。

如果把一种非挥发性液体固定在适当的固体载体上，那么分配色谱法也可以在气相和非挥发性液相之间进行。液相中被分离组分溶解度的差异两次得到利用，溶解度较小或挥发的组分在一定温度下由载气迅速带走，从而使各个组分得到分离。

（3）离子交换色谱。如果被分离的各组分在溶液中形成离子，那么这些离子就与溶液中离子交换剂的解离基团发生静电作用，这种静电的相互作用就是离子交换。带电荷多的离子对交换剂的亲和力大于带电荷少的离子。被分离混合物中各组分的离子交换能力，取决于各组分电荷的差异。解离组分的平均电荷与离子电荷、基团的离解常数以及介质的 pH 值有关，同时还取决于溶液中的离子浓度。

在离子交换色谱中固定相是具有固定电荷的离子交换树脂，带有固定正电荷的称为阴离子交换树脂。固定电荷吸引相反符号的对立离子以保持中性。带有固定负电荷的称为阳离子交换树脂。

（4）凝胶色谱。待分离混合物中各组分分子的大小往往有所差异，如果将含有这些组分的溶液与多孔的固体相（如凝胶）接触，那么根据多孔凝胶对不同大小分子的排阻效应，各组分将得到分离。所以凝胶色谱又称排阻色谱或分子筛色谱。排阻是指大分子不能进入小的凝胶孔中而被排阻在凝胶颗粒之外，存在于液相之中；而中等尺寸的分子部分地透入固相，但大部分仍留在液相。在分离过程中，固定相和移动相产生相对运动，大分子随着移动相一起移动得较快，被溶剂带走，小分子进入凝胶内部移动较慢，这样大小分子就可以分开。控制凝胶的孔径就可以用来分离分子大小不同的物质。凝胶有亲水性和疏水性两大类，最常用的亲水性凝胶有交联葡聚糖、琼脂糖或聚丙烯酰胺凝胶等，它们均适用于水溶性物质，如生物高分子化合物等。疏水性凝胶有交联聚苯乙烯或橡胶等，它们可在有机溶剂中溶胀，适宜于分离疏水性有机化合物。此外，某些无机物，如多孔玻璃或硅胶也可以控制一定的孔径用于此目的。

（5）亲和色谱。前几种色谱的原理是建立在被分离物质对固定相“亲和力”的差异上，而亲和色谱中的“亲和力”是建立在生物化学过程中，被分离物质与具有特异性质的配基相互作用的基础上。这种特异的相互作用产生在具有高选择性反应的一对物质之间，例如，抗体和抗原彼此特异地结合在一起，酶与其底物起反应，而不与其他物质作用等。如果上述一对物质中的一种以共价键的方式键合在一种适当的载体上，而又不丧失其功能，那么它就可以从溶液中选择性地结合与其配成对的另一物质。亲和色谱中成对物质的结合具有专一性，同时是可逆的。

3.2.2　按两相的物态分类

按两相的物态分类，色谱可以分为气相色谱和液相色谱。

（1）气相色谱。气相色谱的流动相为气体（称为载气）。按照分离柱的不同可分为：填充柱色谱和毛细管柱色谱；按固定相的不同又可以分为：气-固色谱和气-液色谱。

（2）液相色谱。液相色谱的流动相为液体（也称为淋洗液）。按固定相的不同分为：液-固色谱和液-液色谱。离子色谱是液相色谱的一种，以特制的离子交换树脂为固定相，不同 pH 值的水溶液为流动相。

（3）其他色谱法。薄层色谱和纸色谱是比较简单的色谱方法；凝胶色谱法、超临界色谱、高效毛细管电泳法是在 20 世纪 90 年代快速发展起来的，特别适合生物试样分析、分离的高效分析仪器。

3.2.3　几种色谱方法的比较

薄层色谱、纸色谱、气相色谱及高效液相色谱是四大类广泛应用的色谱技术，它们各有优缺点及适用范围。总的来讲，目前薄层色谱及高效液相色谱应用最为广泛。薄层色谱的优点是设备和操作比较简单，展开时间快，应用范围及分析对象很广。不论是无机、有机、生化、药物等都应用薄层色谱；从化合物的性质来看，小分子或大分子化合物，水溶性或非水溶性物质等各种类型物质的分离、精制、鉴定和定量都可用薄层色谱。高效液相色谱在定量的精确性方面比薄层色谱好，但设备和费用较高。纸色谱是几种色谱中最便宜的一种，但展开时间长，用来分离水溶性物质比较方便。气相色谱定量准确性高，但只适用于在设备柱温条件下（一般为 200 ~ 300℃）能气化的化合物，因此限制了它的应用。在有机化合物中大约只有 20% ~ 30% 的产品适用，在精细化工产品中所占比例可能更少些。几种色谱方法比较见表 3-2。

表 3-2　几种色谱方法比较

项　目	薄层色谱	纸色谱	液相色谱	气相色谱
设　备	较简单	简　单	复　杂	复　杂
分析对象	较　广	水溶性物质	较　广	能气化的挥发性物质，高温下不分解
检测灵敏度/g	10^{-7}	10^{-7}	$10^{-8}\sim10^{-12}$	10^{-10}
样品用量/μg			0.01～1	0.01～1
检测方法	以物质的化学特性或物理特性为基础的显色剂、扫面法		紫外、可见荧光光谱、示差折光、电化学	热导池、氢火焰
定量准确度	+		++	++
定量重现性/%	2～5		1	1
展开及洗脱时间/min	20～100	160～480	5～60	5～60

3.2.4　色谱理论

在讨论色谱理论时，一般以柱色谱为例。

3.2.4.1　分配平衡

A　分配系数（K）

在一定的温度和压力下，当分配体系达到平衡时，组分在两相中的浓度之比为一个常数，这个常数就是分配系数。即

$$K=\frac{\text{组分在固定相中的浓度}}{\text{组分在流动相中的浓度}}=\frac{C_s}{C_m}$$

分配系数与组分和固定相的热力学性质有关，随着柱温而变化，而与两相的体积无关。在液相色谱中分配系数还取决于流动相的性质。当色谱体系和分离对象给定后，K 值便只与柱温有关，其关系为：

$$\ln K=\frac{\Delta G^{\ominus}}{RT_c}$$

式中　$\Delta G^{\ominus}$——相对于标准状态的组分自由能；

R——气体常数；

T_c——柱温，K。

B　分配比（k）

分配比是指在一定温度和压力下，组分在两相间达到分配平衡时分配在固定相和流动相中的总量之比，即

$$k=\frac{C_sV_s}{C_mV_m}=K\frac{V_s}{V_m}$$

式中　V_s，V_m——分别表示色谱中固定相与流动相的体积。

V_s在不同类型色谱中的含义不同，分配色谱中指固定液体积，吸附色谱中为吸附剂表面积，离子交换色谱中为离子交换剂的交换容量。它是真正参与组分在两相间分配的那一部分有效体积。

V_m包括两部分：一是在固定相颗粒间的流动相，是流动的；另一个是多孔固定相颗粒内部孔隙中的流动相，是静止的。

分配比是衡量分离体系对组分保留能力的重要参数，分配比不仅取决于组分和两相性质，而且与两相的体积相关。分配比越大，则停留在固定相中的分子数越多，组分移动得越慢。

3.2.4.2　色谱流出曲线

样品进入色谱柱后在色谱柱的两相之间反复多次分配而彼此分离，分离后的组分依次离开色谱柱进入检测器而形成了色谱流出曲线图。色谱流出曲线图是以组分的浓度或质量变化为纵坐标，以出峰时间为横坐标的如图 3-3 所示。

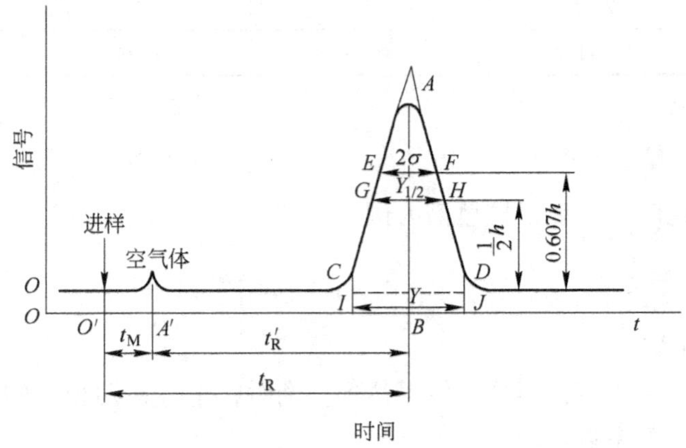

图 3-3　气相色谱流出曲线

A　基线

无试样通过检测器时，检测到的信号即为基线，通常为一水平线。

B　峰

当流动相含有组分时通过检测器所得到的信号，对峰的描述主要有峰宽、峰高、半峰宽。

峰宽（W_b）：峰两侧曲线在拐点作切线而在基线上相交的线段。

峰高（h）：峰最高点至峰底的垂直距离，以 h 表示。

半峰宽（$Y_{1/2}$）：峰高的一半处峰的宽度。

标准偏差 σ：0.607 倍峰高处色谱峰宽的 1/2。

C　保留值

保留时间是色谱定性的主要依据，主要包括以下几个方面。

死时间（t_M）：惰性物质（与固定相无相互作用的物质）从进样开始到出现峰极大值时所需要的时间。

保留时间（t_R）：组分从进样到柱后出现浓度极大值（最高峰）时所需的时间。

调整保留时间（t'_R）：扣除了死时间的保留时间称为调整保留时间。保留时间公式：$t'_R = t_R - t_M$。

死体积（V_M）：色谱中未被固定相占据的空隙体积，包括进样器和检测器的空间体积及从进样器到柱和从柱到检测器的连接管的体积。死体积由下式计算：

$$V_M = t_M \cdot F_c$$

式中 F_c——柱压与柱温下校正后的流动相体积流速，mL/min。

保留体积（V_R）从进样开始到试样色谱峰出现最高点时所流过的流动相体积。即：$V_R = t_R \cdot F_c$。

V_R是一个与流动相流速无关的参数。

调整保留体积（V_R'）：是扣除了死体积后剩下的保留体积。即：$V_R' = V_R - V_M = (t_R - t_M) \cdot F_c$。

相对保留值（r_{12}）：色谱中采用一种物质作为标准，其他物质的调整保留值对此标准物质的调整保留值的比值，称为相对保留值。即

$$r_{12} = \frac{t'_{R1}}{t'_{R2}} = \frac{V'_{R1}}{V'_{R2}}$$

式中，下标 1 表示其他组分；下标 2 表示被约定的标准物。

保留指数（I）：是国际上公认并广泛使用的定性指标，是以紧接组分的两个正构烷烃为基准进行计算的：

$$I_X = 100 \times \left(\frac{\lg t'_{RX} - \lg t'_{Rn}}{\lg t'_{Rn+1} - \lg t'_{Rn}} + n \right)$$

式中 I_X——被测物 X 的保留指数；

t'_{RX}——被测物 X 的调整保留时间；

t'_{Rn}——具有 n 个碳原子的正构烷烃的调整保留时间；

t'_{Rn+1}——具有 $n+1$ 个碳原子的正构烷烃的调整保留时间；

n——正构烷烃的碳原子数。

3.2.5 色谱分析

3.2.5.1 色谱定性分析

定性分析就是要确定样品中的一些未知组分是什么物质，在色谱分析中就是要确定色谱图中一些未知的色谱峰是什么物质。目前各种色谱定性方法都是基于保留值的，但是不同物质在同一色谱条件下，可能具有相似或相同的保留值，即保留值并非专属的。因此仅根据保留值对一个完全未知的样品定性是困难的。因为许多化合物可能在同一时间流出色谱柱，因此仅仅依靠气相色谱本身是不能对一个完全未知的化合物进行定性的。

然而当样品限定时，如果在了解样品的来源、性质、分析目的的基础上，对样品组成做初步的判断，再结合下列的方法则可确定色谱峰所代表的化合物。气相色谱将变成一个强有力的工具。也可以通过比较气相色谱图来确定样品是否相同，例如油轮里的原油样品可以和海上浮油比较以确定油轮是否应对原油的泄漏负责，GC 对于排除可疑性是很有用的，如果您从先前的实验中知道异辛烷在 1.9min 出峰，那么一个在 1.5min 出的峰就不会是异辛烷，那么它是什么呢？幸运的是您不必要考虑所有的有机化合物的样品信息，如果限定化合物范围。例如您不会期望在烷烃中找到苯系物，当一个未知的峰被初步确定后，还必须在别的不同性质的色谱柱上重现以得到确认，如果一个化合物在基于沸点分离的甲基硅氧烷和聚乙二醇极性柱上有正确的保留时间，此定性很可能就是正确的。GC 在处理已知样品组分并且要求定量时是特别有用的。

A　利用保留值定性

a　利用已知纯物质对照定性

利用已知纯物质对照定性的方法如下。

（1）利用保留时间 t_R 对照定性。色谱分析的基本依据是保留时间。在一定的色谱条件下，一个未知物只有一个确定的保留时间。因此将已知纯物质在相同的色谱条件下的保留时间与未知物的保留时间进行比较，就可以定性鉴定未知物。若两者相同，则未知物可能是已知的纯物质；若 t_R 不同，则未知物就不是该纯物质。纯物质对照法定性只适用于组分性质已有所了解，组成比较简单，且有纯物质的未知物。已知纯样的 t_R 直接对照定性方法的依据是色谱条件严格不变时，任一组分都有一定的保留值。此法的可靠性与分离度有关。例如峰很多，靠得很近（酒、茶叶、石油等）用 t_R 定性不准。因为同一保留时间可能对应许多化合物，即使是色谱条件严格不变，也不能排除有数种化合物与之对应的可能性。因此单靠保留时间定性不是完全可靠的。

（2）利用加入法定性。将纯物质加入到试样中，观察各组分色谱峰的相对变化。就是加入纯样看哪个峰增加。当未知样品中组分较多，所得色谱峰过密，用 t_R 对照定性不易辨认时，可用此法。首先作出未知样品的色谱图，然后在未知样品加入某已知物，又得到一个色谱图。峰高增加的组分即可能为这种已知物。

b　利用文献保留值定性

相对保留值 r_{12} 是指组分 1 与基准物质 2 调整保留值的比值，它仅随固定液及柱温变化而变化，与其他操作条件无关。在色谱手册中都列有各种物质在不同固定液上的保留数据，可以用来进行定性鉴定。

相对保留值测定方法：在某一固定相及柱温下，分别测出组分 1 和基准物质 2 的调整保留值，通常选容易得到纯品的，而且与被分析组分相近的物质作基准物质，如正丁烷、环己烷、正戊烷、苯、对二甲苯、环己醇、环己酮等。再按下式计算即可。

$$r_{12} = \frac{t'_{R1}}{t'_{R2}} = \frac{V'_{R1}}{V'_{R2}}$$

c　用保留指数定性

保留指数又称为柯瓦（Kováts）指数，它表示物质在固定液上的保留行为，是目前使用最广泛并被国际上公认的定性指标。保留指数也是一种相对保留值，它是把正构烷烃中某两个组分的调整保留值的对数作为相对的尺度，并假定正构烷烃的保留指数为 n×100。被测物的保留指数值可用内插法计算，是一种重现性较好的定性参数。

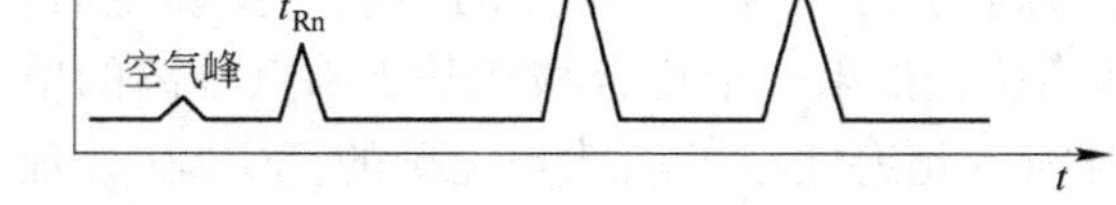

图 3-4　内插法求保留指数 I_X 的示意图

测定方法：将正构烷烃作为标准，规定其保留指数为分子中碳原子个数乘以 100（如正己烷的保留指数为 600）。其他物质的保留指数是通过选定两个相邻的正构烷烃，其分别具有 n 和 n+1 个碳原子。被测物质 X 的调整保留时间应在相邻两个正构烷烃的调整保留值之间，如图 3-4 所示。大量实验数据表明，化合物调整保留时间的对数值与其保留指数间的关系基本上是一条直线关系。因此可用内插法计算保留指数 I_X。

$$I_X = 100 \times \left(\frac{\lg t'_{RX} - \lg t'_{Rn}}{\lg t'_{Rn+1} - \lg t'_{Rn}} + n \right)$$

保留指数的优点在于：

（1）以正构烷烃为参比标准，把某组分的保留行为用两个紧靠近它的正构烷烃来标定。这样使 I_X 值计算更为准确。

（2）I_X 值具有形象化特点。它是与被测物质具有相同调整保留时间的假想的正构烷烃的碳数乘以 100 来表示的，$I = 733$，$X = 6.33$ 说明在该柱上，苯的保留值在庚与辛之间，相当于含有 6.33 个碳原子的正构烷烃。

（3）测得 I_X 值与文献值对照就可定性鉴定，而不必用纯物质相对照。保留指数仅与固定相的性质、柱温有关，与其他实验条件无关。只要柱温与固定相相同，其准确度和重现性都很好。

（4）保留指数与化合物结构的相关性要比其他保留值强，因此有利于判别化合物结构。

（5）保留指数是对数值，一组同系物的 I 值与化合物沸点和碳数成直线关系。

测保留指数时，柱子与柱温要与文献规定相同。还要有正构烷烃纯样，可供查阅的文献值太少，LC 不能用柯瓦指数。

d 利用双柱或多柱定性

如：1-丁烯与异丁烯在阿比松柱子上保留值相同。这时可采用双柱定性。两根柱的极性相差大时，一般保留值也相差大。若两根柱上未知 t_R 与已知 t_R 都吻合，则定性可靠性就增 1 倍。

由于一组同系物保留指数 I 值与化合物沸点和碳数成直线关系。对同系物进行对比作图。图 3-5 是利用双柱定性。如果在两根不同的色谱柱上同时测定未知物的保留指数 I 值，然后在此图上横、纵坐标上找到未知物的保留指数 I 值，各画垂直于坐标轴的直线，两线相交处落在某化合物的直线上就是这类化合物。

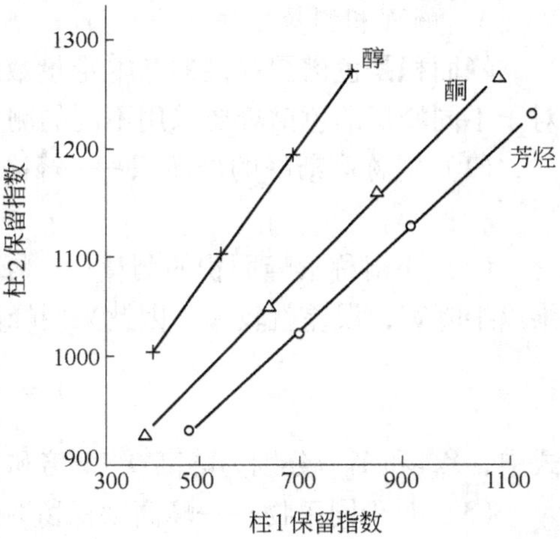

图 3-5 保留指数双柱定性图

B 其他方法定性

a 选择性检测器定性

选择检测器定性只对某类或某几类化合物有信号。

例如 FID 检测器对有机物响应，对某些 H_2O、H_2S 等无机物不产生信号；ECD 对电负性强的物质有响应；FPD 对 S、P 化合物信号大。

b 色谱和各种光谱或波谱联用方法定性

一般指联机定性，例如色谱-质谱联用（GC-MS、LC-MS）；色谱-傅里叶变换红外光谱联用（GC-FTIR）；色谱-核磁共振联用（GC-NMR）。

一般用计算机检索，要有标准谱图。

c　化学方法定性

利用化学反应，使样品中某些化合物与特征试剂反应，生成相应的衍生物。

（1）柱前衍生化法：例如酮，加入2，3-二硝基苯肼，生成沉淀，在谱图上消失。

（2）柱上衍生化法：如装有5A分子筛的前置柱，可吸附 C_3 ~ C_{11} 的正构烷烃，KOH处理的石英粉，将羧酸和酚除去等。

（3）柱后衍生化法：柱后流出物收集后，加入特征试剂与其反应，可对未知物定性。分析化学中所学的所有方法都可应用。

3.2.5.2　色谱定量分析

定量分析的目的是求出混合样品中各组分的百分含量。色谱定量的依据是：在一定的操作条件下组分的重量或在载气中的浓度与它在检测器上产生的响应信号成正比。即：

$$m_i = f_i A_i$$

$$m_i = A_i / S_i$$

式中，m_i为被测组分 i 的质量；A_i为被测组分 i 的峰面积；f_i为被测组分 i 的校正因子，即单位峰面积所代表的物质质量；S_i为被测组分 i 对检测器的绝对灵敏度。数值上：

$$S_i = 1/f_i$$

灵敏度也被称为响应值或应答值。

可见，进行色谱定量分析时需要准确测量检测器的响应信号（峰面积或峰高）；准确求得比例常数（校正因子）；正确选择合适的定量计算方法，将测得的峰面积或峰高换算为组分的百分含量。

A　峰面积测量方法

峰面积是色谱图提供的基本定量数据，峰面积测量的准确与否直接影响到定量结果。对于不同峰形的色谱峰要采用不同的测量方法。

（1）对称高斯峰的峰面积——峰高乘以半峰宽法。

$$A = hY_{1/2}$$

（2）不对称形峰面积的测量——峰高乘平均峰宽法。对于不对称峰的测量如仍用峰高乘以半峰宽，误差就较大，因此采用峰高乘平均峰宽法。

$$A = \frac{1}{2}(Y_{0.5} + Y_{0.85})h$$

式中，$Y_{0.5}$和 $Y_{0.85}$分别为峰高0.15倍和0.85倍处的峰宽。

（3）对于同系物——峰高乘保留时间法。在一定操作条件下，同系物之间存在半峰宽规律：

$$Y_{1/2} = bt_R + a$$

同系物的半峰宽与保留时间成正比，对于难于测量半峰宽的窄峰、重叠峰（未完全重叠），可用此法测定峰面积，对于填充柱 $a=0$，峰尖、窄时，也可用 bt_R代替 $Y_{1/2}$：

$$A = 1.065hbt_R$$

（4）自动积分和微机处理法。最近几年随计算机的应用，微处理机大量用到色谱仪上，可以更为精确地测量峰面积计算混合物中各组分的含量。多数色谱仪都配有色谱工作站，可进行多种多样的色谱数据处理。国外的色谱工作站还可对色谱仪进行参数设定和控制。

B 校正因子 f

同一含量的不同组分，由于物理、化学性质的差别而在同一检测器上产生信号大小不同，因此需校正。色谱定量分析的依据是被测组分的量与其峰面积成正比。但是峰面积的大小不仅取决于组分的质量，而且还与它的性质有关。即当两个质量相同的不同组分在相同条件下使用同一检测器进行测定时，所得的峰面积却不相同。因此，混合物中某一组分的百分含量并不等于该组分的峰面积在各组分峰面积总和中所占的百分率。这样，就不能直接利用峰面积计算物质的含量。为了使峰面积能真实反映出物质的质量，就要对峰面积进行校正，即在定量计算中引入校正因子。

定量校正因子是指单位峰面积所代表组分的浓度。

(1) 绝对校正因子。绝对校正因子是指某组分通过检测器的量与检测器对该组分的响应信号的比值，对于组分 i，其绝对校正因子为：

$$f_i = \frac{m_i}{A_i}$$

(2) 相对校正因子。相对校正因子是某物质的绝对校正因子与某标准物质的绝对校正因子的比值。相对校正因子值只与被测物和标准物以及检测器的类型有关，而与操作条件无关。因此，f_i值可自文献中查出引用。若文献中查不到所需的f_i值，也可以自己测定。常用的标准物质，对热导检测器（TCD）是苯，对氢焰检测器（FID）是正庚烷。测定相对校正因子最好是用色谱纯试剂。若无纯品，也要确知该物质的百分含量。测定时首先准确称量标准物质和待测物，然后将它们混合均匀进样，分别测出其峰面积，再进行计算。

$$f'_i = \frac{f_i}{f_s}$$

式中，f_i'为被测物质的相对相对校正因子；f_i、f_s分别为被测物质与标准物质的相对校正因子。相对校正因子表示方法，分为以下几种：

1）相对质量校正因子（$f'_{(m)}$）。

$$f'_{(m)} = \frac{f_{i(m)}}{f_{s(m)}} = \frac{A_s m_i}{A_i m_s}$$

式中 m_i，m_s——分别为被测物质与标准物质的相对校正因子；

A_i，A_s——分别为被测物质与标准物质的相对校正因子。

2）相对摩尔校正因子（f'_M）

$$f'_M = \frac{f_{i(M)}}{f_{s(M)}} = \frac{A_s m_i M_s}{A_i m_s M_i} = f'_m \frac{M_s}{M_i}$$

式中 M_i，M_s——分别为被测物质和标准物质的摩尔质量。

3）相对体积校正因子（f'_V）

$$f'_V = \frac{f_{i(V)}}{f_{s(V)}} = \frac{A_s m_i M_s \times 22.4}{A_i m_s M_i \times 22.4} = f'_M$$

相对校正因子通常可由文献查出，也可以通过测定得出。在分析天平上准确称量被测组分与标准物质，混合均匀后进样，测量对应的峰面积，然后计算。

C　定量方法与百分含量的计算

定量方法主要有面积归一化法、内标法、外标法。

这些定量方法各有其优缺点，在不同情况下要选择不同的方法，否则会带来必然误差。

a　面积归一化法

把所有出峰组分的含量之和按100%计的定量方法称为归一化法。其计算公式如下：

$$P_i = \frac{m_i}{m} \times 100\% = \frac{m_i}{\sum_{i=1}^{n} m_i} \times 100\% = \frac{f'_i A_i}{\sum_{i=1}^{n} f'_i A_i} \times 100\%$$

若样品中的组分为同系物或同分异构体，校正因子近似相等，可不用校正因子，将峰面积或峰高直接归一化公式（即不带校正因子的面积百分比法）

$$P_i = \frac{A_i}{\sum_{i=1}^{n} A_i} \times 100\%$$

式中，P_i为被测组分 i 的百分含量；A_1、A_2、…、A_n为组分 1 ~ n 的峰面积；f'_1、f'_2、…、f'_n为组分 1 ~ n 的相对校正因子。

面积归一法的优点是相对、简便、准确。进样量的准确性和操作条件的变动对测定结果影响不大。缺点是仅适用于试样中所有组分全出峰的情况。

b　外标法

外标法也称为标准曲线法。外标法不是把标准物质加入到被测样品中，而是在与被测样品相同的色谱条件下单独测定，把得到的色谱峰面积与被测组分的色谱峰面积进行比较求得被测组分的含量。

（1）标准样法。标准样法是用与被测样品组分相同、含量相近的相同已知浓度的标准混合物作标准物，在相同色谱条件下测量标准物和被测样品，把标准样和未知样的同相组分对应的色谱峰峰面积或峰高进行比较，用标准样浓度计算出未知样对应的组分的含量。

（2）用纯物质作标准样。用待测组分的纯品（接近100%的纯度）作对照物质，以对照物质和样品中待测组分的响应信号相比较进行定量的方法。标准物可以是被测未知混合样中的某一相同组分。这种方法的特点是外标物容易取得，而且可准确配制。

例如配制一个与被测组分含量（P_i）十分接近的标样 P_s。定量进样测得 A_s，再进同样体积的未知样测得 A_i，用 $A_i : A_s = P_i : P_s$，就可求出 P_i。

（3）标准曲线法。标准曲线法也叫工作曲线法。标准曲线是首先测定出不同浓度样品组分与峰高或峰面积的对应关系，绘出标准曲线或对应的表。在完全相同的条件下，准确进样与对照溶液相同体积的样品溶液，根据待测组分的信号（如 A_x），从标准曲线上查出其浓度 C_x。

1）单点校正法。工作曲线的截距为零时，可用单点校正法定量。单点校正法一种组分只配一个标样 $P_s\%$，见图 3-6。

2）两点与多点校正曲线。配两个或两个以上不同浓度的标准样品作标准曲线，标准曲线有斜率f_1，截距f_2。

例如，图3-7是四点校正曲线法。在分析含2%~3% CO_2气体样品时，可选用含1%，2%，3%，4%标准CO_2气体进样1mL，测得峰面积A_1、A_2、A_3、A_4，作标准曲线，然后进1mL被分析CO_2样品，测出峰面积A_i，从标准曲线查出其含量为2.4%。

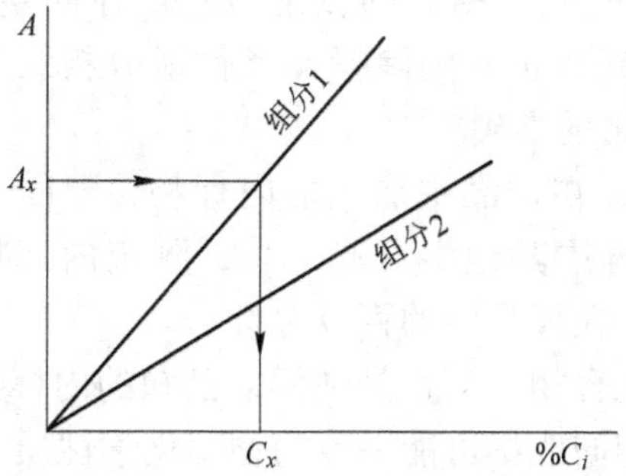

图3-6　单点校正法标准曲线

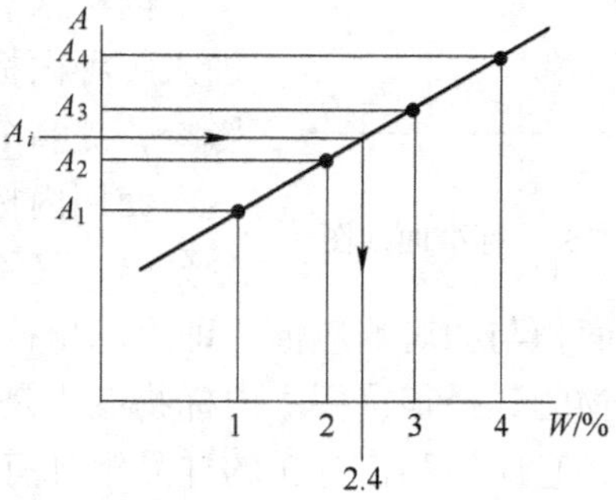

图3-7　四点校正法分析CO_2样品

外标法方法简便，是用待测组分的纯样制标准曲线。不用校正因子，不论样品中其他组分是否出峰，均可对待测组分定量。但此法的准确性受进样重复性和实验条件稳定性的影响。此外，为了降低外标一点法的实验误差，应尽量使配制的对照品溶液的浓度与样品中组分的浓度相近。

要求外标物有一定的纯度，分析时外标物的浓度应与被测物浓度相接近，以利于定量分析的准确性。用已知样品配成不同浓度的标样试验，测量各种浓度对应的峰面积或峰高，绘制曲线。外标法适合于工厂的控制分析。其特点是方便、快速、仪器和操作条件对结果影响大，曲线使用一段时间后需进行校正。

c　内标法（外加标准法）

内标法就是把标准物和被测混合物在一起进行分析。待测组分峰和标准物的峰出现在同一张色谱图中。通常是被测物不能全出峰或只需测混合物中某几个组分时可采用内标法。

内标法是准确称取样品，加入一定量内标物，根据被测物和内标物的重量及相应峰面积求出某组分的含量。

$$P_i = \frac{m_i}{m} \times 100\% = \frac{A_i f'_i m_s}{A_s f'_s m} \times 100\%$$

式中　m_s——内标物质量；

m——样品质量；

f'_s, f'_i——分别为内标物s与待测组分i的相对校正因子。

如果以内标物作为测定校正因子的基准物，则$f'_s=1$，上式可简化为：

$$P_i = \frac{A_i f'_i m_s}{A_s m} \times 100\%$$

如果固定试样的称取量，加入恒定的内标物，则上式简化为：

$$P_i = \frac{A_i}{A_s} \times 常数$$

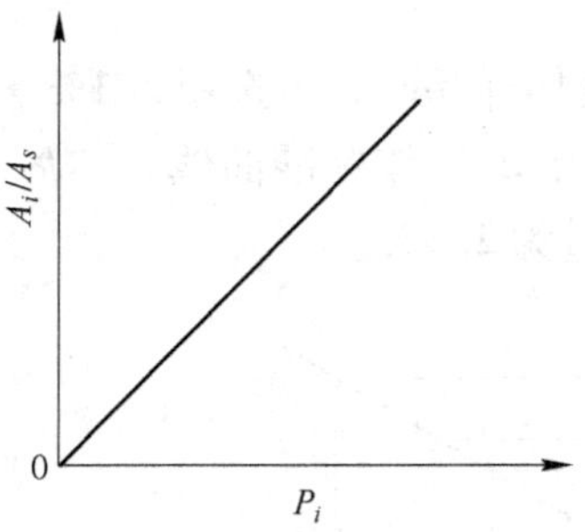

图 3-8　内标法标准曲线图

以 P_i 对 $\frac{A_i}{A_s}$ 作图，可以得到一条通过原点的直线，即内标法标准曲线图（图 3-8）。利用内标曲线确定组分含量，可以免去计算的麻烦。

内标法是一种间接、相对的校准方法。在测定样品时，加入一种内标物质来校正并消除操作条件对分析结果产生的影响，提高分析结果的准确度。

使用内标法时，在样品中加入的内标物，要能与待测组分分离，又不受试样中其他组分峰干扰，测定内标物和待测组分的峰面积与相对响应值，即可求出待测组分在样品中的百分含量。

内标物的选择很重要。内标物应当是已知化合物，而且是纯样，已知的内标物量加到样品中去，它应当和被分析的样品组分有基本相同或尽可能一致的物理化学性质（如化学结构、极性、挥发性及在溶剂中的溶解度等）、色谱行为和响应特征，最好是被分析物质的一个同系物。当然，在色谱分析条件下，内标物必须能与样品中各组分能充分分离。需要指出的是，在少数情况下，分析人员可能比较关心化合物在一个复杂过程中所得到的回收率，此时，内标物可以使用一种在这种过程中很容易被完全回收的化合物作内标物，来测定感兴趣化合物的回收率，而不必遵循以上所说的选择原则。

选择内标物的要求如下：

（1）内标物应是该试样中不存在的纯物质（内标物纯度要高）；

（2）它必须完全溶于试样中，并与试样中各组分的色谱峰能完全分离（内标物与样品相溶且分离，内标物和样品组分之间不发生反应）；

（3）加入内标物的量应接近于被测组分；

（4）色谱峰的位置应与被测组分的色谱峰的位置相近，或在几个被测组分色谱峰中间。

内标法与外标法的比较与选择。内标法是选一种与待测组分相近，但能与待测组分完全分离的组分做内标物（当然是样品中没有的组分），然后配制待测组分和内标物的混合标准溶液，进样得相对校正因子。再将内标物加入待测组分的样品中，进样后测得待测组分和内标物的定量参数。用内标法公式计算即可。也就是将一定量的纯物质作内标物，加入到准确称量的试样中，根据被测试样和内标物的质量比及其相应的色谱峰面积之比，来计算被测组分的含量。

内标法的优点是测定的结果较为准确，由于通过测量内标物及被测组分的峰面积的相对值来进行计算，因而在一定程度上消除了操作条件等的变化所引起的误差。内标法的缺点是操作程序较为麻烦，每次分析时内标物和试样都要准确称量，有时寻找合适的内标物也有困难。

外标法简便，但进样量要求十分准确，要严格控制在与标准物相同的操作条件下进行，否则造成分析误差，得不到准确的测量结果。

内标与外标都是定量的一种方法，各有优缺点，做不同的分析，面对不同的要求，再加上分析成本、分析效率等问题，选择定量方法，简单而有效进行定量分析才是最重要的。

结论：应用外标法能够满足要求，首选外标法，毕竟外标法简单而省事。对于精密度要求比较高、结果准确度要求高时用内标法还是必要的。

制作内标标准曲线。用内标法定量时，要先配制一定重量比的被测组分和内标样品的混合物做色谱分析，测量峰面积，做重量比和面积比的关系曲线，此曲线即为标准曲线。在实际样品分析时所采用的色谱条件应尽可能与制作标准曲线时所用的条件一致，因此，在制作标准曲线时，不仅要注明色谱条件（如固定相、柱温、载气流速等），还应注明进样体积和内标物浓度。在制作内标标准曲线时，各点并不完全落在直线上，此时应求出面积比和重量比的比值与其平均位的标准偏差，在使用过程中应定期进行单点校正，若所得值与平均值的偏差小于2，曲线仍可使用，若大于2，则应重作曲线，如果曲线在较短时期内即产生变动，则不宜使用内标法定量。

对于微量分析，比如农药和兽药残留的分析、环境分析等，根据不同的限量标准要求，对于精密度的要求也比常量分析的要求要宽松得多，*RSD* 有时可以允许达到10%甚至更高，这时可能外标法有更大的应用空间。单从精密度方面去考虑，排除其他成本和效率的因素，内标法优于外标法。

3.3 薄层色谱（TLC）

3.3.1 薄层色谱的特点和基本原理

薄层色谱法是一种基于混合物组分在固定相和流动相之间的不均匀分配或保留而将其分离的方法。与 HPLC 不同，TLC 将固定相涂铺在载板上，使之形成均匀的薄层。被分离的样品溶液点加在薄层板下沿的位置，再把下沿向下放入盛有流动相（深度约5mm）的密闭缸中，进行色谱展开（如图3-9所示），实现混合组分分离。被展开的组分斑点即色谱谱带，通过适当技术对色谱谱带进行处理可得到定性和定量的检测结果。

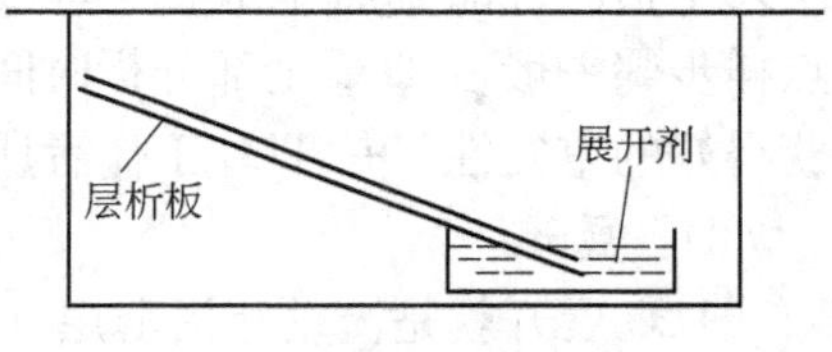

图3-9　薄层色谱

薄层色谱法具有技术比较简单，操作容易，分析速度快，高分辨能力，结果直观，不需昂贵仪器设备就可以分离较复杂混合物等特点。

3.3.2 薄层色谱的实验技术

3.3.2.1　*薄层色谱法中的薄层板、薄层板的涂铺、点样和展开*

A　*薄层板*

TLC 分离的选择性主要取决于固定相的化学组成及其表面的化学性质。可通过改变涂层材料的化学组成或对材料表面进行化学改性来实现改变薄层色谱分离的选择性。此外，固定相的物理性质，如比表面积、比孔容、平均孔径等也对其色谱行为产生影响。

（1）载体。对 TLC 载体的基本要求为：机械强度好、化学惰性好（对溶剂、显色剂等）、耐一定温度、表面平整、厚度均匀、价格适宜。例如：硅胶板等。

（2）固定相 TLC 固定相包括改性固定相和未改性固定相两类。硅胶和氧化铝是最常用的两种未改性固定相。

（3）黏合剂。在制备薄层板时，一般需在吸附剂中加入适量黏合剂，其目的是使吸附剂颗粒之间相互黏附并使吸附剂薄层紧密地附着在载板上。常用的黏合剂可分为无机黏合剂和有机黏合剂两类。无机黏合剂一般为石膏。

（4）荧光指示剂。荧光指示剂是便于在薄层色谱图上对一些基本化合物斑点（无颜色斑点、无特征紫外吸收斑点）定位的试剂。加入荧光指示剂后，可以使这些化合物斑点在激发光波照射下显出清晰的荧光，便于检测。

B　薄层板的涂铺与活化

涂板方法可以分为涂布法、倾注法、喷洒法及浸渍法四类，其中涂布法是应用最广泛的涂板方法。TLC 固定相薄层涂铺大多采用湿法匀浆，要求薄层均匀、平整、无气泡、不易造成凹坑和龟裂。薄层板活化处理可以获得适宜活性，提高色谱分离效率和选择性。活化时，将涂布好的薄层板置于室温晾干后，放在烘箱内加热活化，活化条件根据需要而定。硅胶板一般在烘箱中渐渐升温，维持 105 ~ 110℃ 活化 30min。氧化铝板在 200℃ 烘 4h 可得到活性为Ⅱ级的薄板，在 150 ~ 160℃ 烘 4h 可得活性为Ⅲ ~ Ⅳ级的薄板。活化后的薄层板放在干燥器内保存待用。

C　点样

点样是 TLC 分离和精确定量的关键。不同种类的样品常需选用不同的配样溶剂，一般采用易挥发的非极性或弱极性溶剂配样。离子型化合物样品，常需先衍化生成在挥发性强、极性小的溶剂中易溶解的样品衍生物。最适合点样的样品浓度应为（1 ~ 5）μg/μL，点样体积视点样技术不同而异。TLC 定量分析时，样品量的适宜范围为最小检出量的几倍至几十倍。样品原点一般在 1mm 左右为佳，原点过大或样品量过大，会导致分离变坏。点样步骤一般占 TLC 全部分析时间的 1/3 左右，所以使点样仪器化、自动化，既快又准，获得好的重复性，是 TLC 工作者所期盼的。

D　展开

TLC 展开就是流动相沿薄层（固定相）运动，以实现样品混合组分分离的过程。这一过程需在具有一定形状的展开室中进行。薄层展开有三种形式，直线式展开方式为实际应用中使用最普遍的展开方式。

3.3.2.2　薄层色谱流动相与展开机制

A　对流动相（展开剂）溶剂选择的基本考虑

薄层色谱溶剂的选择对分离的影响很大。对复杂样品的分离能否得到理想的结果，流动相的选择是最重要的因素之一，不同溶质与流动相分子、固定相分子间的作用力不同，因此其移动速度也不同，最终导致样品中各组分的分离。对流动相的选择需要考虑极性、选择性等因素，选择原则为“相似性原则”。强极性试样用强极性展开剂，弱极性试样用弱极性展开剂。常用溶剂极性顺序为：

己烷（石油醚）< 二硫化碳 < 苯 < 四氯化碳 < 二氯甲烷 < 乙醚 < 乙酸乙酯 < 丙酮 < 丙醇 < 甲醇 < 水

由于吸附剂、展开剂的选择以及混合样品的性质有两两相关的关系，因此当混合样品性质确定后，对吸附剂与展开剂的选择范围也就有了一定的依据，他们三者之间的关系可用图 3-10 表示。

另外，展开剂的选择还应注意以下因素的影响：

（1）溶剂纯度，含有杂质影响分离。

（2）溶剂吸收环境水分，会使极性等性质改变。

（3）存放条件不适宜或贮存时间过长，溶剂会变性。

（4）混合流动相之间发生作用会使溶剂性质改变。溶剂极易挥发，流动相组成随时改变。

B 几种常用薄层色谱分离模式的展开机制

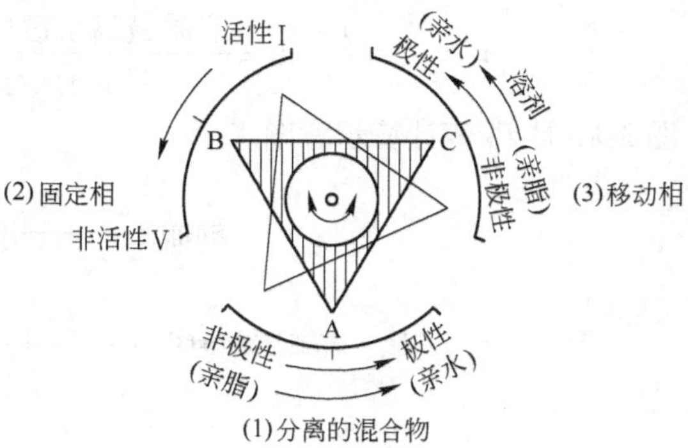

图 3-10 物质的极性、吸附剂的活度和展开剂极性三者的关系

液-固吸附展开：在 TLC 分离中，液-固展开是一种最经典的展开方式。液-固展开常用极性吸附硅胶、氧化铝作固定相。流动相依其极性可在吸附剂表面形成单分子或双分子溶剂吸附层，展开过程中，组分的保留及分离选择性主要有以下三种因素决定：

（1）溶剂对样品的溶解能力；

（2）溶质和流动相分子对固定相表面活性吸附位点的竞争；

（3）溶质分子与吸附剂表面上吸附中心间的特殊作用力。

液-液分配展开：与液-液分配柱色谱分配机理相同，组分在互不相溶的两液相中的溶解度不同，因此迁移速率存在差异，在迁移过程中得到分离。

除以上两种展开机制外，还有化学键合相展开和离子交换展开。

3.3.2.3 薄层色谱吸附剂与载体的选择

薄层色谱对吸附剂的要求为：具有大的表面积与足够的吸附能力；对不同的组分有不同的吸附性，因而能较好地分离不同的化学组分；在所用的溶剂和展开剂中不溶解；不与试样中各组分、溶剂和展开剂起化学反应或破坏、分解作用；颗粒均匀、在使用过程中不会碎裂；具有可逆的吸附性，既能吸附样品组分，又易于解吸；为便于观察分离结果，最好是白色固体。

分配色谱对所用载体的要求为：

（1）表面积大；

（2）在展开剂中不溶解，与展开剂和样品组成不起化学反应或分解作用；

（3）对样品组分无吸附性或吸附性极弱；

（4）对固定液是惰性的。

3.3.2.4 薄层色谱定性定量方法

下面介绍显色方法。

被分离物质如果是有色组分，展开后薄层色谱板上即呈现出有色斑点。

如果化合物本身无色，则可用碘蒸气熏的方法显色。还可使用腐蚀性的显色剂如浓硫酸、浓盐酸和浓磷酸等。对于含有荧光剂的薄层板在紫外光下观察，展开后的有机化合物在亮的荧光背景上呈暗色斑点。

A 定性方法

a 利用比移值定性

在条件完全一致的情况，纯碎的化合物在薄层色谱中呈现一定的移动距离，称比移值（R_f值）。

$$R_f = \frac{\text{溶质最高浓度中心至原点中心的距离}}{\text{溶剂前沿至原点中心的距离}}$$

图 3-11 是 R_f 值计算示意图。

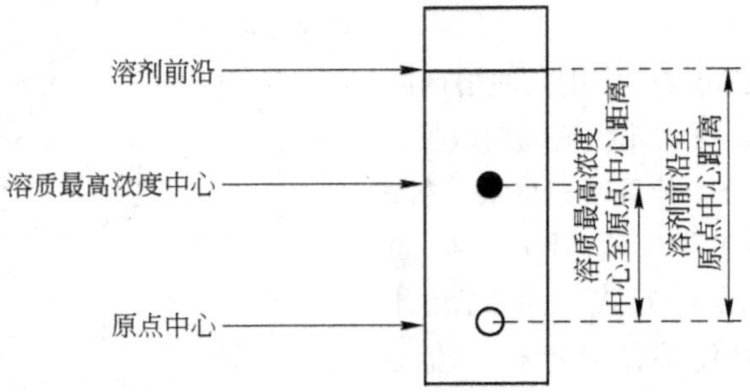

图 3-11　R_f值计算示意图

利用薄层色谱法可以鉴定化合物的纯度或确定两种性质相似的化合物是否为同一物质。但影响比移值的因素很多，如薄层的厚度，吸附剂颗粒的大小，酸碱性，活性等级，外界温度和展开剂纯度、组成、挥发性等。因而，要获得重现的比移值就比较困难。为此，在测定某一试样时，最好用已知样品进行对照。

在特定的色谱系统中，化合物的 R_f值一定，比较未知物和标准物的 R_f值，能够作为鉴定未知物的依据。R_f值的准确测定受多方面因素影响，为了增加 R_f值定性的可靠性，必须通过改变色谱系统的选择性，重复测定同一化合物的 R_f值。如果在分离机理不同的色谱体系中，比较 R_f值仍能得到肯定的结果，那么其可靠性将更大。

b　板上化学反应定性

板上化学反应定性主要有以下两种方式：

（1）反应后生成特征颜色的化合物，借以鉴定反应物；

（2）反应后生成复杂的、无法鉴定组分的混合物，但可根据生成物的“指纹”特征加以鉴定；

（3）除以上两种定性方法外，还有板上光谱定性、TLC 与其他联用技术间接联用定性、薄层色谱-傅里叶变换红外光谱联用定性以及薄层色谱-质谱联用定性。

B　*定量方法*

a　间接定量法

间接定量法就是将 TLC 已分离的物质斑点洗脱下来，再采用其他方法对该洗脱液进行定量分析。TLC 间接定量的关键是斑点组分的定量洗脱。选用怎样的洗脱方法，取决于组分和薄层吸附剂的性质。用来洗脱组分斑点的溶剂，对下一步定量方法应无影响。

（1）分光光度法。将 TLC 的洗脱液配制成标准体积，在同样条件下对样品和标准液进行吸光值测量；

（2）HPLC 法。以 TLC 法斑点洗脱液直接作 HPLC 分离和定量；

（3）GC 法。以 TLC 法斑点洗脱液直接作 GC 分离和定量；

（4）质谱法。采用组分质谱图中的特征离子峰可进行定量。

b　直接定量法

（1）斑点面积测量法。以半透明纸扫下 TLC 图上的斑点界限，然后测量其面积。将斑点面积同平行操作的标准样面积相比较进行定量；

（2）目测法。被测样品和系列溶液点在同一薄层板上，展开后用适当方法显色，可以得到系列斑点，将被测样品的斑点面积大小和颜色与标准系列的斑点相比较，可推测出样品的含量范围。这种定量法非常适用于对常规大量样品的重复分析。

3.3.3 薄层色谱法的应用

薄层色谱法在有机化学中的应用主要包括以下几方面。

（1）分离混合物。一些结构类似、理化性质也相似的化合物组成的混合物，一般应用化学方法分离很困难，但应用薄层色谱法分离，有时可得到满意的结果。

（2）精制提纯化合物。有机化合物中含有少量结构类似的杂质，不易除去，可利用薄层色谱法分离以除去杂质，得到纯品。

（3）鉴定化合物。在条件完全一致的情况，纯粹的化合物在薄层色谱或纸色谱中都呈现一定的移动距离，称比移值（R_f值），所以利用色谱法可以鉴定化合物的纯度或确定两种性质相似的化合物是否为同一物质。但影响比移值的因素很多，如薄层的厚度、吸附剂颗粒的大小、酸碱性、活性、外界温度和展开剂纯度、组成、挥发性等。所以，要获得重现的比移值就比较困难。为此，在测定某一试样时，最好用已知样品进行对照。

（4）观察一些化学反应是否完成，可以利用薄层色谱或纸色谱观察原料色点的逐步消失，以证明反应完成与否。

3.4 纸色谱

纸色谱主要用于多功能团或高极性化合物的分析和分离，纸色谱如图 3-12 所示。

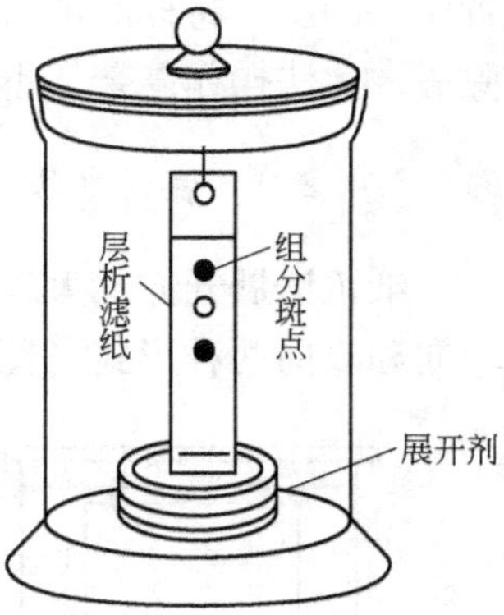

图 3-12 纸色谱

3.4.1 纸色谱的基本原理

纸色谱的基本原理是以纸为载体，以纸上所含水分或其他物质为固定相，用展开剂进行展开的分配色谱。试样经展开后，可用比移值（R_f）表示其各组成成分的位置，但由于影响比移值的因素较多，因而一般采用在相同实验条件下与对照物质对比以确定其异同。作为药品的鉴别时，供试品在色谱中所显主斑点的颜色（或荧光）与位置，应与对照品在色谱中所显的主斑点相同。作为药品的纯度检查时，可取一定量的供试品，经展开后，按各药品项下的规定，检视其所显杂质斑点的个数或呈色（或荧光）的强度。

3.4.2 纸色谱的实验技术

3.4.2.1 色谱用纸

用于色谱分离的滤纸质地要纯，通常为短纤维，其组成大约 98% ~99% 是 α-纤维素、0.3% ~1.0% 是 β-半纤维素、0.4% ~0.8% 是戊聚糖。色层纸不仅要质地均匀厚薄一致，两向差别小，而且要有一定的机械强度，被溶剂浸润后仍能直立。滤纸中有时可能含有杂质，如金属离子 Ca、Mg、Fe、Cu 及其他亲脂性物质等。在大多数情况下它们不影响层析效果，但如果无机离子含量过多，有时会与被分离物质之间发生络合现象。这时就需要在使用前将滤纸进行预处理。预处理的方法是将滤纸用0.4mol/L的盐酸或pH值为7.5的0.2%EDTA钠盐溶液浸泡24h后取出，再用乙醇或乙醚冲洗，于30℃干燥（注意纸要平放）。

3.4.2.2　样品的配制及点样

固体的试样要先进行溶解，一般用水或乙醇等溶剂。浓度一般是0.1%~1%。如为液体试样，也可直接点样。水溶液点样时斑点易扩散，要注意控制。采用1mm毛细管或微量注射器吸取1~10μL试样，在离纸端2.5~3cm处点样，样品彼此间的距离为2cm左右，并控制点样直径最大不超过5mm。点样的量与鉴定方法的灵敏度有关，亦与分析目的有关。制备色谱的量要点多一些，但以能分离清楚为限。悬浮液点样展开后会形成“长尾巴”；试样中含盐量太大会影响分离效果或发生拖“尾”现象。在同一纸条上分离几个样品作对比时，要注意试样介质尽量一致，避免因介质不同的影响，而生成不同的斑点，致使混淆不清。由于溶液太稀或做定量分析，需要重复多次点样前要用红外干燥灯或电吹风干燥，使溶剂挥发，以免样点扩散。有的试样中含有干扰因素影响显色，如氨基酸中含有高浓度的金属离子，茚三酮对丙氨酸就不显色了。所以在点样前必须用离子交换树脂法或其他方法去盐。样点的大小可以用下述方法进行控制，使样点直径最大不超过0.5cm。取一定大小直径的平口玻璃管蘸少许六氯乙烷及萘（52.5∶46.5）的混合液，在滤纸的点位置印一圆圈，将样品加入圆内。待样品被滤纸吸干后，再将纸加温，使二氯乙烷及萘升华除去。此法操作复杂，不如直接用红外灯或电热吹风干燥方便。

3.4.2.3　展开方法

纸色谱展开方式大致有如下几种：上行法、下行法和径向法。上行法和下行法可以有单向和双向两种形式（图3-13a、图3-13b、图3-13c）。

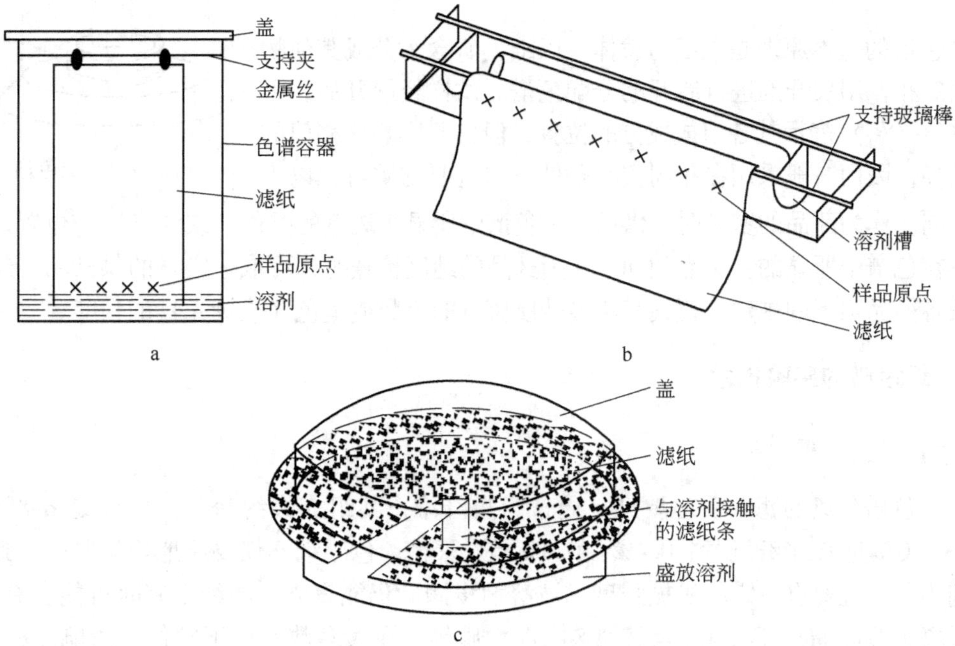

图3-13　纸色谱上行法（a），下行法（b）和径向法（c）展开装置

A 上行法

样点位于纸下端2.5~3cm处，展开剂沿毛细管上行，展开距离为15~20cm；一般可置于圆形或方形的密闭玻璃缸中进行，展开剂置于缸底，滤纸浸入展开剂部分约1cm。上行法操作方便，是纸色谱中应用最广的一种方法。缺点是展开剂爬到一定距离之后，毛细作用力被重力部分抵消而上升速度减慢，易导致斑点扩散而不集中。所以对于R_f值低或分离时间需要比较长的样品不适用。

B 下行法

标点位于纸上端6~8cm处，展开剂依重力作用下降，滤纸浸入展开剂部分约3~4cm，展开距离可为30~40cm，如果组分的R_f值太近时，可继续延长展开距离，所以下行法要采用较高的容器。一般R_f值相差小的组分可用下行法分离。但是下行法需要的设备比上行法复杂。上行法和下行法通常得到的R_f值应该是一致的。

C 径向法

径向法又称圆形色谱。纸的直径大小视需要而定，一般不超过15cm，有两种方法，一种是将滤纸从圆周到中心外剪0.5~1cm宽的一条灯芯状的“尾巴”。在纸中心折成直角，试样点在离折线数毫米处，滤纸架在培养皿上，皿内放展开剂，纸条的“尾巴”浸入展开剂中，在圆形滤纸上面扣上另一个培养皿，以免溶剂挥发。这种方法每次只能点一个样。另一种方法是将一根纸芯（棉纤维）穿过圆形滤纸盘中央；纸芯可用一块滤纸紧紧圈起而成（也可以用药棉制成），纸芯与展开剂接触。以小孔为圆心，1cm为半径画一个同心圆，在圆周上等分可点4~6个样，这样一次可展开多个样品。径向法比上行法展开快，斑点成环形扩散，可用于分离R_f值相近的化合物。径向法的缺点是难于测定R_f值。

3.4.2.4 展开剂的选择

纸色谱展开剂的选择一般仍依靠经验确定。实际上展开剂可用两种方法进行选择：一是依据已公布的与被分离物质性质类似的化合物的R_f值或其他数据选择适用的溶剂系统；二是寻找在亲水特性方面与被分离物质类似的溶剂系统进行试验。一般不能用正丁醇从水中萃取出来的物质列为强极性物质，如磺酸化合物、氨基酸及糖，需要用含水量高的溶剂系统。用醋酸乙酯可以从水中萃取，但用乙醚或氯仿不能充分萃取，而用苯及石油醚根本不能萃取的物质，被视作具有中等亲水性，宜用中等极性的溶剂系统。

多元展开剂系统中各组成成分的主要性能大致可分为三类：第一类是被分离物质溶解度很小的溶剂，如丁醇之类；第二类是对被分离物质溶解度很大的溶剂，如水；第三类是调节各组分之间的比例或整个展开剂系统pH值的溶剂，如醋酸、二甲基甲酰胺等。一般说来，第一类溶剂量较大，第三类溶剂量的多少取决于对分离物质的效应，用量太多往往会使被分离物质的R_f值都趋向于1，太少则分离效果不好，所以用量要适当。

3.4.2.5 显层

纸色谱的显层检出方法除不能用硫酸显色外，其余均与薄层色谱类同。

3.4.3 纸色谱的应用

利用纸色谱可以有效地分离有机酸、氨基酸、糖类、染料及中间体、无机化合物。

（1）有机酸。有机酸在色谱分离过程中常形成长而拖尾的斑点，尤其是在中性展开剂系统中。这是由于它在分离过程中解离所致。为此，必须将它们转化为完全解离或不解离的形式，可以往展开剂系统中加碱或加酸来达到目的。但是，如果要分离的有机酸比流动相中的酸强得多的话，那么有机酸的斑点由于没有完全抑制解离而仍然拖尾。这时可以往展开剂系统中加少量亚硫酸。

（2）氨基酸。在20世纪50年代纸色谱蓬勃发展时期，对分离蛋白质水解产物及各种氨基酸的方法进行过大量研究。此后，由于各种色谱技术的发展，尤其是氨基酸自动分析仪的兴起，大大减少了用纸色谱法分析氨基酸和肽。但纸色谱还常用于鉴别特殊氨基酸及肽类简单的混合物。

（3）糖类。糖类的试样一般用1%～10%的水溶液，点样5～10μL。二糖的水解可以点样后在滤纸上进行，取2μL二糖溶液加上5μL转化酶溶液，反应5～10min后，即可进行展层。

（4）染料及中间体。纸色谱常用来分析水溶性染料及中间体，鉴定它们的纯度，评定染料的性能，以及研究色谱性能与中间体及染料结构之间的关系。

（5）无机化合物。对于无机化合物来说纸色谱同样是一种很有效的分离方法，可用于离子混合物的定量微量分析。以及在有一系列伴同离子存在的情况下分离和鉴定某些离子。各种离子的 R_f 值主要取决于离子的电子结构、大小、电荷和溶剂化程度。无机色谱与有机色谱有显著的差异，因为无机色谱多数是以离子状态移动的，而有机色谱在多数状态下是以分子状态移动的。在无机色谱中有关阳离子分析研究较多，而对阴离子研究不多。

3.5　柱色谱

3.5.1　柱色谱基本原理

柱色谱装置如图3-14所示，柱色谱层析的基本原理包括："吸附层析原理"、"分配层析原理"。吸附层析是根据物质在吸附柱上吸附能力大小、在洗脱剂中溶解能力大小不同，达到分离物质的目的。例如混合物中有A物质、B物质，物质的量分别为 n_A、n_B。设A物质易解吸、而被吸附较难；B物质易被吸附、而难解吸。A物质通过吸附-溶解交换，被吸附量∶解吸量=1∶9；B物质被吸附量∶解吸量=9∶1。将吸附柱人为分为第一层、第二层、第三层、……，现举例子说明。

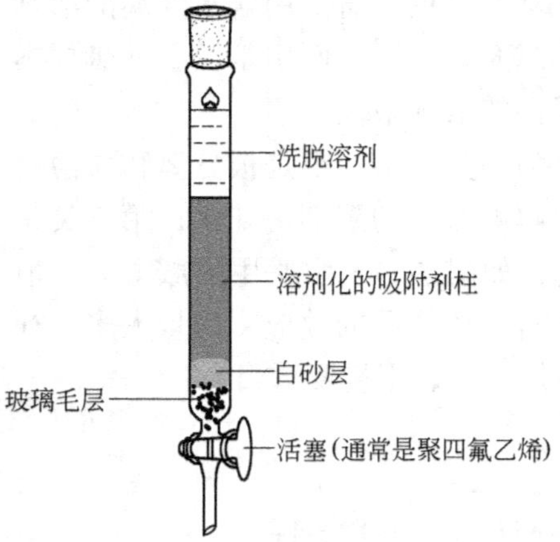

图3-14　柱色谱

任何层中交换如此进行：A物质90%被溶解，随流动相到达下一层，仍有10%留在原层；而B物质10%被溶解，随流动相到达下一层，仍有90%留在原层。

首先混合物在第一层，均被吸附，用下面框表示：

第一层	第二层	第三层	第四层	第五层
n_A				
n_B				

流动相即洗脱剂加入，首先在第一层进行吸附-溶解（解吸）交换，交换后溶于溶液的物质随流动相进入第二层，仍被吸附的物质留在原第一层。A、B 物质在第一层，第二层分布情况用如下框所示：

第一层	第二层	第三层	第四层	第五层
$0.1n_A$	$0.9n_A$			
$0.9n_B$	$0.1n_B$			

流动相（洗脱剂）继续进入第一层，然后流经第二层，并在每层进行吸附-溶解交换。第一层吸附的 A、B 物质经交换后，仍被吸附的量有：$0.01n_A$、$0.81n_B$；被解吸的 A、B 物质的量有：$0.09n_A$、$0.09n_B$随流动相到达第二层。

第二层：A、B 物质量分别为$0.99n_A$、$0.19n_B$（原有的量加上从第一层流下来的量），同样在此层进行吸附-溶解交换。结果有 $0.099n_A$、$0.171n_B$ 仍被吸附在第二层，有 $0.891n_A$、$0.019n_B$随流动相进入第三层。第一层 ~ 第三层 A、B 物质分布情况用如下框表示：

第一层	第二层	第三层	第四层	第五层
$0.01n_A$	$0.99n_A$	$0.891n_A$		
$0.81n_B$	$0.171n_B$	$0.019n_B$		

流动相继续经第一层、第二层、第三层流动，吸附-溶解交换继续逐次在第一层，然后在第二层、第三层进行。经交换后第一层 ~ 第四层 A、B 物质分布情况用下面框表示：

第一层	第二层	第三层	第四层	第五层
$0.001n_A$	$0.0108n_A$	$0.09882n_A$	$0.88938n_A$	
$0.729n_B$	$0.2268n_B$	$0.03978n_B$	$0.00442n_B$	

流动相再经第一层、第二层、第三层、第四层流动，吸附-溶解交换继续逐次在第一层，然后第二层、第三层、第四层进行，经交换后第一层 ~ 第五层 A、B 物质分布情况用下面框表示：

第一层	第二层	第三层	第四层	第五层
$0.0001n_A$	$0.00117n_A$	$0.010935n_A$	$0.0987795n_A$	$0.8890155n_A$
$0.6561n_B$	$0.26973n_B$	$0.062775n_B$	$0.0102555n_B$	$0.0011395n_B$

从上面 A、B 物质分布图可看出：A 物质绝大部分（97.8%）到达第四、第五层；B 物质绝大部分（92.6%）还滞留在第一、第二层。第三层 A、B 物质均很少。即 A、B 物质基本达到分离。随着吸附-溶解交换次数增多，A 物质、B 物质会分离得更彻底。

3.5.2 吸附剂的选择

进行柱色谱分离时，应选择合适的吸附剂（固定相），常用的吸附剂有：硅胶、氧化镁、氧化铝、活性炭等。一般要求吸附剂：（1）有大的表面积和一定的吸附能力；（2）颗粒均匀，不与被分离物质发生化学作用；（3）对被分离的物质中各组分吸附能力不同。目前常用的吸附剂吸附极性化合物能力的顺序为：纸 < 纤维素 < 淀粉 < 糖类 < 硅酸镁 < 硫酸钙 < 硅酸 < 硅胶 < 氧化镁 < 氧化铝 < 活性炭。

氧化铝吸附剂有碱性、酸性、中性三种。碱性氧化铝（pH 值 9 ~ 10）用于碳氢化合物、对碱稳定的中性色素、甾类化合物、生物碱的分离；中性氧化铝（pH 值 6.5）应用最广，用于分离生物碱、挥发油、萜类化合物、甾体化合物及在酸、碱中不稳定的苷类、酯、内酯等；酸性氧化铝（pH 值 4 ~ 5）用于氨基酸及对酸稳定的中性物质。

氧化铝的活性分为Ⅰ ~ Ⅴ级，Ⅰ级吸附能力太强，Ⅴ级吸附能力太弱，很少应用，一般用Ⅱ ~ Ⅲ级。

洗脱剂（流动相）的选择。吸附剂选择原则是根据被分离物质各组分的极性大小、在洗脱剂中溶解度大小进行选择。即洗脱剂对被分离各种组分溶解能力不同，容易溶于洗脱剂中不太易吸附于吸附剂的组分，优先随洗脱剂被洗出来；不易溶于洗脱剂而易被吸附剂吸附的组分，被洗脱的速度慢，从而达到分离物质的目的。各组分在洗脱剂中溶解能力，基本上是“相似相溶”，即欲洗脱极性大的组分，选择极性大的洗脱剂（如水、乙醇、氨等）；极性小的组分宜选用极性小的洗脱剂（如石油醚、乙醚等）。

另外，被分离物质与洗脱剂不发生化学反应，洗脱剂要求纯度合格，沸点不能太高（一般为 40 ~ 80℃）。实际上单纯一种洗脱剂有时不能很好分离各组分，故常用几种吸附剂按不同比例混合，配成最合适的洗脱剂。

3.5.3　溶剂的选择

表 3-3 列出了一些层析用的普通溶剂和它们溶解极性化合物的相对能力。有时可以找到一种单一溶剂，用它便可以分离一个混合物中的所有组分。有时则可以找到一种能使分离得以实现的混合溶剂。更经常的是，必须先用一种非极性溶剂开始洗脱，把相对非极性的化合物从柱中除去，然后渐渐增大溶剂极性以促使极性较大的化合物从柱中流出或洗脱。当使用这种实验操作时，各类化合物被洗脱的大致顺序列于表 3-4 中，一般说，非极性化合物从柱子中通过的最快（最先洗脱），极性化合物通过的较慢（最后洗脱）。可是，

表 3-3　供层析用的溶剂（洗脱液）

石油醚	对于极性官能团的“溶解能力”和极性递增次序 ↓
环己烷	
四氯化碳	
苯	
二氯甲烷	
氯　仿	
二乙醚	
乙酸乙酯	
吡　啶	
丙　酮	
乙　醇	
甲　醇	
水	
乙　酸	

表 3-4 各种化合物的洗脱次序

烃	最快（可用非极性溶剂洗脱）
烯 烃	
醚	
卤代烃	
芳香族化合物	
酮	洗脱的次序 ↓
醛	
酯	
醇	
胺	
酰 胺	
酸，强碱	最慢（必须用极性溶剂）

相对分子质量也是一个决定洗脱次序的因素。高相对分子质量的非极性化合物将比低相对分子质量的非极性化合物通过得慢，甚至可能被某些极性化合物所超过。

3.5.4 柱尺寸的选择

为了能使一定数量的样品达到良好的分离，还应该正确的选择柱尺寸和吸附剂的数量。一条经验规律是，吸附剂的重量应是需待用层析法分离的物料重量的 25～30 倍。另外，所用柱子的高度和直径之比大约 8∶1。这方面的某些典型的相互关系见表 3-5。需要注意的是，柱子的尺寸和长度以及需要的吸附剂的数量，还都决定于分离的困难程度。不易分离的化合物可能需要使用比表 3-5 所规定的更长的柱和更多的吸附剂。对于易于分离的化合物，尺寸缩小一点的柱子和数量少一点的吸附剂可能已经满足了。

表 3-5 某些典型样品量适用的柱尺寸和吸附剂数量

样品量/g	吸附剂量/g	柱直径/mm	柱高/mm
0.01	0.3	3.5	30
0.10	3.0	6.5	60
1.00	30.0	15.0	130
10.00	300.0	34.0	280

3.5.5 流速

溶剂流经柱子的速率对于决定一个分离能进行得好坏也起着作用。一般说来，需待分离的混合物在柱子上逗留越久，其在固定相和移动相之间的平衡越广泛。结果，可使较为相似的化合物最终得到分离，如果他们在柱中逗留足够长时间的话。物料在柱子上的逗留时间取决于溶剂的流速。然而，如果流速过慢，则混合物中各个物质到了溶剂中后其在溶剂中的扩散速率可能变得大于这些物质沿柱下行的速率。在这种情况下，谱带将变得宽起来，而且扩散也更厉害了，从而使分离变得较差了。

3.5.6 操作方法

柱色谱操作方法分为：装柱、加样、洗脱、收集、鉴定五个步骤。分离过程见图 3-15。

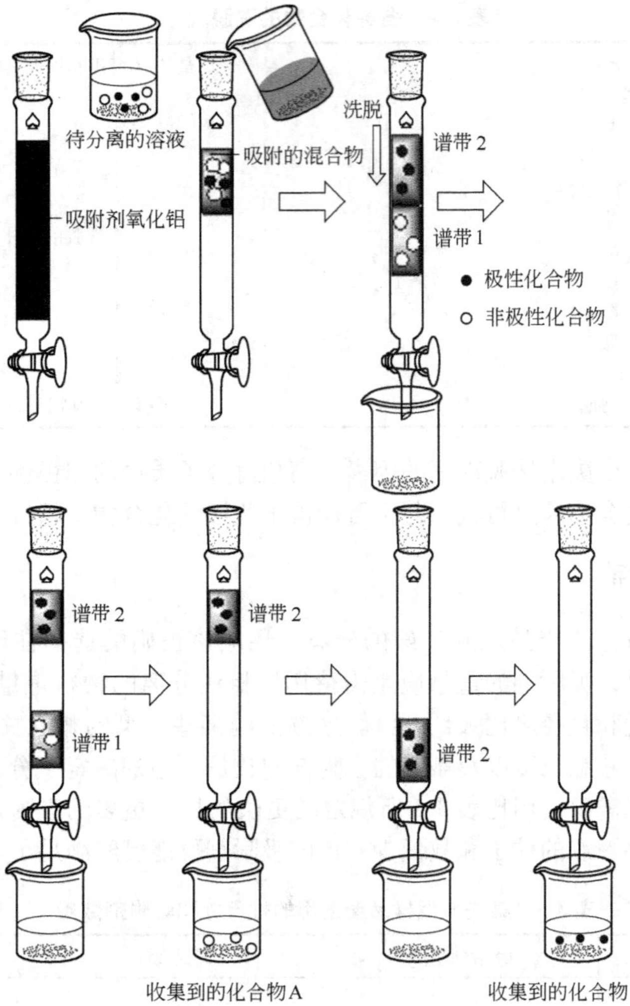

图 3-15　柱层析分离过程

（1）装柱。可用干法装柱和湿法装柱两种装柱方法。

1）干法装柱：将干燥吸附剂，经漏斗均匀地成一细流慢慢装入柱中，时时轻敲打玻璃管，使柱填得均匀，有适当的紧密度，然后加入溶剂，使吸附剂全部润湿。此法简便，缺点是易产生气泡。

2）湿法装柱：将洗脱剂与一定量的吸附剂调成糊状，慢慢倒入柱中，将柱下的活塞打开，使溶剂慢慢流出，吸附剂渐渐沉于柱底。

吸附剂用量，一般为被分离物质的量的 30 ~ 50 倍。如果被分离组分性质相接近，吸附剂用量要更大些，甚至达到 100 倍。柱高与柱直径比约为 6. 5/1。

（2）加样。样品为液体，可直接加样；样品为固体，可选择合适溶剂溶解为液体再加样。加样时，要沿管壁慢慢加入至柱顶部，勿使样品搅动吸附剂表面。放开下部活塞，样品会慢慢进入吸附剂中，待样品刚全部进入吸附剂中，关闭活塞，加入流动相（洗脱剂）。此时样品集中在柱顶端一小范围的区带。

（3）洗脱。在柱顶用一滴液漏斗，不断加入洗脱剂，使洗脱剂永远保持有适当的量，不要让洗脱剂表面流干。调节下面开关大小，使流动相流速适当。流速过快，组分在柱中吸附-溶解来不及达成平衡，影响分离效果；流速太慢则会延长整个操作时间。

（4）收集样品各组分。各组分如果均有颜色，则在柱上的分离情况可直接观察出来；直接收集各种不同颜色的组分；多数情况是各组无颜色。一般采用多份收集，每份收集量要小。然后对每份收集液进行定性检查，根据检查结果，合并组分相同的收集液，蒸去洗脱剂，留待作进一步的结构分析。

（5）鉴定。对各种组分进行结构分析。在此不作介绍。

3.6 气相色谱法

3.6.1 气相色谱法理论

3.6.1.1 塔板理论

该理论是在将色谱柱与精馏塔类比的基础上提出的半经验式的理论。它设想色谱柱是由若干小段组成，在每一小段内，一部分空间为固定相占据，另一部分空间充满流动相。组分随流动相进入色谱柱后，就在两相间进行分配而达到分配平衡。经过多次分配平衡，达到分离的目的。塔板理论是建立在如下假设的基础上的：

（1）假设物质在一小段内两相之间能够很快达到平衡，这样的一个小段称作一个理论塔板，一小段的长度称作理论塔板高度，用 H 来表示；

（2）假设流动相通过色谱柱时不是连续式而是脉冲式；

（3）假设流动相不可压缩；

（4）组分在开始时均存在于第 0 块塔板上；

（5）物质分配系数不随浓度而变，同时忽略纵向分子扩散；

（6）假设柱内各处塔板高度 H 为常数。

塔板理论中柱效率可用理论塔板数 n 或理论塔板高度 H 表示。柱效率的高低反应组分在柱内两相间的分配情况和组分通过色谱柱后峰加宽的程度。在实际应用中柱效率用有效塔板数和有效塔板高度表示。

理论塔板数和理论塔板高度。由塔板理论可以推导出理论塔板数 n 的计算公式为：

$$n = 5.54\left(\frac{t_R}{Y_{1/2}}\right)^2 = 16\left(\frac{t_R}{W_b}\right)^2$$

式中，t_R 也可以用 V_R 或 d_R 代替。由于 n 为无因次量，因而 $Y_{1/2}$、W_b 也应该采用相应的时间、体积、长度单位。

对于一根长度为 L 的色谱柱，其理论塔板高度为：

$$H = \frac{L}{n}$$

对于长度相同的色谱柱，理论塔板高度 H 越小，理论塔板数 n 就越多，组分在柱内达到分配平衡的次数就越多，色谱柱效率就越高，色谱峰就越窄，峰形越对称。

（1）有效塔板数和有效塔板高度。由于理论塔板数 n 在计算时采用的是保留时间，未将不参加柱中分配的死时间扣除，因而往往使理论塔板数与理论塔板高度不能真实地反应色谱柱的分离效能。为此采用有效塔板数和有效塔板高度来表示柱效率：

$$n_{有效} = 5.54\left(\frac{t'_R}{Y_{1/2}}\right) = 16\left(\frac{t'_R}{W_b}\right)^2$$

$$H_{有效} = \frac{L}{n_{有效}}$$

由此可得理论塔板数与有效塔板数关系：

$$n_{有效} = \left(\frac{k}{1+k}\right)^2 n$$

其中

$$k = \frac{t'_R}{t_M}$$

（2）塔板理论的特点和不足如下：

1）当色谱柱长度一定时，塔板数 n 越大（塔板高度 H 越小），被测组分在柱内被分配的次数越多，柱效能则越高，所得色谱峰越窄；

2）不同物质在同一色谱柱上的分配系数不同，用有效塔板数和有效塔板高度作为衡量柱效能的指标时，应指明测定物质；

3）柱效不能表示被分离组分的实际分离效果，当两组分的分配系数 K 相同时，无论该色谱柱的塔板数多大，都无法分离；

4）塔板理论无法解释同一色谱柱在不同的载气流速下柱效不同的实验结果，也无法指出影响柱效的因素及提高柱效的途径。

3.6.1.2　速率理论——影响柱效的因素

1956 年荷兰学者在研究气相色谱时提出了色谱过程的动力学理论，并且推导出了速率方程（也称范弟姆特方程式）：$H = A + B/u + C \cdot u$。其中 H 是理论塔板高度；u 是载气的线速度（cm/s）。从上边的公式可以看出：减小 A、B、C 三项可提高柱效；那么 A、B、C 三项各与哪些因素有关？下面进行逐一介绍。

A　涡流扩散项——A

公式中的 A：$A = 2\lambda d_p$。d_p是固定相的平均颗粒直径；λ 是固定相的填充不均匀因子。固定相颗粒越小 d_p越小，填充得越均匀，A 越小，H 越小，柱效 n 越高。表现在涡流扩散所引起的色谱峰变宽现象减轻，色谱峰较窄。图 3-16示意了涡流扩散对峰展宽的影响。

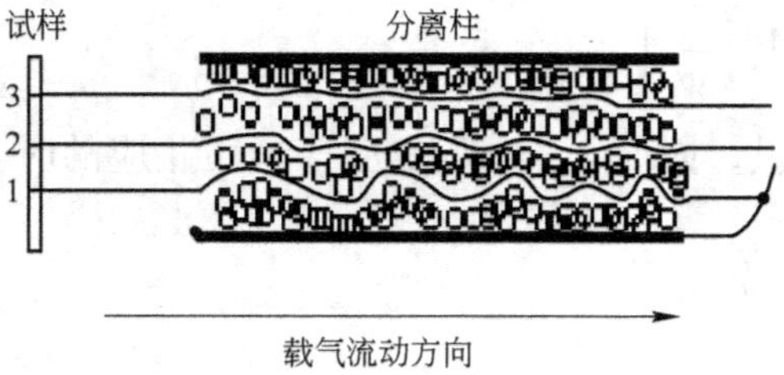

图 3-16　涡流扩散对峰展宽的影响

1，2，3 分别为组分分子通过填充柱时的三种不同路径

B　分子扩散项——B

公式中 $B = 2\nu D_g$。其中 ν 是弯曲因子，填充柱色谱，$\nu < 1$；D_g是试样组分分子在气相中的扩散系数（cm^2/s）。由于柱中存在着浓度差，产生纵向扩散：扩散导致色谱峰变宽，H 上升（n 下降），分离变差。分子扩散项与流速有关，流速越小，滞留时间越长，扩散越大。扩散系数：$D_g \propto (M_{载气})^{-1/2}$；$M_{载气}$越大，$B$ 值越小。

C　传质阻力项——C

组分在气相和液相两相间进行反复分配时，遇到阻力。传质阻力包括气相传质阻力 C_g

和液相传质阻力 C_L，液相传质阻力大于气相传质阻力。即：

$$C = C_g + C_L$$

$$C_L \propto \frac{d_f^2}{D_L}$$

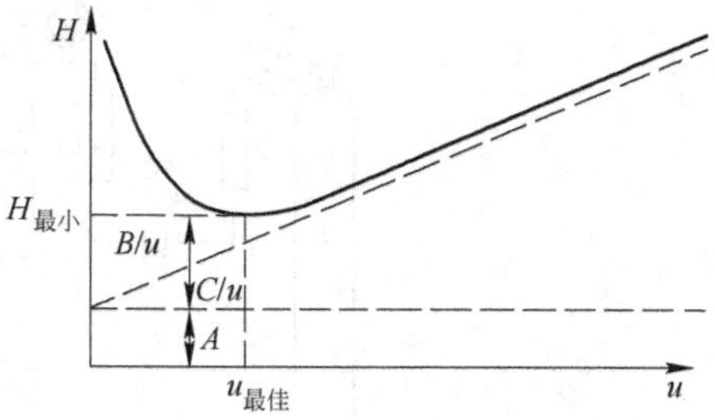

图 3-17 气相色谱的 H-u 曲线

D 载气流速与柱效——最佳流速

载气流速高时，传质阻力项是影响柱效的主要因素，流速越大，柱效越低，如图 3-17 曲线的右边所示。载气流速低时分子扩散项成为影响柱效的主要因素，流速越大，柱效越高，如图 3-17 曲线的左边所示。

H-u 曲线与最佳流速：由于流速对这两项完全相反的作用，流速对柱效的总影响使得存在着一个最佳流速值，即速率方程式中塔板高度对流速的一阶导数有一极小值。以塔板高度 H 对应载气流速 u 作图，曲线最低点的流速即为最佳流速。

E 速率理论的要点

组分分子在柱内运行的多路径与涡流扩散、浓度梯度所造成的分子扩散及传质阻力使气液两相间的分配平衡不能瞬间达到等因素是造成色谱峰扩展柱效下降的主要原因。通过选择适当的固定相粒度、载气种类、液膜厚度及载气流速可提高柱效。速率理论为色谱分离和操作条件选择提供了理论指导。阐明了流速和柱温对柱效及分离的影响。各种因素相互制约，如载气流速增大，分子扩散项的影响减小，使柱效提高，但同时传质阻力项的影响增大，又使柱效下降；柱温升高，有利于传质，但又加剧了分子扩散的影响，选择最佳条件，才能使柱效达到最高。

3.6.2 气相色谱法的特点

气相色谱法的特点概括起来为：高效能，高选择性，高灵敏度，速度快，应用广。

（1）高效能。一般填充柱有几千块理论塔板，毛细管柱一般为 $10^5 \sim 10^6$ 块理论板，因此可以用来分析沸点相近的组分与复杂的多组分混合物。

（2）高选择性。可以通过选用高选择性的固定液，使极性极为相似的组分得以分离（如烃异构体等）。

（3）高灵敏度。指检测器可以测出 $10^{-11} \sim 10^{-13}$g 物质。

（4）分析速度快。一次分析时间仅仅为几分钟 ~ 几十分钟。

（5）应用范围广。气相色谱可以分析气体和易挥发或可以转化成易挥发的液体和固体。

3.6.3 气相色谱仪

气相色谱仪是生产、教学、科研单位所用的重要分析仪器之一。常用的气相色谱仪的主要部件和分析流程如图 3-18 所示。

（1）载气系统。包括气源、净化干燥管和载气流速控制。气相色谱分析中一般采用不干扰样品分析的气体作为载气，常用的载气包括：氮气、氢气、氦气。载气由高压气瓶供给，由高压气瓶出来的载气需要净化，并采用稳压阀、稳流阀或自动流量控制装置，以确保流量稳定。

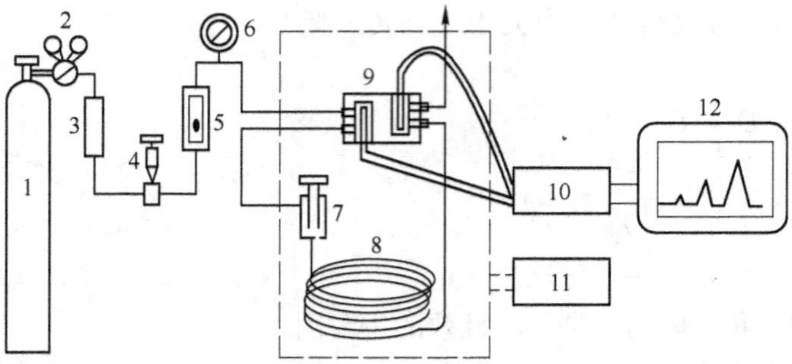

图 3-18　气相色谱流程示意图

1—载气钢瓶；2—减压阀；3—净化干燥管；4—针形阀；5—流量计；6—压力表；
7—进样器和气化室；8—色谱柱；9—热导检测器；10—放大器；11—温度控制器；12—记录仪

（2）进样系统。包括进样器及气化室。液体样品一般采用微量注射器；气体样品可用注射器，也可以用定量阀进样。样品进入气化室后在一瞬间就被气化，然后随着载气进入色谱柱。

（3）色谱柱。分为填充柱（填充固定相）或毛细管柱（内壁涂有固定液）两类。它是色谱仪的分离系统，试样中的各个组分在这里进行分离。填充柱可由不锈钢、铜、玻璃或聚四氟乙烯制成，柱内径约 2 ~ 4mm，柱长为 1 ~ 10m。色谱柱有 U 型、W 型、螺旋形数种。毛细管柱一般是螺旋形的，是用玻璃、弹性石英、不锈钢管拉制成的。柱内径为 0. 2 ~ 0. 5mm，长度 30 ~ 300mm。

（4）检测器。或以热导检测器和氢火焰检测器最为常见。组分分离后进入检测器，检测器将各组分的量的变化转化为电压或电流变化，经过放大后由记录仪绘制色谱图。检测器按照响应特征又分为浓度型检测器和质量型检测器。浓度型检测器的响应信号与进入检测器的组分浓度成正比。热导检测器属于浓度型检测器。质量型检测器的响应信号与单位时间内进入检测器的某组分的质量成正比，氢火焰检测器属于质量型检测器。

（5）记录系统。包括放大器、记录仪或数据处理仪。主要工作是绘制色谱图。

（6）温度控制系统。包括柱室、气化室的温度控制。色谱仪通过温控系统设定、控制和测量色谱炉（柱箱）、气化室和检测器三处的温度。控温方式有恒温和程序升温两种。通常采用空气恒温来控制柱温和检测器温度。而对于沸点范围宽的混合物，为了改善效果，缩短分析时间，可以采用程序升温。

3. 6. 4　气相色谱的固定相

3. 6. 4. 1　气-固色谱固定相

气-固色谱固定相有以下几种：

A　吸附剂类

活性炭：有较大的比表面积，吸附性较强。

活性氧化铝：有较大的极性。适用于常温下 O_2、N_2、CO、CH_4、C_2H_6、C_2H_4 等气体的相互分离。CO_2 能被活性氧化铝强烈吸附而不能用这种固定相进行分析。

硅胶：与活性氧化铝大致相同的分离性能，除能分析上述物质外，还能分析 CO_2、N_2O、NO、NO_2 等，且能够分离臭氧。

分子筛：碱及碱土金属的硅铝酸盐（沸石），多孔性。如 3A、4A、5A、10X 及 13X 分子筛等（孔径：Å）。常用 5A 和 13X（常温下分离 O_2 与 N_2）。除了广泛用于 H_2、O_2、N_2、CH_4、CO 等的分离外，还能够测定 He、Ne、Ar、NO、N_2O 等。

以上四种固体吸附剂类固定相对永久性气体和气态烃有很好的分离效果，同时有良好的热稳定性，价格低廉，色谱制作简单；但是品种少，应用范围有限，活性中心容易中毒，色谱峰易对称和拖尾。

B 聚合物类固定相

高分子多孔微球（GDX 系列）：新型的有机合成固定相（苯乙烯与二乙烯苯共聚）。型号：GDX-01、GDX-02、GDX-03 等。适用于水、气体及低级醇的分析。

气-固色谱固定相的特点

（1）性能与制备和活化条件有很大关系；

（2）同一种固定相，不同厂家或不同活化条件，分离效果差异较大；

（3）种类有限，能分离的对象不多；

（4）使用方便。

3.6.4.2 气-液色谱固定相

气-液色谱固定相：[固定液 + 担体（支持体），各种担体见表 3-6]，固定液在常温下不一定为液体，但在使用温度下一定呈液体状态。固定液的种类繁多，选择余地大，应用范围不断扩大。担体一般是化学惰性的多孔性固体颗粒，具有较大的比表面积。可以作为担体使用的物质应满足以下条件：

（1）比表面积大，孔径分布均匀；

（2）化学惰性，表面无吸附性或吸附性很弱，与被分离组分不起反应；

（3）具有较高的热稳定性和机械强度，不易破碎；

（4）颗粒大小均匀、适度。一般常用 60~80 目、80~100 目。

例如：

红色担体：孔径较小，表孔密集，比表面积较大，机械强度好。适宜分离非极性或弱

表 3-6 填充柱气液色谱担体一览表

种类		担体名称	特点及用途	生产厂家
硅藻土类	红色硅藻土担体	201 红色担体 301 釉化红色担体 6201 红色担体	适用于涂渍非极性固定液分析非极性物质 由 201 釉化而成，性能介于红色与白色硅藻土担体之间，适用于分析中等极性物质	上海试剂厂 大连催化剂厂
	白色硅藻土担体	101 白色担体 101 酸洗 101 硅烷化白色担体 102 白色担体	适用于涂渍极性固定液分析极性物质 催化吸附性小，减小色谱峰拖尾	上海试剂厂
非硅藻土类		高分子微球 玻璃微球 氟担体	由苯乙烯和二乙烯苯共聚而成，经酸碱处理 比表面积 $0.02m^2/g$，可在较高温度下使用，适宜分析高沸点物质 由四氟乙烯聚合而成，比表面积 $10.5m^2/g$，适宜分析强极性物质和腐蚀性物质	上海试剂厂

极性组分的试样，其缺点是表面存有活性吸附中心点。

白色担体：煅烧前原料中加入了少量助溶剂（碳酸钠），其特点是颗粒疏松，孔径较大，表面积较小，机械强度较差。吸附性显著减小，适宜分离极性组分试样。

固定液要求是高沸点难挥发有机化合物，其种类繁多。对固定液的要求是应对被分离试样中的各组分具有不同的溶解能力，较好的热稳定性，并且不与被分离组分发生不可逆的化学反应。选择的基本原则是“相似相溶”，选择与试样性质相近的固定相。按化学结构、极性（表 3-7）、应用等的分类方法，在各种色谱手册中，一般将固定液按有机化合物的分类方法分为：脂肪烃、芳烃、醇、酯、聚酯、胺、聚硅氧烷等。固定液的最高最低使用温度要求是：高于最高使用温度易分解，温度低呈固体。对于复杂的难分离组分通常采用特殊固定液或将两种甚至两种以上配合使用，称为混合固定相。固定液按照相对极性分类是由 Rohrschneider 提出并发展起来的。此法规定角鲨烷（异三十烷）的相对极性为 0，β，β′-氧二丙腈的相对极性为 100，然后选择一对物质（如正丁烷-丁烯）为分离物质对，分别测定这一对物质在 β，β′-氧二丙腈、角鲨烷及欲测极性固定液的色谱柱上的相对保留值，这样测得的各种固定液的相对极性均在 0～100 之间。一般将其分为五级，每 20 单位为一级，用“+”表示。相对极性在 0～+1 间的叫做非极性固定液，+1～+2 为弱极性固定液，+3 为中等极性固定液，+4～+5 为强极性固定液。如图 3-19所示。

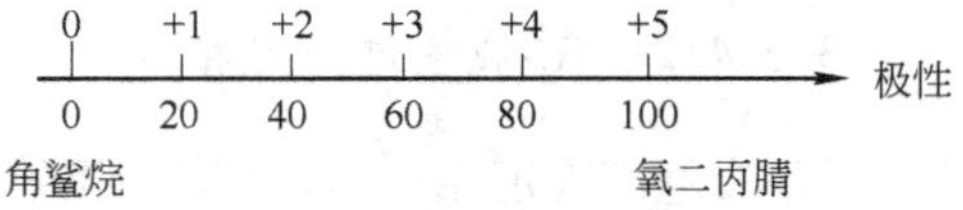

图 3-19 固定液的相对极性

表 3-7 优选固定液

固定液名称	商品牌号	使用温度（最高）/℃	溶剂	相对极性	麦氏常数总和	分析对象（参考）
角鲨烷（异三十烷）	SQ	150	乙醚	0	0	烃类及非极性化合物
阿皮松 L	APL	300	苯	—	143	非极性和弱极性各类高沸点有机化合物
硅 油	OV-101	350	丙酮	+1	229	各类高沸点、弱极性有机化合物，如芳烃
苯基 10% 甲基聚硅氧烷	OV-3	350	甲苯	+1	423	
苯基（20%）甲基聚硅氧烷	OV-7	350	甲苯	+2	592	
苯基（50%）甲基聚硅氧烷	OV-17	300	甲苯	+2	827	
苯基（60%）甲基聚硅氧烷	OV-22	350	甲苯	+2	1075	
邻苯二甲酸二壬酯	DNP	130	乙醚	+2		
三氟丙基甲基聚硅氧烷	OV-210	250	氯仿	+2	1500	
氰丙基（25%）	OV-225	250		+3	1813	
苯基（25%）甲基聚硅氧烷						
聚乙二醇	PEG20M	250	乙醇	氢键	2308	醇、醛酮、脂肪酸、酯等极性化合物
丁二酸二乙二醇聚酯	DEGS	225	氯仿	氢键	3430	

注：麦氏常数用 x'、y'、z'、u'、s' 表示，分别代表了极性分子间存在着的静电力（偶极定向力）、极性与非极性分子间存在着的诱导力、非极性分子间的色散力、氢键等。也可以用五个数的总和来表示固定相的极性大小，如：β，β′-氧二丙腈 5 个常数的总和为 4427，是强极性固定相。

3.6.5 气相色谱分离操作条件的选择

气相色谱中分离操作条件的选择主要包括6个方面：载气及流速的选择，柱温的选择，固定液配比的选择，单体颗粒度的选择，柱长和柱子内径的选择，进样条件的选择。

（1）载气及流速的选择。对于一定的色谱柱和试样，载气及流速是影响柱效率的主要因素。当流速较小时，分子扩散成为色谱峰扩展的主要因素，此时应该选用相对分子质量较大的N_2、Ar等作载气，使组分在载气中有较小的扩散系数，有利于降低组分分子的扩散，减小塔板的高度。而当流速较大时，传质阻力成为主要影响因素，此时应该采用相对分子质量较小的H_2、He等作载气，使组分在载气中有较大的扩散系数，有利于减小传质阻力，提高柱效率。此外，选择载气时还必须考虑与所用的检测器相适应，如对热导池检测器，应该选用H_2或He，对氢火焰离子化检测器，一般选用N_2。

（2）柱温的选择。柱温是改进分离的重要的操作参数，柱温的选择直接影响柱的选择性、柱效率和分析速度。一方面，提高柱温可以加速组分分子在气相和液相中的传质速率，减小传质阻力，有利于提高柱效；但是提高柱温也加剧了分子的纵向扩散，导致柱效下降。另一方面，提高柱温可以缩短分析时间，但会降低柱的选择性。此外，柱温不能高于固定液的最高使用温度，否则会造成固定液大量挥发流失。柱温的选择常采用较低的固液配比与较低的柱温相配合的方法，以利于提高柱的选择性，分析时间也不会太长。此外，选择柱温还应考虑试样的沸点。对于多组分、宽沸程的试样，一般采用程序升温的方法进行分析。采用程序升温法能使不同沸点的组分在其最佳柱温条件下获得良好的分离。

（3）固定液配比的选择。各种担体表面积大小不同，固定液配比（固定液与担体的质量比）也不同。一般说来，对于表面积大的担体，例如硅藻土，配比可以大一些（不超过30%）而表面积较小的担体，例如聚四氟乙烯担体，其配比一般小于10%。此外，还要考虑分析样品的沸点范围，当样品是高沸点化合物，最好采用低配比，对于气体和沸点低的样品，可以采用高配比，当样品的沸点范围很窄时，应该采用高配比。

（4）担体的选择。当固定液配比不变时，担体粒度越小，表面积越大，液膜厚度越小，柱效越高；但是担体过细会使柱渗透性变坏。一般是根据柱径来选择担体的粒度。保持担体的直径约为柱内径的1/20为宜。常用60～80M及80～100M的担体。

（5）柱的选择。色谱柱多由不锈钢或玻璃制成。不锈钢坚固、具有惰性，但是不适合于填充多孔高聚物固定相。玻璃管具有惰性，柱效高，但在进行某些痕量分析时，由于表面存在有害的硅醇基团，最好先做硅烷化处理。由于分离度与柱长的平方根成正比，所以增加柱长对分离有利。但是柱长的增加会使各组分的保留时间增加，延长分析时间。一般常用的填充柱长为1～3m。色谱柱内径增加，会使柱效下降。常用的填充柱内径一般为3～6mm。

（6）进样条件的选择。进样量随着柱内径、柱长及固定液用量的不同而异，柱内径大，固定液用量多，可以适当增加进样量。但是进样量过大，会造成色谱柱超负荷，使柱效下降、峰形变宽；进样量太少，则会使含量少的组分因检测器灵敏度不够而不出峰。因此，最大允许进样量应控制在峰面积或峰高与进样量呈线性关系的范围内。液体试样一般进样0.5～5μL，气体试样0.1～10mL。

另外，汽化温度对色谱分离操作也有影响，它取决于样品的挥发性、沸点范围、稳定性及样品量等因素。一般取样品沸点或高于其沸点，以保证液体试样进样后能瞬间气化。在保证试样不被分解的情况下，适当提高汽化温度对分离和分析有利。汽化温度一般要比柱温高 10～50℃。

3.6.6　气相色谱的检测器

色谱仪的检测器种类很多。按其响应特征分为浓度型和质量型（见 3.4.3 节）。在这里主要介绍浓度型的热导检测器和质量型的氢火焰离子化检测器。

3.6.6.1　热导检测器（TCD）

热导检测器（图 3-20）结构简单，稳定性好，不论对有机物还是无机物都有响应，能进行分析。热导池由池体和热敏元件组成。热敏元件是由两根电阻值完全相同的金属丝（钨丝或金丝），作为两个臂接入惠斯顿电桥中，由恒定的电流加热。当热导池只有载气通过时，载气从两个热敏元件带走的热量相同，两个热敏元件的温度变化也是相同的，其电阻值变化也相同，电桥处于平衡状态。当样品气混在载气中通过测量池时，由于样品气和载气的热导系数不同，两边带走的热量不相等，热敏元件的温度和阻值的变化也就不同，从而使得电桥失去平衡，记录器上就有信号产生。被测物质与载气的热导系数相差愈大，灵敏度也就越高。此外，载气流量和热丝温度对灵敏度也有较大影响。热丝工作电流增加 1 倍，可以使灵敏度增加 3～7 倍，但是热丝电流过高，会造成基线不稳和缩短热丝的寿命。缺点是灵敏度较低。

3.6.6.2　氢火焰离子化检测器（FID）

氢火焰离子化检测器（图 3-21）主要部件是一个用不锈钢制成的离子室。离子室由收集器、发射极、气体入口及火焰喷嘴组成。在离子室下部，氢气与载气混合后通过喷嘴，在与空气混合点火燃烧，形成氢火焰。没有样品时两极间的离子很少，当有机物进入火焰时，发生离子化反应，生成许多离子。后者在火焰上方收集极和发射极所形成的静电场作用下流向收集极，形成离子流。离子流经过放大、收录即得到色谱峰。

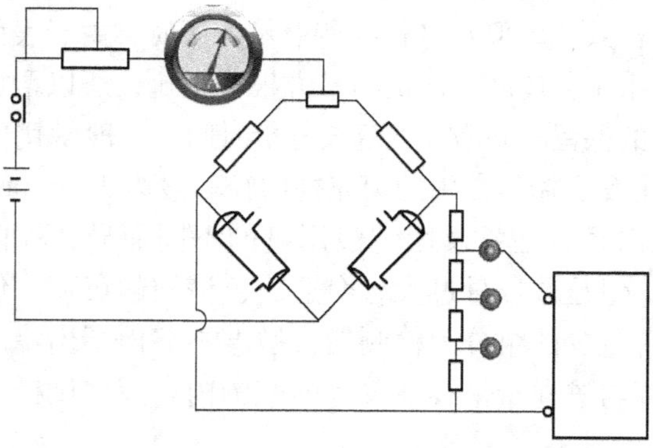

图 3-20　热导检测器示意图

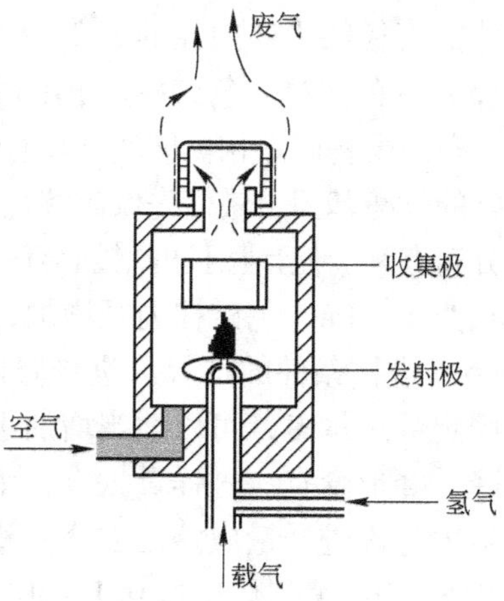

图 3-21　氢火焰检测器示意图

有机物在氢火焰中离子化反应的过程可以用苯的离子化过程为例说明。首先，苯发生高温裂解和氧化反应生成自由基，

$$C_6H_6 \xrightarrow{\text{裂解}} 6CH\cdot$$

自由基又与氧作用产生离子，

$$6CH\cdot + 3O_2 \longrightarrow 6CHO^+ + 6e$$

形成的 CHO^+ 与火焰中的水蒸气发生碰撞，发生分子离子反应，产生 H_3O^+ 离子。

$$6CHO^+ + 6H_2O \longrightarrow 6CO + 6H_3O^+$$

由于离子检测器对绝大多数有机物都有响应，死体积小、响应快、稳定性好，其灵敏度比热导检测器要高几个数量级，所以适于进行痕量有机物分析。其缺点是不能检测惰性气体、空气、水、CO、CO_2、NO、SO_2及 H_2S 等。

3.6.6.3 检测器性能指标表示方法

（1）灵敏度。单位质量的物质通过检测器时所产生信号的大小，称为该检测器对该物质的灵敏度。灵敏度可用下式表示：

$$S = \frac{\Delta R}{\Delta Q}$$

式中 S——灵敏度；

ΔR——记录仪信号变化率；

ΔQ——通过检测器的样品质量的变化率。

（2）检测限。检测器的好坏不仅取决于灵敏度，还与噪声大小有关。检测限就是考虑到噪声影响而规定的一项指标。当产生的信号大小为 2 倍噪声时，通过检测器的物质量（或浓度）叫做检测限。

$$D = \frac{2N}{S}$$

式中 D——检测限；

N——噪声，即基线波动，mV；

S——灵敏度。

（3）线性范围。指检测器信号大小与被测物质量呈线性关系的范围。通常用线性范围内最大和最小样品量之比来表示。线性范围越大，可以测定的浓度范围就越大。

3.7 高效液相色谱

3.7.1 概述

Martin 和 Synge 在 1941 年就提出高效相色谱的设想，然而直到 20 世纪 60 年代后期，由于各种技术的发展，高效液相色谱才付诸实现，这种色谱技术曾被称为高速液相色谱（High-Speed Liquid Chromatography），高压液相色谱（High Pressure Liquid Chromatography），目前使用最多的名称是高效液相色谱（High Performance Liquid Chromatography，HPLC）。高效液相色谱已经广泛地应用，在生物领域中广泛用于下列产物的分离和鉴定：氨基酸及其衍生物、有机酸、甾体化合物、生物碱、抗菌素、糖类、卟啉、核酸及其降解

产物、蛋白质、酶和多肽、脂类等。它成为一项不可缺少的技术。它的主要优点是：分辨率高于其他色谱法；分析速度快，十几分钟～几十分钟可完成；重复性高；高效相色谱柱可反复使用；自动化操作，分析精确度高。根据分离过程中溶质分子与固定相相互作用的差别，高效液相色谱可分为4个基本类型，即液-固色谱、液-液色谱、离子交换色谱和体积排阻色谱。

3.7.2　液相色谱理论

高效液相色谱法完全沿用了气相色谱法的概念和理论，如保留参数、柱效率、理论塔板数、分离度等概念以及塔板理论和速率理论。液相色谱也可以用范式方程来研究峰的变宽。液相色谱用液体作为流动相，与气相色谱相比，其特点是：液体的扩散系数只有气体的$1/10^4 \sim 1/10^5$；而密度大约比气体大1000倍，这导致了气相色谱与液相色谱分析过程不同。

速率理论对色谱峰的扩展及色谱分离的影响可讨论如下。

3.7.2.1　液相色谱的速率方程

$$H = 2\lambda d_p + \frac{C_d D_m}{u} + \frac{\Phi d_p^2}{D_m}\cdot u + C_s\frac{d_f^2}{D_s}\cdot u + C_{sm}\frac{d_p^2}{D_m}\cdot u$$

（1）涡流扩散项$2\lambda d_p$。式中，λ为填充因子；d_p为填料直径。液相色谱涡流扩散项与气相色谱相同，它与载液流速无关。若柱子装填均匀，填料的颗粒也均匀，那么λ值小，H值就小，柱效率高；若装填不均匀，λ值大，H值增大，柱效率低，色谱峰变宽。

（2）纵向扩散项$\frac{C_d D_m}{u}$。式中，D_m为分子在流动相中的扩散系数；C_d为一常数。纵向扩散相是当试样分子在色谱柱内被流动相带向前时，由分子本身运动所引起的纵向扩散会引致色谱峰的扩散。由于分子在液体中的扩散系数比气体中要小4～5个数量级，因而在液相色谱中纵向扩散相是可以忽略的。

（3）传质阻力项。传质阻力项包括固定相传质阻力项和流动相传质阻力项。

1）固定相传质阻力项$C_s\frac{d_f^2}{D_s}\cdot u$。式中，$d_f$为固定相的平均厚度；$C_s$为常数。被分离组分随载液流经色谱柱时，一些分子会很深地渗入固定相中，分子的进出耗费时间长，沿柱子下移时间短。反之，一些分子较浅的渗入固定相分子在颗粒的孔隙中停留时间短，出来后沿柱子下移的距离长，引起色谱峰变宽。在高效液相色谱中，d_f一般很小，此项可以忽略。

2）流动相传质阻力项。包括流动的流动相中的传质阻力项和滞留的流动相中的传质阻力项。

流动的流动相中的传质阻力项$\frac{\Phi d_p^2}{D_m}\cdot u$。式中，$D_m$为分子在流动相中的扩散系数；$u$为流动相速度，被分离组分在同流路的不同位置具有不同的流速，靠近颗粒的载液流动慢，相反，在流路中间的分子移动距离长，会造成色谱峰变宽。

滞留的流动相中的传质阻力项$C_{sm}\frac{d_p^2}{D_m}\cdot u$。式中，$C_{sm}$为柱系数，是容量因子的函数。一些流动相会滞留在固定相颗粒的孔内，某些分子在滞留的流动相中扩散距离近，能较快地从孔中再扩散出来回到流动相中，沿柱下移较长的距离。另一些分子在滞留的流动相中扩散距离远，从孔中出来较慢，沿柱下移距离短，造成峰的变宽。若担体颗粒大，则微孔深，传质速率就小，色谱峰变宽就严重。一般应采用颗粒小、微孔深、孔径大的担体。

3.7.2.2 液相色谱的 *H-u* 曲线

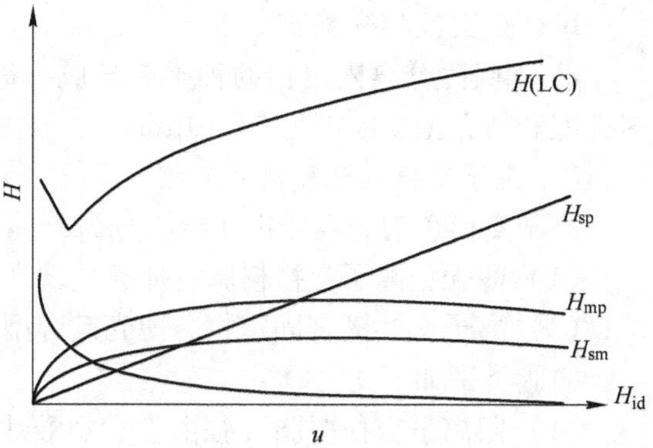

图 3-22 液相色谱 *H-u* 曲线

H_{id}—纵向扩散项$\frac{C_d D_m}{u}$；H_{mp}—流动的流动相中的传质阻力项$\frac{\phi d_p^2}{D_m}\cdot u$；$H_{sm}$—滞留的流动相中的传质阻力项 $C_{sm}\frac{d_p^2}{D_m}\cdot u$；$H_{sp}$—固定相传质阻力项 $C_s\frac{d_f^2}{D_s}\cdot u$

从图 3-22 可以看出，液相色谱的 *H-u* 曲线与气相色谱的 *H-u* 曲线明显不同，在气相色谱的 *H-u* 曲线中，有一个 $u_{最佳}$，对应一个 $H_{最小}$，当载气流速小于 $u_{最佳}$时，分子扩散显得很突出，柱效率明显下降，谱峰严重变宽。对液相色谱来讲，流动相的流速越小，*H* 值逐渐减小，柱效率提高，但是很难找出 *H* 极小值，因为在很小的流速下，分子扩散不明显，对 *H* 值没有什么影响。另外，液相色谱 *H-u* 曲线比较平坦，可以使用较高的流速，柱效率损失不大，有利于实现快速分离。

3.7.3 液相色谱的固定相及流动相

3.7.3.1 液相色谱的固定相

A 液-液色谱固定相

液-液色谱固定相分为：全多孔型担体、表面多孔型担体（薄壳型微珠担体）、化学键合固定相。其中全多孔型担体主要由氧化硅、氧化铝、硅藻土等制成的多孔球体，早期采用 100μm 的大颗粒，表面涂渍固定液，但是性能不佳，现在已经不多见；表面多孔型担体采用 30 ~ 40μm 的玻璃微球，表面附着一层厚度为 1 ~ 2μm 的多孔硅胶。这种固定相的特点是：表面积小。

目前应用最广、性能最佳的固定相包括下面四种类型：

（1）硅氧碳键型：≡Si—O—C

（2）硅氧硅碳键型：≡Si—O—Si—C

（3）硅碳键型：≡Si—C

（4）硅氮键型：≡Si—N

化学键合固定相有以下特点：

（1）传质快，表面无深凹陷，比一般液体固定相传质快；

（2）寿命长，化学键合，无固定液流失，耐流动相冲击，耐水、耐光、耐有机溶剂，稳定；

（3）选择性好，可键合不同官能团，提高选择性；

（4）有利于梯度洗脱。

B 液-固吸附分离固定相

液-固吸附分离固定相的种类有硅胶、氧化铝、分子筛、聚酰胺等。其结构类型为全多孔型和薄壳型，粒度为5～10μm。

C 离子交换色谱分离固定相

离子交换色谱分离固定相结构分为：

(1) 薄壳型离子交换树脂。薄壳玻璃珠为担体，表面涂约1%的离子交换树脂；

(2) 离子交换键合固定相。薄壳键合型；微粒硅胶键合型（键合离子交换基团）；

树脂类别如下：

(1) 阳离子交换树脂（强酸性、弱酸性）。

(2) 阴离子交换树脂（强碱性、弱碱性）。

D 空间排阻分离固定相

空间排阻分离固定相分为：

(1) 软质凝胶：葡聚糖凝胶、琼脂凝胶等。多孔网状结构。它以水为流动相。适用于常压排阻分离。

(2) 半硬质凝胶：苯乙烯-二乙烯基苯交联共聚物，有机凝胶。它以非极性有机溶剂为流动相，不能用丙酮、乙醇等极性溶剂。

(3) 硬质凝胶：多孔硅胶、多孔玻珠等。其化学稳定性、热稳定性好、机械强度大，流动相性质影响小，可在较高流速下使用。可控孔径玻璃微球，具有恒定孔径和窄粒度分布。

3.7.3.2 液相色谱的流动相

A 流动相特性

液相色谱的流动相又称为：淋洗液，洗脱剂。流动相组成改变，极性改变，可显著改变组分分离状况，亲水性固定液常采用疏水性流动相，即流动相的极性小于固定相的极性，称为正相液液色谱法，极性柱也称正相柱。若流动相的极性大于固定液的极性，则称为反相液液色谱，非极性柱也称为反相柱。组分在两种类型分离柱上的出峰顺序相反。

B 流动相类别

按流动相组成分：单组分和多组分；按极性分：极性、弱极性、非极性；按使用方式分：固定组成淋洗和梯度淋洗。流动相常用溶剂：已烷、四氯化碳、甲苯、乙酸乙酯、乙醇、乙腈、水。采用二元或多元组合溶剂作为流动相可以灵活调节流动相的极性或增加选择性，以改进分离或调整出峰时间。

C 流动相选择

在选择溶剂时，溶剂的极性是选择的重要依据。采用正相液-液分配分离时，首先选择中等极性溶剂，若组分的保留时间太短，降低溶剂极性，反之增加。也可在低极性溶剂中，逐渐增加其中的极性溶剂，使保留时间缩短。

常用溶剂的极性顺序为：水（最大）＞甲酰胺＞乙腈＞甲醇＞乙醇＞丙醇＞丙酮＞二氧六环＞四氢呋喃＞甲乙酮＞正丁醇＞乙酸乙酯＞乙醚＞异丙醚＞二氯甲烷＞氯仿＞溴乙烷＞苯＞四氯化碳＞二硫化碳＞环已烷＞已烷＞煤油（最小）。

选择流动相时应该注意：尽量使用高纯度试剂作流动相，防止微量杂质长期累积损坏色谱柱和使检测器噪声增加。避免流动相与固定相发生作用而使柱效下降或损坏柱子。如使固定液溶解流失、酸性溶剂破坏氧化铝固定相等。试样在流动相中应有适宜的溶解度，防止产生沉淀并在柱中沉积。流动相同时还应满足检测器的要求。当使用紫外检测器时，流动相不应有紫外吸收。

3.7.4 高效液相色谱装置

高效液相色谱法系采用高压输液泵将规定的流动相泵入装有填充剂的色谱柱进行分离测定的色谱方法。注入进样阀的供试品，由流动相带入柱内，各成分在柱内被分离，并依次进入检测器，由记录仪、积分仪或数据处理系统记录色谱信号。采用微柱液相色谱系统可以减少溶剂的消耗并达到快速分离的目的。

高效液相色谱法的主要分离机制有吸附、分配、离子交换和排阻作用。

3.7.4.1 色谱柱

最常用的色谱柱填充剂为化学键合硅胶。反相色谱（见3.7.6节）系统使用非极性填充剂，以十八烷基硅烷键合硅胶最为常用，辛基硅烷键合硅胶和其他类型的硅烷键合硅胶（如氰基硅烷键合相和氨基硅烷键合相等）也有使用。正相色谱系统使用极性填充剂，常用的填充剂有硅胶等。离子交换填充剂用于离子交换色谱；凝胶或高分子微球等填充剂用于分子排阻色谱等；手性键合填充剂用于对映异构体的拆分分析。

填充剂的性能（如载体的形状、粒径、孔径、表面积、键合基团的表面覆盖度、含碳量和键合类型等因素）以及色谱柱的填充，将直接影响待测物的保留行为和分离效果。孔径在150nm以下的填料适合于分析相对分子质量小于2000的化合物，相对分子质量大于2000的化合物则应选择孔径在300nm以上的填料。

以硅胶为载体的键合固定相填充剂适用pH值2~8的流动相。当pH值大于8时，可使载体硅胶溶解；当pH值小于2时，与硅胶相连的化学键合相易水解脱落。当色谱系统中需使用pH值大于8的流动相时，应选用耐碱的填充剂，如采用高纯硅胶为载体并具有高表面覆盖度的键合硅胶、包覆聚合物填充剂、有机-无机杂化填充剂或非硅胶填充剂等；当需使用pH值小于2的流动相时，应选用耐酸的填充剂，如具有大体积侧链能产生空间位阻保护作用的二异丙基或二异丁基取代十八烷基硅烷键合硅胶、有机-无机杂化填充剂等。

3.7.4.2 检测器

最常用的检测器为紫外吸收检测器，其他常见的检测器有二极管阵列检测器（DAD）、荧光检测器、示差折光检测器、蒸发光散射检测器、电化学检测器和质谱检测器等。

紫外、二极管阵列、荧光、电化学检测器为选择性检测器，其响应值不仅与待测物的质量有关，还与化合物的结构有关；示差折光检测器和蒸发光散射检测器为通用型检测器，对所有的化合物结构均有响应；蒸发光散射检测器属质量型检测器，对结构类似的化合物，其响应值几乎仅与待测物的质量有关；二极管阵列检测器可以同时记录待测物在规定波长范围内的吸收光谱，故可用于待测物的光谱管制和色谱峰纯度的检查。紫外、荧光、电化学和示差折光检测器的响应值与待测物的质量呈线性关系，但蒸发光散射检测器响应值与待测物的质量通常并不呈线性关系，必要时需对响应值进行数学转换后进行计算。不同的检测器，对流动相的要求不同。当采用紫外检测器时，所用流动相应至少符合紫外分光光度法，采用低波长检测时，还应考虑有机相中有机溶剂的截止使用波长，并选用色谱级有机溶剂。蒸发光散射检测器和质谱检测器通常不允许使用含不挥发盐组分的流动相。

3.7.5　硅胶色谱

3.7.5.1　固定相

硅胶色谱，即液-固吸附色谱，是最古老的色谱法。样品在硅胶上的保留程度主要由样品分子中官能团的极性所决定。在高效液相色谱中它称为正相色谱，即固定相的极性大于流动相极性的色谱。常用的固定相是微粒硅胶。

正相色谱在实际应用中具有以下特点。

（1）能根据化合物的极性大小，如饱和烃、芳烃、酸类等进行族分离，这在反相色谱中是不易做到的。

（2）对异构体的分离有很高的选择性和分离能力。

（3）由于流动相多是易挥发有机溶剂，因此对分离后的样品富集有利。

（4）有机溶剂的黏度大多比水小，仪器操作压力低。

一般说来，适用于用硅胶色谱分离的样品是溶于有机溶剂，具有中等相对分子质量的非离子型化合物（通常称为油溶性样品）。尤其是含多官能团及同分异构的化合物。这可能是由于溶质分子与硅胶表面上的活性吸附点有特殊拟合作用的缘故。

高效液相硅胶色谱与薄层色谱相比两种方法在分离方面有许多相似之处，但是前者更迅速，效率更高。

3.7.5.2　流动相

硅胶色谱中使用的流动相主要为非极性烃类，如己烷，以及某些极性有机溶剂，如二氯甲烷、甲醇等。在分离过程中，极性越大的组分保留时间越长，所以可以参照溶剂的极性及强度 ε^0 来选择流动相，以调节被分离组分的保留值。表 3-8 列出高效液相色谱中常用的一些非极性和极性溶剂的性质。

表 3-8　高效液相色谱中常用溶剂性质

溶　剂	UV 吸收下限/nm	折光指数（25℃）	沸点/℃	黏度/mPa·s（25℃）	极性参数 P'	溶剂强度 ε^0 氧化铝硅胶	水的溶解度	介电常数（20℃）
2，3，3-三甲基戊烷	197	1.389	99	0.47	0.1	0.01 0.01	0.001	1.94
正庚烷	195	1.385	98	0.40	0.2	0.01 0.01	0.010	2.05
正己烷	190	1.372	69	0.30	0.1	0.01 0.01		1.90
四氯化碳	265	1.457	77	0.90	1.6	0.18 0.11	0.008	2.24
乙　醚	218	1.350	35	0.24	2.8	0.38 0.38	1.3	3.3
三氯甲烷	245	1.443	61	0.53	3.1	0.40 0.26	0.072	3.8
二氯甲烷	233	1.421	40	0.41	3.1	0.42 0.26	0.17	7.9
甲乙酮	329	1.376	80	0.38	3.7	0.51	23.4	17.5
二氧六环	215	1.420	101	1.2	3.8	0.56 0.49	互　溶	2.2

续表 3-8

溶 剂	UV 吸收下限/nm	折光指数（25℃）	沸点/℃	黏度/mPa·s（25℃）	极性参数 P'	溶剂强度 ε^0 氧化铝硅胶	水的溶解度	介电常数（20℃）
丙 酮	330	1.356	56	0.30	4.1	0.56	互 溶	20.7
四氢呋喃	212	1.405	66	0.46	3.0	0.45 0.35	互 溶	6.6
乙酸乙酯	256	1.370	77	0.43	3.4	0.58 0.38	9.8	5.0
乙 腈	190	1.341	82	0.34	4.8	0.65 0.50	互 溶	36.5
乙 醇	210	1.359	78	1.08	3.3	0.88	互 溶	23.6
异丙醇	205	1.385	97	1.9	3.0	0.82	互 溶	20.3
甲 醇		1.326	65	0.54	4.1	0.95 0.63	互 溶	32.7
水		1.333	100	0.89	10.2	>0.9 0.73		80
乙 酸		1.370	118	1.1	5.0	>0.95 >0.73	互 溶	5.2
二甲基甲酰胺	268	1.428	153	0.80	5.3		互 溶	35.7

3.7.6 化学键合相色谱（反相色谱）

3.7.6.1 概述

在反相色谱法中共价结合到载体上的固定相是一些直链碳氢化合物，如正辛基等。流动相的极性比固定相的极性强。反相色谱法在高效液相色谱法中应用最广泛。在反相色谱法中，使溶质滞留的主要作用是疏水作用，在高效液相色谱中又称为疏溶剂作用。所谓疏水作用即当水中存在非极性溶质时，溶质分子之间的相互作用、溶质分子与水分子之间的相互作用远小于水分子之间的相互作用，因此溶质分子从水中被“挤”了出去。可见反相色谱中疏水性越强的化合物越容易从流动相中挤出去，在色谱柱中滞留时间也长，所以反相色谱法中不同的化合物根据它们的疏水特性得到分离。反相色谱法适于分离带有不同疏水基团的化合物，亦即非极性基团的化合物。此外，反相色谱法可用于分离带有不同极性基团的化合物。可以通过改变流动相的溶剂及其组成和 pH 值，以影响溶质分子与流动相的相互作用，改变它们的滞留行为。另外，反相色谱中水的流动相占的比例伸缩性很大，可以从 0～100%，从而使反相色谱可用于水溶性、脂溶性化合物的分离。反相色谱法中的固定相是被共价结合到硅胶载体上的直链饱和烷烃，其链的长短不同，最长的是十八烷基，这也是使用得最多的固定相。直链饱和烷烃疏水特性随着碳氢链的长度而增加，在反相色谱柱中溶质由于疏水作用而滞留的时间也将随着碳氢链的长度而增加。在一般情况下这意味着用碳氢链长的反相色谱柱能得到较好的分辨率，在多数情况下是依靠反相选择色谱柱。由于反相色谱法的固定相是疏水的碳氢化合物，溶质与固定相之间的作用主要是非极性相互作用，或者说疏水相互作用，因此溶剂的强度随着极性降低而增加。水是极性最强的溶剂，也是反相色谱中最弱的溶剂。在反相色谱中常用水作为基础溶剂，向其中加入不同浓度的、可以与水混溶的有机溶剂，以得到不同强度的流动相，这些有机溶剂称为修饰剂。反相色谱中最常用的有机溶剂有甲醇和乙腈，此外，乙醇、四氢呋喃、异丙醇及二氧六环也常被用作修饰剂。

3.7.6.2 正相色谱与反相色谱比较

反相色谱通常是指具有非极性表面的载体为固定相，以比固定相极性更强的溶剂为移动相的色谱分离。例如：在十八烷基硅胶键合相上用甲醇-水混合溶剂冲洗就是“反相色谱”。“反相”是相对于“正相”面言。两处色谱的区别列于表3-9。

表3-9　正相和反相色谱比较

比较项目	正相色谱	反相色谱
固定相	极　性	非（弱）极性
流动相	非（弱）极性	极　性
流出次序	极性组分 k 大	极性组分 k 小
移动相极性的影响	极性增加，k 减小	极性增加，k 增大

3.7.6.3　固定相

反相色谱中使用的固定相，大多是各种烃基硅烷的化学键合硅胶。烷基键长可以是 C_2、C_4、C_6、C_8、C_{16}、C_{18} 及 C_{22} 等，其中最常用的是 C_{18}，又称 ODS，即十八烷基硅烷键合硅胶。烷基的链长对键合相的性能有不同影响。一般说来，碳链长的烷基键合相有较大的 k，但不一定成比例。一般认为，在烷基链较短的情况下，吸附的因素变化较大，从而引起选择性的变化。当烷基链较长时，对于小分子的溶质可能钻进键合烷基簇内，这时溶质在两相中的分配则与链长无关。

3.7.6.4　流动相

反相色谱中用的流动相为极性溶剂，如水、甲醇、异丙醇及四氢呋喃等。它们在 C_{18} 键合相上测得的溶剂强度如下：

水	甲醇	乙腈	异丙醇	四氢呋喃
0.0	3.0	3.1	3.2	4

大多数实验要求移动相的溶剂强度大于水而小于纯甲醇或纯乙醇。其中用得最广的是甲醇-水、乙腈-水和四氢呋喃-水，它们的本底紫外吸收和黏度特性都比较适宜。但不同种类的溶剂选择性有较大差异。

反相色谱中如何选择最佳冲洗条件，根据经验规则是：对于非（弱）极性化合物试用70% ~90% 甲醇-水；对于中等极性化合物试用 50% ~70% 甲醇-水；对于强极性化合物可用 30% ~40% 甲醇-水。

下面介绍反相离子对色谱。

当被分析的有机化合物中带有多个水溶性基团，如磺酸基或是较强的电解质时，则在反相柱上往往不能产生足够的保留，所以用一般的方法难于将它们分离。如在移动相体系中加入一种带有被分析离子相反电荷的“反离子”或称“离子对试剂”，使其形成中性络合物，具有疏水性，这种络合物便可在非极性的反相固定相表面发生疏水缔合而产生保留。例如，在分离酸类物质时，在洗脱液内加入一种有机碱，使之与酸类物质生成离子对，加入的对离子有如下解离平衡：

$$R'SO_3^-H^+ + R_4N + Cl \rightleftharpoons R'—SO_3^-\overset{+}{N}R_4 + HCl$$

选择合适的离子对试剂是进行离子对色谱分离的首要步骤（表3-10）。一般对酸性物质多用季铵盐做离子对试剂，而对碱性物质多用烷基磺酸。离子对试剂中的烷基增大。则生成的络合物疏水性增强，保留值增大，但对选择性影响不明显。反离子试剂的浓度一般在0.005～0.01mol/L范围内较为适宜，冲洗剂在多数情况下用甲醇-水系统较好，因为许多离子对试剂在甲醇中有良好的溶解度。当用缓冲液冲洗时，离子浓度以0.001～0.005mol/L为宜。

表3-10 反离子的选择

反离子	主要应用对象
季铵碱（如四甲基铵离子、四丁铵离子、十六烷基三甲基铵离子等）	强酸、弱酸、磺酸燃料、羧酸、氢化可的松及其盐
叔胺（如三辛胺）	磺酸盐、羧酸
烷基磺酸盐（如甲烷、戊烷、己烷、庚烷、樟脑的磺酸盐）	强碱、弱碱、benzalkonium 盐、儿茶酚胺、肽、鸦片碱、芋酸、芋酰胺等
高氯酸	可以与广泛的碱性物质（如有机胺、甲状腺碘代氨基酸、肽等）生成稳定的离子对
烷基硫酸盐（如辛、癸、十二烷基硫酸盐）	与烷基磺酸盐相似，选择性有所不同

反相离子对色谱中控制移动相的pH值也十分重要，因为它决定着溶质的解离程度（表3-11）。pH值一般都选择在烷基硅胶键合相适用的2～6.5范围内。

表3-11 pH值的选择

溶质类型	流动相pH值	说明
强酸（PKa<2），如磺酸燃料	2～6.4	这类物质在该pH值范围都解离，实际上选择的pH值取决于共存的其他溶质类型
弱酸（PKa>2），如羧酸	6～6.4	溶质是解离的，k'取决于离子对的性质
氨基酸	2～5	溶质解离被抑制，k'取决于未解离溶质的性质
强碱（PKa>8），季铵盐	2～8	溶质在此范围内解离，类似强酸
弱碱（PKa<8），如儿茶碱	6～6.4	解离被抑制，k'取决于未解离溶质的性质
酚胺	2～5	溶质是解离的，k'取决于离子对的性质

关于反相离子对色谱的机理，主要有两种观点：一种是所谓“离子缔合”或“动态络合物交换”，即认为试样离子与加入的反离子移动相缔合生成中性络合物，后者再在两相之间进行分配；另一种所谓“动态离子交换”，即认为反离子中的烷基首先与非极性的键合相表面缔合使固定相变成离子交换剂，然后试样离子再在这个动态离子交换剂上实现交换平衡而被分离。一般认为，随着反离子中烷基链的增长、离子缔合逐渐向离子交换机理转化，对于形成离子对络合物的证明。曾经用氯仿萃取，使离子对由水相中转移到油相中。

4 紫外-可见吸收光谱

4.1 紫外-可见吸收光谱的基本知识

4.1.1 引言

紫外-可见吸收光谱法是分子吸收光谱方法，是利用分子对外来辐射的吸收特性建立起来的分析方法，是基于分子内电子跃迁产生的吸收光谱进行分析的一种方法，波长范围在 180 ~ 800nm。

紫外-可见吸收光谱法具有许多特点，主要用于有机和无机化合物的定性和定量分析。紫外-可见吸收光谱法具有灵敏度高、准确度好、仪器价格低廉、简单、操作方便等特点。使紫外-可见吸收光谱法在有机化学、生物化学、药品分析、食品检验、医药卫生、环境保护等各个领域中成为一种重要的检测手段。

4.1.2 紫外-可见吸收光谱的原理

紫外-可见吸收光谱起源于分子中电子的能级的变化，各种化合物的紫外-可见吸收光谱的特征也就是分子中电子在各种能级间跃迁的内在规律的体现。据此，我们可以对许多化合物进行定量分析，深入认识有机化合物的结构。

紫外-可见光区位于 X 射线与红外光区之间。细分为如下三个区域：(1) 100 ~ 100nm，远紫外光区；(2) 200 ~ 400nm，近紫外光区；(3) 400 ~ 800nm，可见光区。

4.1.3 紫外-可见吸收光谱的形成

分子中的电子总是处在某一种运动状态中，每一种状态都具有一定的能量，属于一定的能级。电子由于受到光、热、电等的激发，从一个能级转移到另一个能级，称为跃迁。当这些电子吸收了外来辐射的能量，就从一个能量较低的能级跃迁到另一个能量较高的能级。但是由于分子内部运动所牵涉的能级变化比较复杂，分子吸收光谱也就比较复杂。在分子内部除了电子运动状态外，还有核间的相对运动，即核的振动核分子绕着重心的转动。而振动能和转动能，按量子力学计算，它们是不连续的，即具有量子化的性质。所以，一个分子吸收了外来的辐射之后，它的能量变化 ΔE 为其振动能变化 ΔE_V、转动能变化 ΔE_r以及电子运动能量变化 ΔE_e总和，即

$$\Delta E = \Delta E_V + \Delta E_r + \Delta E_e \tag{4-1}$$

若分子的较高能级与较低能级能量之差恰好等于电磁波的能量 $h\nu$ 时，有：

$$\Delta E = h\nu = h\frac{c}{\lambda} \tag{4-2}$$

则分子将从较低能级跃迁到较高能级。式 (4-1) 中 E_e最大，一般在 1 ~ 20eV 之间。现假

设其为5eV，由式（4-2）计算出其相应波长为250nm。因此，由分子内部电子能跃迁的跃迁而产生的光谱位于紫外-可见光区内。

分子的振动能级间隔 ΔE_V大约比 ΔE_e 小 10 倍，一般在 0.05 ~ 1eV 之间。如果 ΔE_V为 0.1eV，即为5eV 的电子能级间隔的 2%。因此在发生电子能级之间的跃迁的同时，必然也要发生振动能级之间的跃迁，得到的是一系列的谱线，它们相互波长的间隔是 250nm × 2% =5nm，而不是250nm 单一的谱线。

分子的转动能级间隔 ΔE_r大约比 ΔE_V小 10 倍或 100 倍，一般小于 0.05eV。现假设 ΔE_r为0.005eV，则为5eV 的电子能级间隔的0.1%。当发生电子能级和振动能级之间的跃迁时，必然也要发生转动能级之间的跃迁。由于得到的谱线彼此间的波长间隔只有250nm ×0.1% = 0.25nm，如此小的间隔使它们连在一起，呈现带状光谱（band spectrum）。

图4-1是双原子分子的能级示意图，图中 S_0和 S_1表示不同能量的电子能级，在每个电子能级中因振动能量不同而分为若干个 ν =0，1，2，3，…的振动能级，在同一电子能级和同一振动能级中，还因转动能量不同而分为若干个 r =0，1，2，3，…的转动能级。

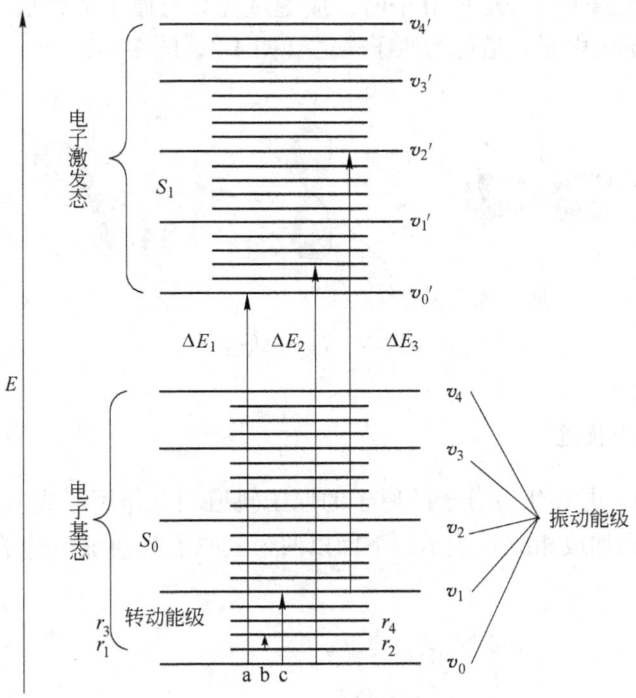

图4-1 电子能级跃迁（a），转动能级跃迁（b）和振动能级跃迁（c）

物质对不同波长具有不同的吸收能力，物质也只能选择性地吸收那些能量相当于该分子振动能变化 ΔE_V、转动能变化 ΔE_r以及电子运动能量变化 ΔE_e的总和的辐射。由于各种物质内部结构的不同，分子的能级也是千差万别，各种能级之间的间隔也互不相同，这样就决定了它们对不同波长光线的选择吸收。如果改变通过某一吸收物质的入射光的波长，并记录该物质在每一波长处的吸光度（A），然后以波长为横坐标、以吸光度为纵坐标作图，这样得到的谱图称为该物质的吸收光谱或吸收曲线。某物质的吸收光谱反映了它在不同的光谱区域内吸收能力的分布情况，可以从波形、波峰强度、位置及其数目看出来，为研究物质的内部结构提供重要的信息。

4.1.4　紫外-可见吸收光谱图

紫外-可见吸收曲线的纵坐标为吸收强度，常用吸光度（A）、摩尔吸光系数（ε）和 $\lg\varepsilon$ 表示；横坐标一般用波长（λ）表示。在光谱图中，最大吸收峰对应横轴的位置（λ_{max}）相当于跃迁时所吸收紫外辐射的波长，是区别不同化合物的定性指标。与最大吸收峰（λ_{max}）对应的摩尔吸光系数 ε_{max}（或 $\lg\varepsilon_{max}$）是化合物的定量指标，吸收强度主要取决于价电子由基态跃迁到激发态的概率和化合物浓度的大小。

4.2　分子轨道和电子跃迁

4.2.1　分子轨道和能级

分子的电子结构和分子吸收光后电子状态的变化等可用分子轨道理论说明。两个以上原子结合形成分子时，成键过程只与原子的外层电子有关，参与成键的电子轨道称为原子轨道（图 4-2、图 4-3）。

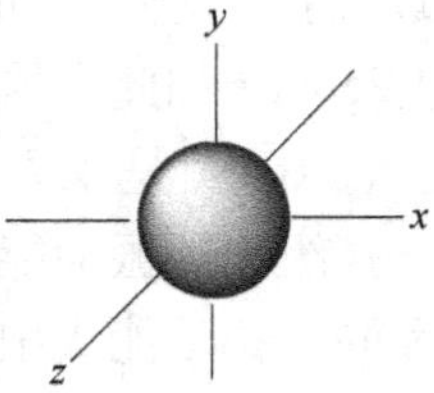

图 4-2　s 原子轨道

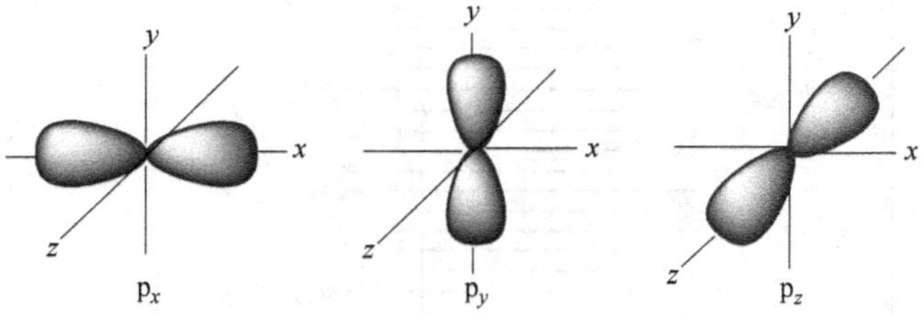

图 4-3　p 原子轨道

4.2.1.1　σ 分子轨道

分子轨道（MO）是由组分分子的原子的原子轨道相互作用形成的。分子轨道可由原子轨道线性组合（相加或相减）表示。下面以两个氢原子 H 组成氢分子（图 4-4）为例介绍分子轨道。

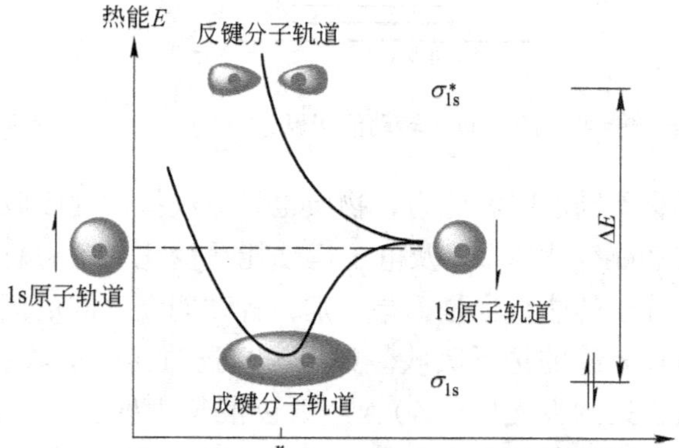

图 4-4　氢分子 σ_{1s} 和 σ_{1s}^* 分子轨道能级图

氢原子的1s原子轨道电子云是球形分布的，当两个氢原子相互靠近时，得到的分子轨道在两个氢核的中间部分电子云密度最大，称为成键分子轨道。得到的分子轨道在两个氢核的中间部分电子云密度为零，称为反键分子轨道。分子轨道的电子云分布对核轴（或键轴）是圆柱对称的称为σ分子轨道，其中成键和反键轨道可分别用σ_{1s}和σ_{1s}^*表示（简写为σ和σ^*）。成键分子轨道的势能E_σ比原子的轨道的势能E低（稳定），而反键分子轨道的势能E_σ^*比原子轨道的势能E高（不稳定），两者的势能差$\Delta E = E_\sigma^* - E_\sigma$。根据Pauli原理，当两个氢原子形成分子时，它们的1s电子首先进入势能较低的σ_{1s}成键分子轨道（但两个电子自旋方向相反），形成σ单键（共价键），因为成键后体系的势能较低，这种稳定的电子结构称为基态；而势能较高的σ_{1s}^*反键结构称为激发态。处于基态的σ电子吸收能量等于ΔE的光子后可以跃迁到不稳定的反键σ^*轨道上（$\sigma \to \sigma^*$跃迁），这时电子云虽然不重叠，单键并没有断裂，其核间距与σ成键轨道一样仍保持不变。在元素周期表中第二周期的原子其2s原子轨道与上述1s原子轨道一样可以形成σ_{2s}和σ_{1s}^*分子轨道，其2p原子轨道也可以形成σ_{2p}和σ_{2p}^*分子轨道（图4-5）；同理3d原子轨道也可形成σ_{3d}和σ_{3d}^*分子轨道。它们的电子云分布对核轴（或键轴）都是圆柱对称的。为了简便起见，一般可省去σ的下标，直接以σ表示成键轨道，以σ^*表示反键轨道，由成键电子构成的共价键称为σ键。

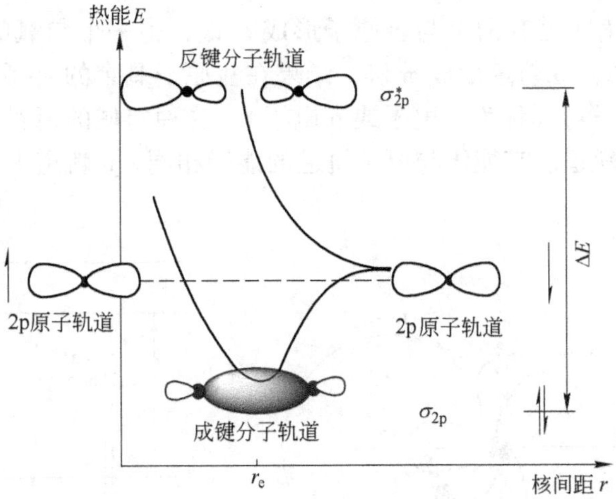

图4-5 σ_{2p}和σ_{2p}^*分子轨道能级图

4.2.1.2 π分子轨道

两个p_y（或p_z）原子轨道肩并肩沿x轴互相靠近时，可以形成两种分子轨道，其电子云分布如图4-6所示，不是圆柱形对称的，单有一个对称平面，称为π分子轨道。其中π成键轨道势能较低为基态；π^*反键分子轨道的势能较高为激发态。π电子吸收$\Delta E = E_{\pi *} - E_\pi$的能量发生$\pi \to \pi^*$跃迁可用乙烯的分子轨道说明，$H_2C{=}CH_2$中的两个碳原子均由$sp^2$杂化形成3个$\sigma$键，两个碳原子剩下的p轨道可行成π键和$\pi^*$反键轨道，气态乙烯分子产生$\pi \to \pi^*$跃迁时吸收光波为$\lambda = 165$ nm（$\varepsilon = 10000$）。

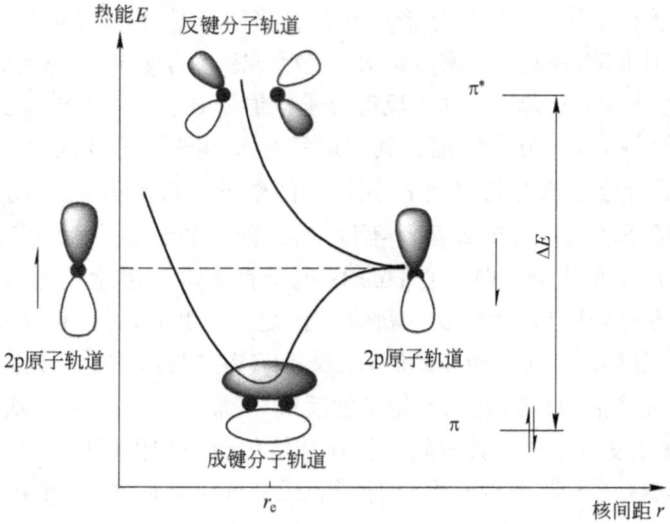

图 4-6　π 成键和 π* 反键分子轨道能级图

4.2.1.3　n 轨道

含有 O、N 或 S 等杂原子的分子，如甲醛 HCHO，其分子轨道能级图如图 4-7 所示，碳原子的 3 个 sp^2 杂化轨道有两个与氢原子形成 σ 键，另一个与氧的 sp 杂化轨道行成 σ 键，碳原子和氧原子的 $2p_z$ 轨道形成 π 键，结果在氧原子剩余的 sp 和 $2p_y$ 轨道上各有两个不参与成键的孤对电子对（称为 n 电子或 p 电子），这种定域的孤对电子对所占有的轨道是非键轨道，称为 n 轨道。其能级与原子轨道的能级相同，n 轨道上的电子受激发后也会发生电子跃迁。

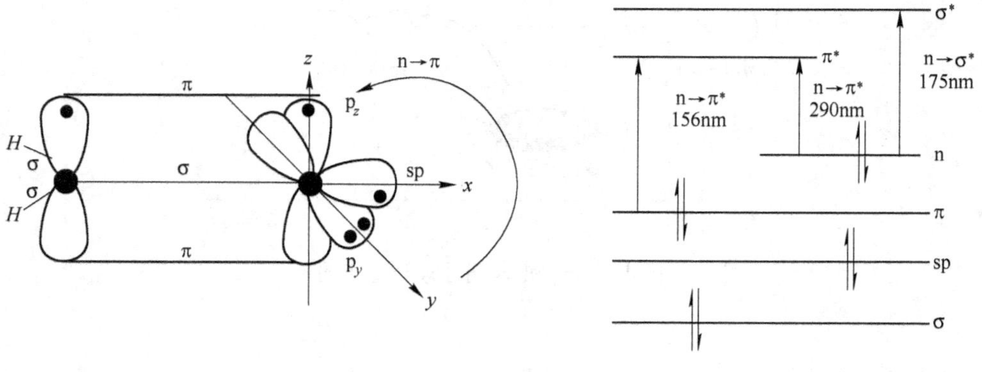

图 4-7　甲醛的分子轨道

4.2.2　电子跃迁

物质的紫外-可见吸收光谱是由于分子中价电子的跃迁而产生的。因此，这种吸收光谱取决于分子中价电子的分布和结合情况。

与紫外吸收光谱有关的有机化合物的价电子有三种：形成单键的 σ 电子，形成双键的 π 电子及氧、氮、硫、卤素等中含有的未成键的孤对电子，即 n 电子。当吸收一定的能量后，这些价电子将跃迁到较高的能级（激发态），此时电子所占的轨道称为反键轨道，而这种特定的跃迁是同分子内部有密切关系的。经常发生的跃迁有 σ→σ*，n→σ*，π→π*，n→π*。图 4-8 显示了这四类跃迁以及它们的相对能级。

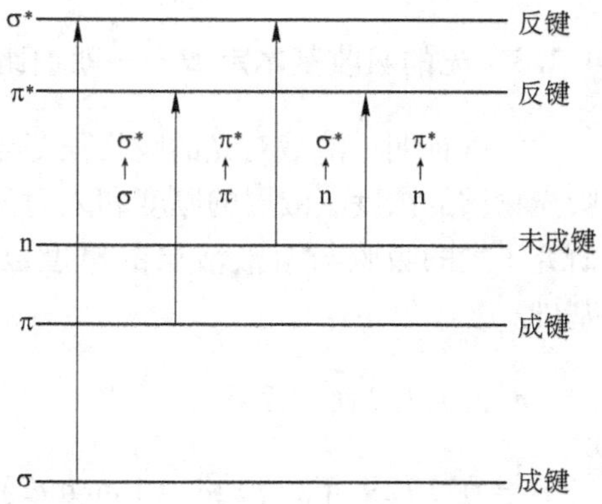

图 4-8 分子的电子能级

（1）σ→σ* 跃迁。这是分子中成键 σ 轨道上的电子吸收辐射后被激发到相应的反键 σ* 轨道上，与其他可能的跃迁相比较，引起 σ→σ* 跃迁所需要的能量很大，吸收光谱一般处于低于 200.0nm 的区域，空气强烈吸收 200nm 以下的紫外光，只有在真空条件下才能观测，故称为真空紫外区。一般 σ→σ* 跃迁发生在饱和烃中，如甲烷只含有一种 C—H 键，其 σ→σ* 跃迁的最大吸收峰在 125nm 处，而乙烷则在 135nm 处有一个 C—H 键的吸收峰。

（2）n→σ* 跃迁。一般含有 n 电子的杂原子的饱和烃和衍生物都可发生 n→σ* 跃迁。如—OH，—NH_2，—X，—S 等基团连接在分子上，杂原子上未成键电子跃迁到 σ* 键，形成 n→σ* 跃迁。这类跃迁所需能量通常与 π→π* 跃迁相近，而比 σ→σ* 跃迁小，可由在 150～250nm 区域内的辐射引起，并且大多数的吸收峰出现在低于 200nm 区域内，因此在紫外区仍不易观察到。如甲醇的 n→σ* 跃迁的最大吸收波长为 184nm，氯仿在 173nm 处有吸收。

（3）π→π* 跃迁。这种跃迁是由含有双键的有机化合物产生的。π 电子比较容易激发，产生的吸收峰出现在波长大于 200nm 的区域内，为强吸收。例如乙烯在 180nm，苯在 203nm 出现吸收峰。

（4）n→π* 跃迁。在有机化合物的分子中同时存在有未成键电子的原子和 π 键时，才有这种跃迁，如含有 >C═O，>C═S，—N═O，—NO_2，—N═N—等杂原子的双键化合物。该跃迁的能量较小，故吸收峰出现在波长较长范围，吸收强度一般较弱。例如，丙酮在 280nm 有吸收峰，$\varepsilon = 10 \sim 30$ L/(mol · cm)。

π→π* 的跃迁几率比 n→π* 大 100～1000 倍，属于强吸收带，ε_{max} 达 10^4 L/(mol · cm)，而 n→π* 吸收谱带强度小，一般 ε_{max} 小于 500 L/(mol · cm)。另外，在 π→π* 跃迁中，激发态极性大于基态，当使用极性大的溶剂时，由于溶剂与溶质相互作用，激发态 π* 比基态 π 的能量下降更多，因而激发态与基态之间的能量减少，导致吸收谱带 λ_{max} 向波长区移动，称为红移。而 n→π* 在跃迁中，基态 n 电子与极性溶剂形成氢键，降低了基态能量，使激发态与基态之间能量差变大，导致吸收谱带 λ_{max} 向短波长区移动，称为蓝移。

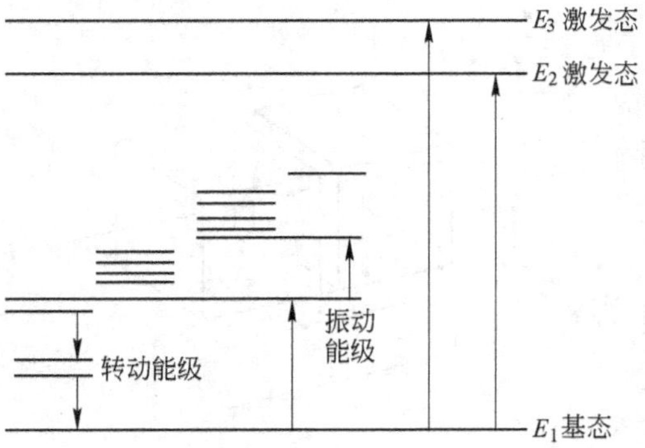

图 4-9 能级跃迁示意图

图 4-9 显示了能级跃迁的过程。

4.2.3 光的吸收基本定律——朗伯比尔定律

实践证明，溶液对光的吸收程度与该溶液中吸光物质的浓度、液层的厚度和入射光的强度有关。朗伯（Lambert）和比尔（Beer）分别研究了光的吸收与溶液液层的厚度以及溶液浓度的定量关系，奠定了分光光度法的理论基础。

4.2.3.1 朗伯定律

早在 1729 年，波格（Bouguer）首先发现物质对光的吸收与吸光物质的厚度有关。之后，他的学生朗伯（Lambert）进一步研究，并于 1760 年指出：如果溶液的浓度一定，则光的吸收程度与液层的厚度成正比，这个关系称为朗伯定律，用式（4-3）表示：

$$A = \lg \frac{I_0}{I_t} = k_1 b \qquad (4\text{-}3)$$

式中 A——吸光度；

I_0——入射光强度；

I_t——透射光强度；

k_1——比例常数；

b——液层厚度（光程长度）。

4.2.3.2 比尔定律

1852 年，比尔（Beer）研究了各种无机盐水溶液对红光的吸收后指出：光的吸收与光所遇到的吸光物质的数量有关：如果吸光物质溶于不吸光的溶剂中，则吸光度与吸光物质的浓度成正比。也就是说，当单色光通过液层厚度一定的有色溶液时，溶液的吸光度与溶液的浓度成正比，这个关系称为比尔定律，用下式表示：

$$A = \lg \frac{I_0}{I_t} = k_2 c \qquad (4\text{-}4)$$

式中 c——有色溶液的浓度；

k_2——比例常数。

4.2.3.3 朗伯-比尔定律

将朗伯定律与比尔定律合并起来，就称为朗伯-比尔定律。如图 4-10 所示，当一束平行单色光通过液层厚度为 b 的有色溶液时，溶质吸收了光能。光的强度就要减弱。溶液的浓度愈大，光通过的液层厚度愈大，则光被吸收得愈多，光强度的减弱也愈显著。描述它们之间定量关系的定律称为朗伯-比尔定律。

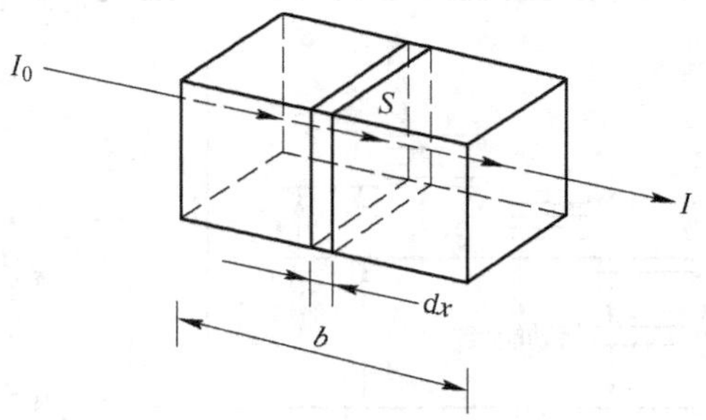

图 4-10 朗伯-比尔定律示意图

$$A = \lg \frac{I_0}{I_t} = abc$$

式中，比例常数 a 称为吸光系数；A 为无因次量；通常 b 以 cm 为单位，如果 c 以 g/L 为单位，则 a 的单位为 L/（g · cm）。如 c 以 mol/L 为单位，则此时的吸光系数称为摩尔吸光系数，用符号 ε 表示，单位为 L/（g · cm）。于是上式可改写为：

$$A = \varepsilon bc$$

式中，ε 是吸光物质在特定波长和溶剂的情况下的一个特征常数，数值 1 等于 1mol/L 吸光物质在 1cm 光程中的吸光度，是物质吸光能力的量度。它可作为定性鉴定的参数，也可用以估量定量方法的灵敏度：ε 值愈大，方法的灵敏度愈高。

4.2.4　偏离比尔定律的原因

偏离比尔定律的原因如下。

（1）引起偏离比尔定律的主要原因是目前仪器不能提供纯的单色光。朗伯-比尔定律的基本假设条件是入射光为单色光。但目前使用的入射光实际上是由波长范围较窄的光带组成的复合光。由于物质对不同波长光的吸收程度不同，因而引起了对比尔定律的偏离，如图 4-11 所示。

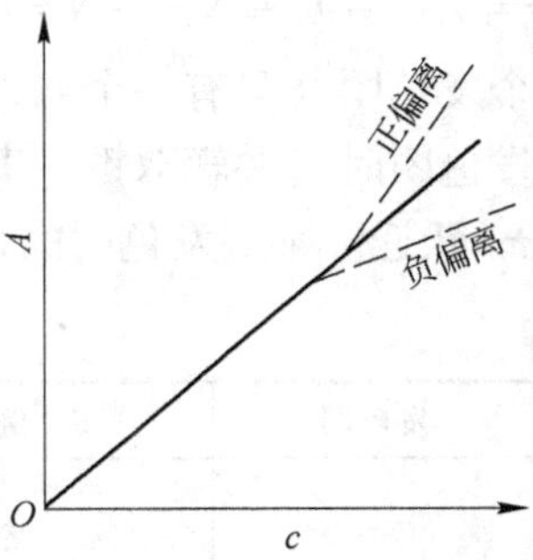

图 4-11　光度分析工作曲线

在实际工作中，特别是在溶液浓度较高时，常会出现标准曲线在浓度较高的范围不成直线（如图 4-12 虚线所示）的现象，这种现象称为偏离比尔定律。

（2）朗伯-比尔定律仅适用于稀溶液。朗伯-比尔定律的基本假设除要求入射光是单色光外，还假设吸收粒子是独立的，彼此之间无相互作用，因此稀溶液能很好地服从该定律。在高浓度时（通常浓度大于 0.01mol/L），由于吸收组分粒子间的平均距离减小，以致每个粒子都可影响其邻近粒子的电荷分布，这种相互作用可使它们的吸光能力发生改变。由于相互作用的程度与浓度有关，随浓度增大，吸光度与浓度间的关系就偏离线性关系，所以一般认为比尔定律仅适用于稀溶液。

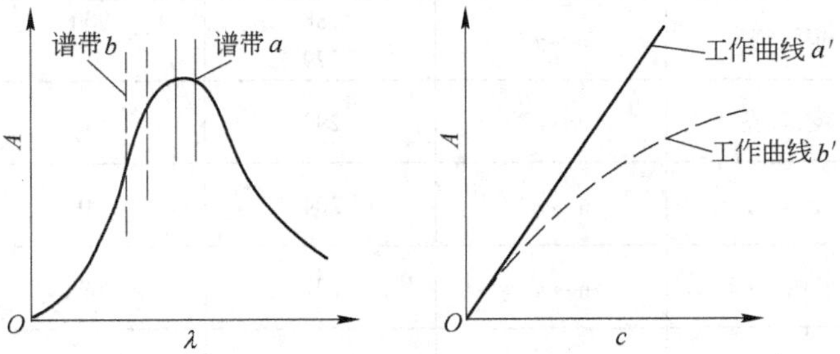

图 4-12　复合光对比尔定律的影响

4.3　紫外-可见吸收光谱常用术语

紫外-可见吸收光谱常用术语如下。

（1）吸收光谱。

吸收光谱（absorption spectrum）又称吸收曲线，是以波长 λ（nm）为横坐标、以吸光度（absorbance，A）或透射比（transmittance，T）为纵坐标所绘的曲线。

（2）吸收峰。

吸收峰（absorption peak）是吸收曲线上吸光度最大的地方，它所对应的波长称为最大吸收波长（λ_{max}）。

（3）波谷。

谷（valley）是峰与峰之间的最低部位，其对应的波长称最小吸收波长（λ_{min}）。

（4）肩峰。

在一个峰旁边产生的曲线，称为肩峰（shoulder peak）。

（5）发色团。

发色团（chromophore）或称生色团，是指在一个分子中产生紫外吸收带的官能团，发色团的电子结构的特征是具有一个 π 电子，不饱和化合物中具有 π 电子的基团 C＝C，C＝O，—C≡N，—N＝N—，—N＝O—，—NO_2 等都是发色团。大量的实验数据表明单个发色团（只有一个双键）的 $\pi\to\pi^*$ 跃迁虽是强吸收，但却在远紫外，当分子具有多个发色团时（共轭双键）其吸收出现在近紫外区。发色团对应的跃迁类型是 $\pi\to\pi^*$ 和 $n\to\pi^*$ 跃迁。某些发色团的特征见表 4-1。

表 4-1 某些发色团的特征

发色图	实 例	跃迁类型	λ_{max}	ε_{max}	溶 剂
>C=C<	乙 烯	$\pi\to\pi^*$	165	10000	气 态
—C≡C—	乙 炔	$\pi\to\pi^*$	173	6000	气 态
>C=O	丙 酮	$n\to\sigma^*$	188 279	900 15	正己烷
>C=O	乙 醛	$n\to\pi^*$	290	16	庚 烷
>C=O	乙 酸	$n\to\pi^*$	204	60	水
>C=O	乙酸乙酯	$n\to\pi^*$	207	69	石油醚
>C=O	乙酰氯	$n\to\pi^*$	235	53	正己烷
>C=O	乙酰胺	$n\to\pi^*$	214	60	水
>C=N—	丙酮肟	$\pi\to\pi^*$	190	5000	水
>C=S	丙硫酮	$n\to\pi^*$	400	20	水
—C≡N	乙 腈	$\pi\to\pi^*$	<160		
—N=N—	重氮甲烷	$n\to\pi^*$	347	3.5	二氧六环
—N=O	亚硝基丁烷	$n\to\pi^*$	300 665	100 20	乙 醚
—ONO	亚硝酸戊酯	$\pi\to\pi^*$ $n\to\pi^*$	217.5 345.5	1120	石油醚

续表 4-1

发色图	实　例	跃迁类型	λ_{max}	ε_{max}	溶　剂
—NO_2	硝基甲烷	n→π*	271	17.6	乙　醇
—ONO_2	硝酸乙酯	n→π*	270	12	二氧六环
>SO_2	二甲砜		<160		

（6）助色团。

助色团（auxochrome）是与生色团或饱和烃相连且能使吸收峰向波长方向移动，并使吸收强度增加的原子或原子团，如—OH、—NH_2、—OH、—OR、—SR、—Cl、—SO_3H、—COOH及卤素等，这些基团至少有一对能与 π 电子相互作用的 n 电子，这些基团本身在紫外和可见光区无吸收，当它们连接到发色团上的时候，n 电子与 π 电子相互作用（相当于增大了共轭体系使 π 轨道间能级差 ΔE 变小），所以使发色团的最大吸收波长往长波长位移，并且有时吸收峰强度增加。助色团对应的跃迁类型是 n→π* 跃迁，“助色”能力即使发色团的吸收峰位置向波长方向位移的距离大体上是：—F < —CH_3 < —Cl < —Br < —OH < —OCH_3 < —NH_2 < —$NHCH_3$ < —N（CH_3）$_2$ < —NHC_6H_5 < —O^-。

（7）红移和蓝移。

某有机化合物因反应引起含有未共享电子对的基团使吸收向长波长移动的现象称为长移或红移（red shift），这些基团称为向红基团；相反，吸收峰向短波长移动的现象称为短波或蓝移（blue shift）效应，引起蓝移效应的基团称为向蓝基团。另外，吸收强度增加的现象称为浓色效应或增色效应（hyperchromic effect）；使吸收强度降低的现象称为减色效应（hypochromic effect）（图 4-13）。表 4-2 列举了部分向红基团和向蓝基团。

表 4-2　部分向红基团和向蓝基团

向红基团	—NH	—Cl	—Br	—SH	—NR_2	—OR	—SR	—I	—NHR
向蓝基团	—CH_2	—CH_2CH_3	—$OCOCH_3$						

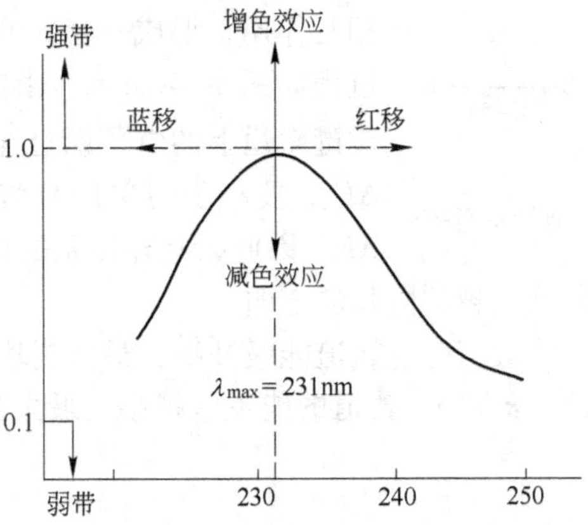

图 4-13　紫外-可见吸收光谱常用术语说明

（8）吸收带。

吸收峰在紫外可见吸收光谱中的波带位置称为吸收带，一般分为四种。

1）R 吸收带。R 吸收带是由发色团如（如 C ═O，—NO_2，—CHO 等）的 n→π^*跃迁而产生的。它的特点是：跃迁所需能量较少，通常在 200 ~ 400nm；跃迁概率小，一般 ε < 100 属于弱吸收。

2）K 吸收带。K 吸收带是由共轭体系的 π→π^*跃迁产生的。他的特点是：跃迁所需要的能量较 R 吸收带大，通常在 217 ~ 280nm；跃迁概率大，一般摩尔吸收系数大于 1.0 × 10^4K，吸收带的波长及强度与共轭体系数目、位置、取代基的种类等有关。随着共轭体系的增长，K 吸收带向长波长方向移动——相当于 200 ~ 700nm，吸收强度增加。

K 吸收带是共轭分子的特征吸收带，因此用于判断化合物的共轭结构。这是紫外-可见吸收光谱中应用最多的吸收带。

3）B 吸收带。B 吸收带是有芳香族化合物的 π→π^*跃迁产生的，在 230 ~ 270nm 之间有一系列吸收峰，称为精细结构吸收带。λ_{max} = 254nm，$\varepsilon = 10^2$，当苯环上有取代基且与苯环共轭或在极性溶剂中测定时，苯的精细结构部分消失或全部消失。

4）E 吸收带。E 吸收带是有芳香族化合物的 π→π^*跃迁产生的，可分为 E_1 和 E_2。E_1 带在 184nm 处为强吸收，$\varepsilon > 10^4$，由于在远紫外区，不常用。E_2 带在 204nm 处为较强吸收，$\varepsilon > 10^3$。B 吸收带和 E 吸收带是芳香族化合物的特征吸收带，常用来判断化合物中是否有芳香环存在。

4.4　影响紫外-可见吸收光谱的一些因素

紫外-可见光谱吸收带的位置易受分子中结构因素和测定条件等多种因素的影响，其核心是对分子中电子共轭结构的影响。

4.4.1　共轭效应

分子中若有共轭体系存在，则吸收光谱与没有共轭体系的情况有很大不同。在简单的烯烃中，π→π^*跃迁发生在 165 ~ 200nm 范围内，而 1，3-丁二烯由于两个双键的共轭，λ_{max} 红移至 217nm，其原因在于共轭体系中每个双键的 π 轨道相互作用，形成一套新的成键及反键轨道，该作用过程如图 4-14 所示。由图中看出，共轭烯中由 π_2 成键轨道上的电子跃迁至 π^* 反键轨道需要的能量 $\Delta E'$，要小于简单的烯烃中 π→π^* 跃迁所需能量 ΔE。因此，共轭体系的形成使 λ_{max} 红移。并且共轭体系越长，紫外光谱的最大吸收越移向长波方向。

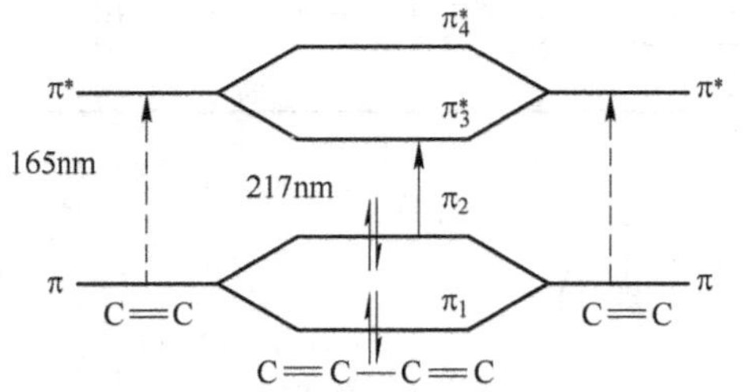

图 4-14　1，3-丁二烯分子轨道能级示意图

共轭体系的形成使分子的最高已占轨道能级升高，最低空轨道能级降低，π→π^*跃迁的能量降低。共轭体系越长，π 和 π^* 轨道的能量差越小，最大吸收波长越移向长波方向，吸收强度也增大。

4.4.2　立体化学效应

立体化学效应（stereochemical effect）是指空间位阻、构象、跨环共轭等因素导致吸收光谱的红移或蓝移，并常伴随有增色或减色效应。

空间位阻（steric hindrance）妨碍分子内共轭的发色基团处于同一平面，使共轭效应（conjugative effect）减小甚至消失，从而影响吸收带波长的位置。

跨环效应（corss-ring effect）是指两个发色基团虽不共轭，但由于空间的排列，使他们的电子云仍能相互作用，使 λ_{max} 和 ε_{max} 改变。

4.4.3 体系 pH 值的影响

pH 值的改变可能引起共轭体系的延长或缩短，从而引起吸收峰位置的改变，对一些不饱和酸、烯醇、酚及苯胺类化合物的紫外光谱影响很大。如果化合物溶液从中性变为碱性时，吸收峰发生红移，表明该化合物为酸性物质；如果化合物溶液从中性变为酸性，吸收峰发色蓝移，表明化合物可能为芳胺。

4.4.4 溶剂效应

溶剂极性的不同也会引起某些化合物的吸收峰发生红移或蓝移，这种作用称为溶剂效应（solvent effect）。增加溶剂的极性使 $\pi \to \pi^*$ 跃迁红移，但却使 $n \to \pi^*$ 跃迁发生蓝移。这是因为在 $\pi \to \pi^*$ 跃迁中，激发态的极性大于基态，当溶剂的极性增强时，由于溶剂与溶质相互作用，是溶质的分子轨道 π^* 能量下降幅度大于 π 成键轨道，因而使 π^* 与 π 间的能量差减少，导致吸收峰 λ_{max} 红移。但在 $n \to \pi^*$ 跃迁中，溶质分子的 n 电子与极性溶剂形成氢键，降低了 n 轨道的能量，是 n 与 π^* 轨道间的能量差增大，引起吸收带 λ_{max} 蓝移。

溶剂还会影响吸收光谱的强度和溶质分子光谱的精细结构。一般来说，溶剂的极性增大会使溶质的精细结构清晰度减弱，甚至完全消失而呈一个宽峰。所以，在溶解度容许范围内，应选择使用极性较小的溶剂。另外，溶剂本身也有自己的吸收光谱，该光谱如果与溶质的吸收光谱有重叠，就会影响对溶质吸收带的观察。紫外吸收光谱分子中常用的溶剂都有一个波长限度，低于此限度时溶剂的吸收必须加以考虑，选择溶剂时要注意这一点。表 4-3 列出了部分溶剂的最低使用波长限度。

表 4-3 部分溶剂的最低使用波长限度

溶　剂	波长极限/nm	溶　剂	波长极限/nm
乙醚	220	甘油	220
环己烷	210	1，2-二氧乙烷	230
正丁醇	210	二氯甲烷	233
水	210	氯仿	245
异丙醇	210	乙酸正丁酯	260
甲醇	210	乙酸乙酯	260
甲基环己烷	210	甲酸甲酯	260
96% 硫酸	210	甲苯	285
乙醇	215	吡啶	305
2，2，3-三甲戊烷	215	丙酮	330
对二氧六环	220	二硫化碳	380
正乙烷	220	苯	280

4.4.5　仪器狭缝宽度的影响

分光光度计单色器分出来的单色光是通过狭缝截获得到的，如果狭缝的质量不好或者开得太大，所截获得到的单色光波长的单一性差，杂波就会与测定波长一起进入待测样品干扰测定，引起测定误差。

4.4.6　背景吸收的影响

待测样品中存在着一些杂质，在待测样品所测定的波长有较大的光吸收，造成背景吸收，使待测物质的吸光值增加或引起待测物质的吸收光谱相重叠。

4.5　重要有机化合物的紫外-可见吸收光谱

4.5.1　共轭烯烃和伍德沃特-菲希规则

表 4-4 列出了共轭体系对最大吸收和摩尔消光系数的影响。

表 4-4　共轭体系的延长对 λ_{max} 和 ε_{max} 的影响

在 H（CH ═CH）$_n$H 中 n	λ_{max}/nm	ε_{max}/L·(mol·cm)$^{-1}$	颜　色
1	162	10000	无色
2	217	21000	无色
3	258	35000	无色
4	296	52000	无色
5	335	118000	浅黄
8	415	210000	橙
11	470	185000	红
15	547	150000	紫

Woodward 和 Fleser 研究了大量的烯烃化合物，特别是萜烯和甾族化合物，总结出计算共轭烯烃 λ_{max} 的经验公式，列在表 4-5 中。

表 4-5　计算共轭烯烃 λ_{max} 的 Woodward-Fleser 规则

基团和取代基	λ_{max}/nm	基团和取代基	λ_{max}/nm
发色团 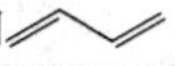	214	极性取代基	
在任一位置的烷基取代基	+5	—OAc	0
每个环外双键 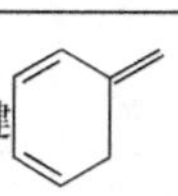	+5	—OR	+6
每多一个共轭双键	+30	—SR	+30
同环二烯	+39	—Cl，—Br —NR_2 溶剂校正	+5 +60 0

续表 4-5

基团和取代基	λ_{max}/nm	基团和取代基	λ_{max}/nm
举例（取代基增值）	C═C—C═C 1　1	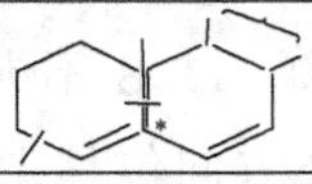	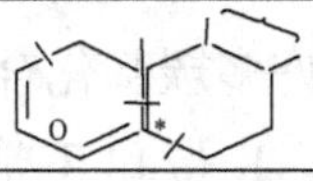
—┼— 烷基取代基（5）	×2＝10	×3＝15	×3＝15
＊环外双键（5）	×0	×1＝15	×1＝15
＋额外共轭双键（30）	×0	×0	×0
◎ 同环双键（39）	×0	×0	×1＝39
发色团基值	214	214	214
计算值 λ_{max}/nm	224	234	273
观测值 λ_{max}/nm	226	235	275

在计算化合物的 λ_{max} 时，需注意环的张力和发色团偏离共轭平面会导致较大的计算误差。

如果在一个分子内有两个独立的共轭体系，则以较大的 λ_{max} 作为计算值。未参与共轭的═CH_2 基团虽然也可位于环外，但不作为环外双键计算。

通过对 λ_{max} 的计算，可以帮助确定未知物的结构。例如：

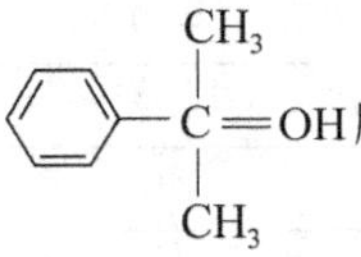

脱水反应可得产物：(Ⅰ)

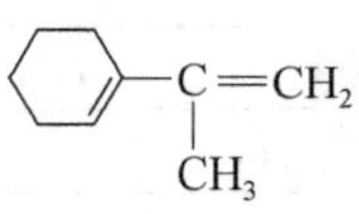

或

(Ⅱ)

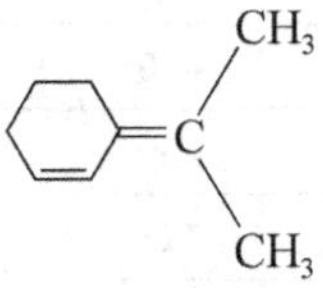

，实测 λ_{max}=242nm，计算(Ⅰ) λ_{max}= 214+5×3=229nm

(Ⅱ) λ_{max}= 214+5×4+5×1=239nm

因此，结构（Ⅱ）是正确的。

4.5.2　非共轭羰基化合物

饱和酮和醛在 275～295nm 表现出一条弱的 R 吸收带。在酸、酯、酰胺和巯酸等类化合物中，由于助色团上 n 电子的 p-π 共轭作用，提高了 π^* 轨道的能级，导致它们的 λ_{max} 蓝移至 200～215nm 范围，如表 4-6 所示。

表 4-6　饱和羰基化合物的 λ_{max} 和 ε_{max}

化 合 物	λ_{max}/nm	ε_{max}/L·(mol·cm)$^{-1}$
醛	约 289	10～50
酮	约 280	10～100
环己烷	约 291	15
酸（RCO_2H）	约 205	10～100
酯（RCO_2R'）	约 205	10～100
酰胺（$RCONR'_2$）	约 205	～100
巯酸（RCOSH）	约 219	1000

4.5.3　α，β-不饱和羰基化合物

许多羰基化合物同时含有 α，β-不饱和键，它们之间的共轭作用导致 π^* 轨道能级的降低。K 带和 R 带均向长波方向位移 15 ~ 45nm。例如丁烯醛（CH_3—CH ═CH—CHO）在乙醇溶液中表现一个 K 带（λ_{max} = 220nm，ε_{max} = 1500）和一个 R 带（λ_{max} = 322nm，ε_{max} = 28），两者分别来自 $\pi \to \pi^*$ 和 $n \to \pi^*$ 跃迁。表 4-7 列出的经验数据可用于计算共轭羰基化合物强吸收带（K 带）的最大吸收波长。

表 4-7　不饱和羰基化合物 $\pi \to \pi^*$ 吸收带的计算规则

δ　γ　β　α —C ═C—C ═ C═O │ R		λ/nm
酮的基值（无环、六元环或大于六元环酮）		215
醛		-5
羰酸或酯		-20
每个烷基取代基：α		+10
β		+12
γ，δ，...		+18
如有其他共轭双键：		
每个环外双键		+5
每个额外的共轭双键（不能把它认为取代基）		+30
同环共轭二烯		+39
在五元环中的 α，β 键		-13
极性取代基：		
—OH	α	+35
	β，γ	+30
	δ	+50
—OAc	α，β 或 δ	+6
—OR	α	+35
	β	+30
	γ	+17
	δ	+31
—SR	β	+85
—Cl	α	+15
	β	+12
—Br	α	+25
	β	+30
—NR_2	β	+95

注：溶剂校正值：乙醇、甲醇 0；三氯甲烷 +1；二氧六环 +5；乙醚 +7；己烷、环己烷 +11；水 -8。

4.5.4 芳香族化合物

4.5.4.1 苯衍生物的吸收光谱

苯在紫外区有三条吸收带，如图 4-15 所示。

E_1带——185nm，$\varepsilon=60000$；

E_2带——204nm，$\varepsilon=7400$；

B带——230～270nm（中心 254nm），$\varepsilon=204$。

其中 B 带来自对称禁阻的跃迁，是弱带。可看到6 条振动精细结构。在气态或非极性溶剂中振动精细结构比在极性溶剂中清楚得多。

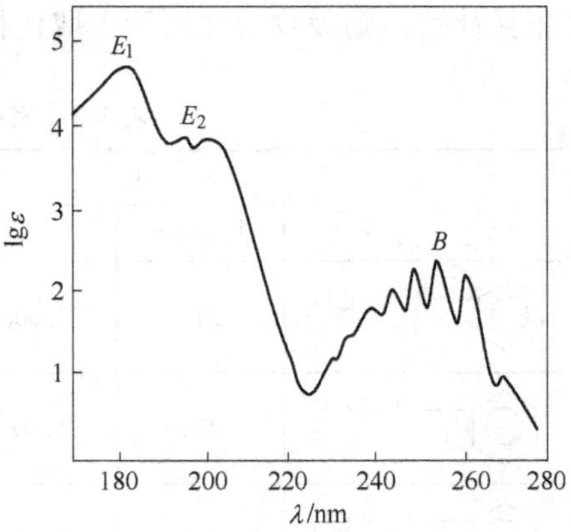

图 4-15 苯的紫外光谱

取代基对苯的紫外光谱有很大影响。

（1）烷基取代。

烷基取代使苯的 B 带稍向长波位移。在非极性溶剂中仍可看到振动精细结构。如甲苯，261nm（ε ═300），1，3，5-三甲苯，266nm（$\varepsilon=305$）；叔丁基苯，257nm（$\varepsilon=170$）。

（2）助色团取代。

含有 n 电子的取代基，如 OH，NH_2等。由于 p-π 共轭作用使 E 带和 B 带发生红位移，强度也增加，B 带精细结构消失。溶液 pH 值对苯胺类和酚类化合物的紫外光谱有很大影响，例如苯胺在酸性介质中会形成苯氨盐，氨基的 n 电子消失，失去了 p-π 共轭作用，其紫外光谱类似于苯：

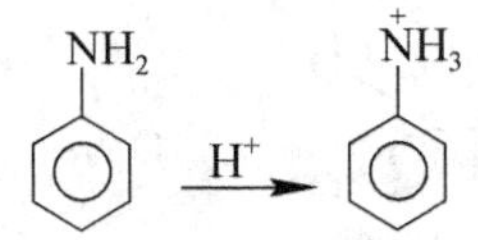

λ_{max}/nm	230（E_2）	280（B）	203(E_2)	254（B）
ε	8600	1430	7500	160

酚类化合物在碱性溶液中解离成苯酚阴离子，由于氧负离子的额外供电作用而使 E_2带、B 带进一步红移，强度增加。

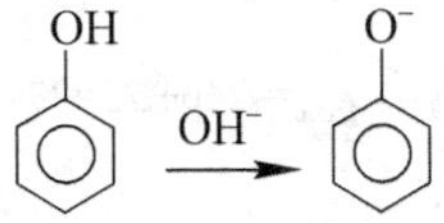

λ_{max}/nm	211（E_2）	270（B）	235（E_2）	287(B)
ε	6200	1450	9400	2600

利用紫外光谱与 pH 值的关系，可以方便地鉴定这两类化合物。

（3）发色团取代。

由于发色团双键与苯环的共轭作用。在 220～250nm 范围内出现 K 带，同时苯环原有的 B 带发生显著的红移。如果发色团具有 R 带，有时还可见到红移的弱 R 带。如表 4-8 所示。

在双取代苯衍生物中，如果两个取代基在电性质上是互补的，如氨基和硝基处于对位，则 n 电子从供电基向吸电基移动，导致主吸收带的显著红移。当两个取代基电性质是非互补的，则吸收带接近于单取代衍生物。

表 4-8　某些发色团取代苯衍生物的紫外光谱

	K 带		B 带		R 带		溶　剂
	λ_{max}/nm	ε	λ_{max}/nm	ε	λ_{max}/nm	ε	
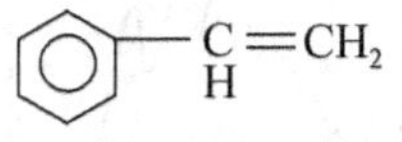	244	12000	282	450	—	—	乙醇
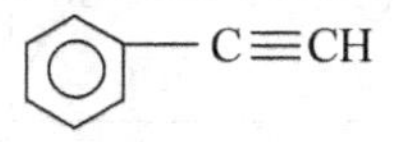	236	12500	278	650	—	—	己烷
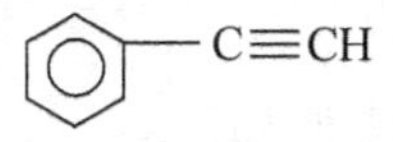	244	15000	280	1500	328	20	乙醇
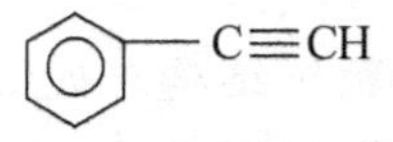	240	13000	278	1100	319	50	乙醇
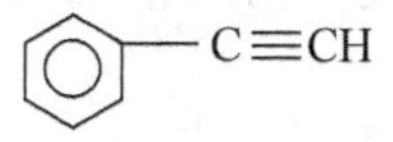	230	10000	270	800	—	—	水
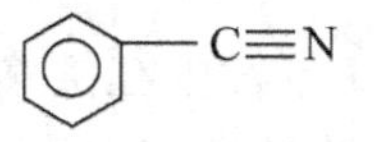	224	13000	271	1000	—	—	水
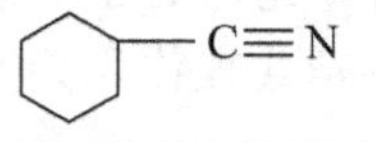	252	10000	280	1000	330	125	己烷

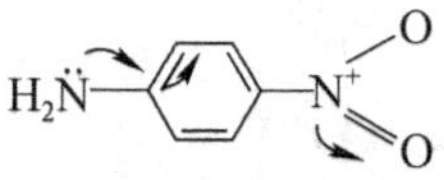

λ_{max}=375nm,ε=16000

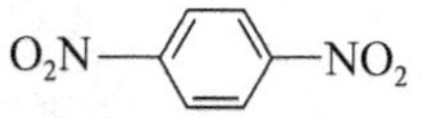

λ_{max}=260nm,ε=13000

对于含有共轭羰基的多取代苯衍生物，可用表 4-9 的经验参数计算它们的 K 带的吸收波长。计算实例：

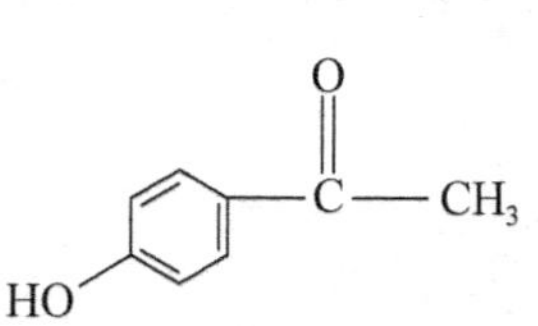

λ_{max}= 246+ 25=271nm,观测值276nm

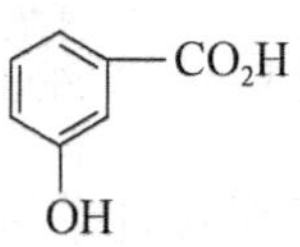

λ_{max}= 230+ 7=237nm,观测值237nm

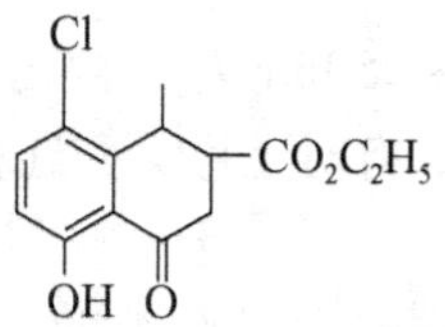

λ_{max}= 246+0−环残余+0−OH+m−Cl
= 246+3+7+0=256nm,观测值257nm

表 4-9 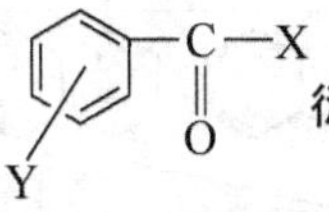 **衍生物吸收带计算参数**

项　　目	Y 取代基位置	$\lambda_{max}^{乙醇}$/nm
发色团基值		
酮（X ═烷基或环残余）		246
醛（X ═H）		250
酸或酯（X ═OH 或 OR）		230
取代基		
烷基或环残余	*o*—，*m*—	3
	p—	10
OH，OR	*o*—，*m*—	7
	p—	25
O—	*o*—	11
	m—	20
	p—	78
Cl	*o*—，*m*—	0
	p—	10
Br	*o*—，*m*—	2
	p—	15
NH_2	*o*—，*m*—	13
	p—	58
HC —N—CH_3 ‖ O	*o*—，*m*—	20
	p—	45
—$NHCH_3$	*p*—	73
—N（CH_3）$_2$	*o*—，*m*—	20
	p—	85

4.5.4.2 稠环芳香族化合物

这类化合物的紫外光谱较复杂，稠环的环数愈多，共轭体系愈大 λ_{max} 红移愈多，甚至延伸至可见光区。如萘、蒽和并四苯的紫外光谱示于图 4-16 中，谱带位置和峰形可用于稠环化合物的测定。

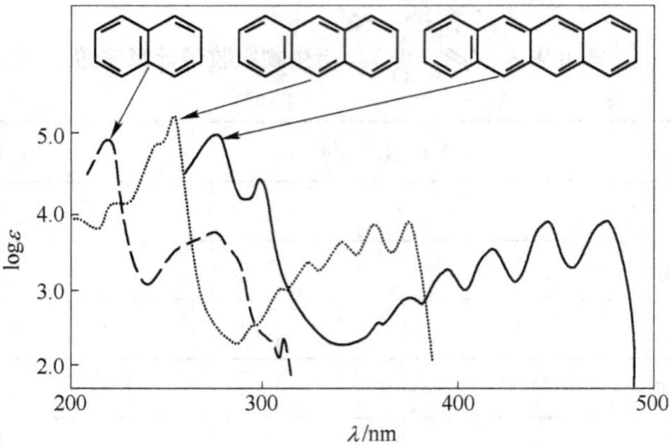

图 4-16　萘、蒽和并四苯的紫外光谱

环上非共轭取代基对它们的紫外光谱影响不大。若想鉴定光谱中的每条吸收带是困难的，最好是通过与标准谱图对比来鉴定稠环化合物的类型。

4.5.4.3　杂环芳香化合物

杂环芳香化合物的紫外光谱与相应的芳烃及其取代衍生物大致相似。如吡啶的光谱与硝基苯相似，但吸光强度有所差别：

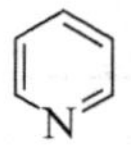

λ_{max}/nm	ε
251(E_2)	2200
270(B)	450

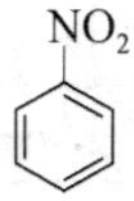

λ_{max}/nm	ε
252(K)	10000
270(B)	800

异喹啉具有与萘相似的紫外光谱：

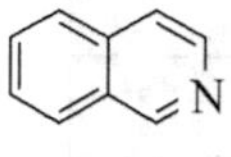

$\lambda_{max}^{CHCl_3}$/nm	ε
218	79000
266	3900
305	2000
318	3000

取代基的性质和位置也对杂环化合物的紫外光谱有很大影响。如羰基在吡咯仲氨基的邻位时，氮原子上孤对 n 电子与羰基共轭使 λ_{max} 明显红移：

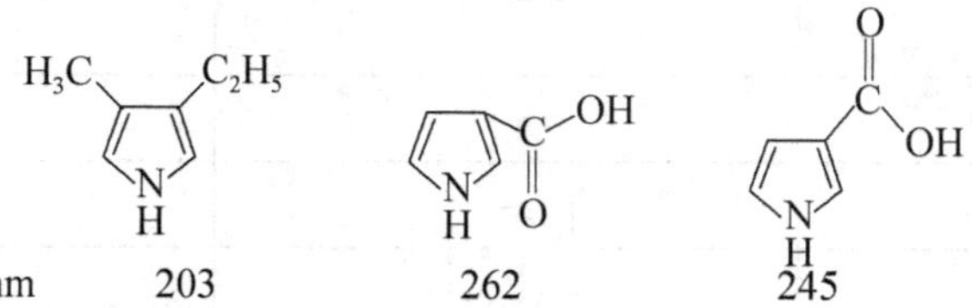

λ_{max}/nm	203	262	245
ε	5670	12000	4800

4.6　实验技术

4.6.1　样品制备

紫外-可见吸收光谱法测定通常是在溶液中进行，固体样品需转变成溶液，无机样品用合适的酸溶解或用碱熔融，有机样品用有机溶剂溶解或抽提。有时需先经湿法或干法将样品消化，然后再转化成适于光度测定的溶液。

对光谱分析溶剂的要求是良好的溶解能力，在测定波段没有明显的吸收，被测组成在溶剂中具有良好的吸收峰形，挥发性小、不易燃、无毒性、价格便宜等。表4-10给出了紫外-可见吸收光谱法测定中常用的溶剂。

表4-10 紫外-可见吸收光谱法测定中常用的溶剂

溶　剂	波长/nm	溶　剂	波长/nm
水	200	乙酸	250
正己烷	200	乙酸戊酯	250
正庚烷	200	甲酸	255
甲醇	210	乙酸乙酯	255
乙醇	210	四氯化碳	265
异丙醇	210	苯	280
环己烷	210	石油醚	297
甘油	230	吡啶	305
氯仿	245	丙酮	330
二氯乙烷	245		

4.6.2 测定条件的选择

为了使测定获得比较满意的结果，必须注意选择合适的测定条件。

（1）波长。一般根据待测组分的吸收光谱，选择最大吸收波长 λ_{max} 作为测定波长，这样灵敏度最高，同时吸光度随波长的变化最小，可以得到较好的测定精度。但在实际工作中，并不一定选择 λ_{max}，例如待测组分的 λ_{max} 受到共存杂质干扰，或待测组分的浓度太高等，可以选用其他吸收峰进行测定。

（2）狭缝宽度。狭缝经直接影响测定的灵敏度和工作曲线的线性范围。狭缝宽度太大，会使灵敏度下降，工作曲线的线性范围变窄；狭缝宽度太小，入射光强度太弱，也不利于测定。一般在不减少吸光度时的最大狭缝宽度就是应该选取的合适的狭缝宽度。

（3）吸光度范围。图4-17是吸光度与测定相对误差的关系曲线。由图可知，吸光度在0.2～0.8之间时，吸光度测定误差最小。因此，应把待测组分浓度的吸光度控制在0.2～0.8之间。

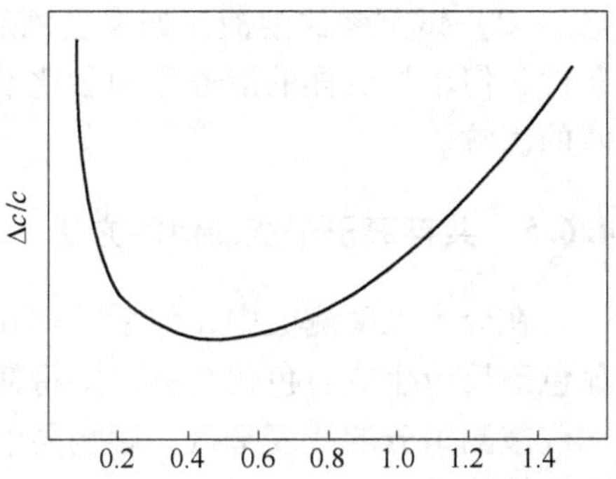

图4-17 相对误差 $\Delta c/c$ 与吸光度的关系曲线

4.6.3 反应条件的选择

测定无机金属离子时，通常都加入显色剂，生产显色物质，然后进行分光光度测定。显色反应一般应满足生产物的有色化合物有较大的摩尔吸收系数，有较高的选择性，有色化合物组成应恒定，稳定性好及生成物与显色剂的 λ_{max} 的差值一般应大于60nm。实际工作中同时满足上述条件的显色反应不多，因此必须重视反应条件的选择。

(1) 溶液酸度。

溶液酸度对待测组分的测定有显著影响，它直接影响待测组分的吸收光谱、显色剂形态、待测组分的化合状态及显色化合物组成。在实际工作中常用单因素实验来确定适宜的溶液酸度，即将待测组分与显色剂浓度固定，改变溶液的酸度、测定溶液的吸光度与酸度的曲线关系，从中找出最佳酸度范围。为了使溶液保持一定的酸度，加入缓冲溶液是必要的。分光光度测定中常用的缓冲溶液有：

1) $NaH_2PO_4 + HCl$（pH 值 3）;

2) $NaAc + HCl$（pH 值 5）;

3) $KH_2PO_4 + NaOH$（pH 值 7）;

4) $H_3BO_3 + KCl$（pH 值 9）;

5) $H_3BO_3 + NaOH$（pH 值 11）。

(2) 显色剂浓度。

显色剂用量对显色反应产生影响。过量的显色剂可以使显色反应趋于完全，但是过量太大有可能改变有色化合物的组成，影响化合物的颜色。合适的显色剂用量，可用单因素实验测定溶液吸光度随显色剂用量的变化，根据变化曲线，选择获得具有高灵敏度且吸光度恒定的显色剂用量。

(3) 温度的影响。

在紫外-可见吸收光谱测定中，通常都选用室温显色反应。当温度对显色反应速度可能有较大影响时，需要考虑温度的影响。合适的温度可用单因素实验来确定。

(4) 显色时间。

这里包括两种时间：一种是由于显色反应速度不同，达到反应完全所需的时间；另一种是有色化合物维持稳定的时间。这两种时间均可用单因素实验来考察。

4.6.4　参比溶液的选择

根据待测组分溶液的性质，选择合适的参比溶液。通常采用以下两种参比溶液。

(1) 溶剂参比溶液。当待测组分溶液的组成较为简单，共存的组分在测定波长的光吸收很小时，可用溶剂作为参比溶液，这种参比溶液可以消除溶剂、吸收池等因素的影响。

(2) 试剂参比溶液。如果显色剂或其他试剂在测定波长时有吸收，按显色反应相同的条件，但不加试样的溶液作为参比溶液。这种参比溶液可以消除试剂中的其他组分产生吸收的影响。

4.6.5　共存离子干扰的消除方法

在分光光度测定中，体系中存在其他共存组分，如果这些组分本身有颜色，或者能与显色剂反应生成有色化合物，则将使测定结果偏高；如果共存组分与显色剂反应，使显色剂或被测组分的浓度降低，影响显色反应的完成，则将使测定结果偏低。可采取以下几种方法消除共存组分的干扰作用。

(1) 加入适当的掩蔽剂。掩蔽剂的作用是与体系中干扰物质进行络合反应，降低干扰物质的浓度，减少对待测组分的影响。对掩蔽剂的要求是不与待测组分发生反应，掩蔽剂及其与干扰物质形成的络合物不影响待测组分的测定。例如，用铬天青 S 测定钯时，Cd、Co、Cu、Fe、Mn、Mo、Pb、V（Ⅳ）、W、Zn 等干扰。在 pH 值为 3.6 的溶液中，这些干扰元素可用 EDTA 掩蔽。同一元素有多种掩蔽剂，必须根据具体情况选择合适的掩蔽剂。

（2）改变干扰离子的价态。利用氧化剂或还原剂改变干扰离子的价态，使其不影响待测组分的测定。例如，用铬天青 S 测定 Al（Ⅲ）时，Fe（Ⅲ）有干扰，可加入抗坏血酸使其还原为 Fe（Ⅱ）而消除干扰。

（3）选择适当的波长。这种方法仅适用在干扰组分与待测组分的吸收峰波长相距较大的情况下。

如果上述方法都不能使用，也可采用预分离的方法，如萃取分离、色谱分离、沉淀分离、离子交换、蒸馏等方法，将干扰组分与待测组分分开，然后进行分光光度测定。

4.6.6 表观摩尔吸收系数的精确求法

根据朗伯-比尔定律，可以计算物质的表观摩尔吸收系数：

$$\varepsilon = \frac{A}{bc}$$

ε 值反映物质对光吸收的灵敏度。精确求取摩尔吸收系数的方法是：在不同带通宽度时测定表光摩尔吸收系数，绘制表观摩尔吸收系数对带通宽度的曲线关系，将曲线外推到带通宽度为零处，这时相应的摩尔吸收系数即为精确的表观摩尔吸收系数。

4.7 紫外-可见分光光度计

4.7.1 主要组成部件

各种型号的紫外-可见分光光度计，就其基本结构来说，都是由 5 个部分组成，如图 4-18 所示，即光源、单色器、吸收池、检测器和信号指示系统。

光源——→单色器——→吸收池——→检测器——→信号指示系统

图 4-18 光度计的一般结构

4.7.1.1 光源

对光源的基本要求是应在仪器操作所需的光谱区域内能够发射连续辐射，有足够的辐射强度和良好的稳定性，而且辐射能量随波长的变化应尽可能小。分光光度计中常用的光源有热辐射光源和气体放电光源两类。热辐射光源用于可见光区，如钨丝灯和卤钨灯；气体放电光源用于紫外光区，如氢灯和氘灯。

钨灯和碘钨灯可使用的范围在 340 ~ 2500nm。这类光源的辐射能量与施加的外加电压有关，在可见光区，辐射的能量与工作电压的 4 次方成正比。光电流也与灯丝电压的 n 次方（$n>1$）成正比。因此必须严格控制灯丝电压，仪器必须备有稳压装置。

在近紫外区测定时常用氢灯和氘灯。它们可在 160 ~ 375nm 范围内产生连续光源。氘灯的灯管内充有氢的同位素氘，它是紫外光区应用最广泛的一种光源，其光谱分布与氢灯类似，但光强度比相同功率的氢灯要大 3 ~ 5 倍。

4.7.1.2　单色器

单色器是能从光源辐射的复合光中分出单色光的光学装置，其主要功能应该是能够产生的光谱纯度高且波长在紫外-可见区域内任意可调。单色器一般由入射狭缝、准光器（透镜或凹面反射镜，使入射光成平行光）、色散元件、聚焦元件和出射狭缝等几部分组成。其核心部分是色散元件，起分光的作用。单色器的性能直接影响入射光的单色性，从而也影响测定的灵敏度、选择性及校准曲线的线形关系等。

能起分光作用的色散元件主要是棱镜和光栅。棱镜有玻璃和石英两种材料。它们的色散原理是依据不同波长光通过棱镜时有不同的折射率而将不同波长的光分开。由于玻璃可吸收紫外光，所有玻璃棱镜只能用于350～3200nm的波长范围。石英棱镜可适用的波长范围较宽，可从185～4000nm，可用于紫外、可见、近红外3个光域。

光栅是利用光的衍射和干涉作用制成的。它可用于紫外、可见和近红外光域，而且在整个波长区具有良好的、几乎均匀一致的分辨能力。它具有色散波长范围宽、分辨本领高、成本低、便于保存和易于制备等优点。缺点是各级光谱重叠面会产生干扰。

入射、出射狭缝。透镜及准光镜等光学元件中狭缝在决定单色器性能上起重要作用。狭缝的大小直接影响单色光的纯度，但过小的狭缝又会减弱光强。

4.7.1.3　吸收池

吸收池用来盛放分析试样，一般有石英和玻璃材料两种。石英池适用于可见光区及紫外光区，玻璃吸收池只能用于可见光区。为减少光的反射损失，吸收池的光学面必须完全垂直于光束方向。在高精度的分析测定中（紫外区尤其重要），吸收池要挑选配对，原因是吸收池材料的本身吸光特征以及吸收池的光波长度的精度等对分析结果都有影响。

4.7.1.4　检测器

检测器的功能是检测光信测量、测量单色光透过溶液后光强度变化的一种装置。常用的检测器有光电池、光电管和光电倍增管等。他们通过光电效应将照射到检测器上的光信号转变成电信号。对检测器的要求是：在测定的光谱范围内具有高的灵敏度；对辐射能量的影响时间短，线性关系好；对不同波长的辐射响应均相同，且可靠；噪声水平低，稳定性好等。

硒光电池对光的敏感范围为300～800nm，其中又以500～600nm最为灵敏。这种光电池的特点是能产生可直接推动微安表或检流计的光电流，但由于容易出现疲劳效应而只能用于低档的分光光度计中。

光电管在紫外-可见分光光度计上应用较为广泛。它的结构是以一弯成半圆柱形的金属片为阴极，阴极的内表面涂有光敏层；在圆柱形的中心置一金属丝为阳极，接受阴极释放出的电子。两电极密封于玻璃或石英管内并抽成真空。阴极上光敏材料不同，光谱的灵敏区也不同。可分为蓝敏和红敏两种光电管，前者是在镍阴极表面上沉积锑和铯，可用波长范围为210～625nm；后者是在阴极表面上沉积了银和氧化铯，可用范围为625～1000nm。与光电池比较，它有灵敏度高、光敏范围宽、不易疲劳等优点。

光点倍增管是检测微弱光最常用的光电元件，它的灵敏度比一般的光电管要高200

倍，因此可使用较窄的单色器狭缝，从而对光谱的精细结构有较好的分辨能力。

4.7.1.5 信号指示系统

信号指示系统的作用是放大信号并以适当方式指示或记录下来。常用的信号指示装置有直读检流计、电位调节指零装置以及数字显示或自动记录装置等。很多型号的分光光度计装配有微处理机，一方面可对分光光度计进行操作控制，另一方面可进行数据处理。

4.7.2 紫外-可见分光光度计的类型

紫外-可见分光光度计的类型很多，常用的有单光束分光光度计、双光束分光光度计两种。

4.7.2.1 单光束分光光度计

这是一种结构较简单，价格便宜，较早适用的一类仪器，其结构示意图见图4-19。由氘灯（D_2）或钨灯（W）发出的连续的光谱，经会聚透镜 M_1 聚光后，再经平面发射镜 M_2 改变传播方向至狭缝S，由此入射到单色器内，狭缝正好位于球面准直镜 M_3 的焦平面上。入射光经准直镜反射后，以一束平行光射向单色器。经过单色器 S_a 的分光后，通过准直镜会聚在狭缝S上。由狭缝射出的一定波长的单色光照射到吸收池上。被试样吸收后的透射光经过检测器的检测由读数系统显示。

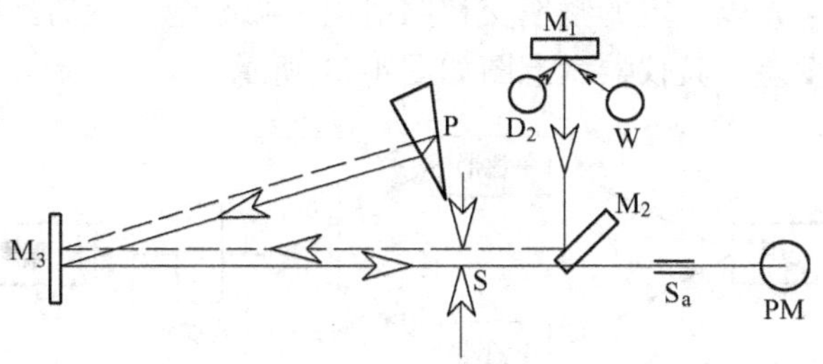

图4-19 单光束分光光度计的光路示意图

D_2—氘灯；W—钨灯；M_1—会聚透镜；M_2—平面反射镜；S—狭缝；M_3—准直镜；PM—光电倍增管；P—棱镜

这种光度计光路系统简单，光源能量损失小，机械振动小，因此噪声小。国内普遍使用的721型、722型、751型分光光度计均属于这种类型。

4.7.2.2 双光束分光光度计

一般的单光束分光光度计每换一个波长都必须用空白进行校准，并且其对光源和检测系统的稳定性要求较高。双光束分光光度计（图4-20）通过一个快速转动的反射镜将单色光分为强度相等的两束光，分别通过样品池和参比池，然后通过同步快速转动的另一反射镜将两束光汇合，投射到检测器上。检测器在不同的瞬间接受参比信号和试样信号，然后给出试样池和参比池吸光度之差。双光束分光光度计一般为自动记录式，可以连续地绘制出吸收光谱。由于两光束同时分别通过参比池和测量池，因此可以消除光源强度变化带来的误差，减少了放大器增益的漂移。国产的710型、730型和740型分光光度计均属于双光束分光光度计。

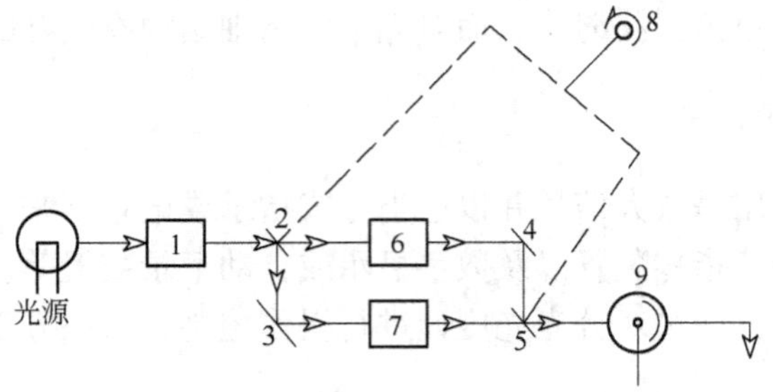

图 4-20　单波长双光束分光光度计原理图

1—单色器；2～5—反射镜；6—参比池；7—样品池；
8—旋转装置；9—光电倍增管

4.7.3　双波长分光光度计的原理和优点

单光束和双光束分光光度计就测量波长而言都是单波长的。对于多组合混合物的测定需要联立方程求解，其测定和计算比较繁琐。另外，一般分光光度法对于混浊试样或背景吸收较大的试样的测定是无能为力的。于是，1951 年科学家提出了双波长分光光度法。

4.7.3.1　双波长分光光度计的原理

由同一光源发出的光被分为两束，分别经过两个单色器，得到两束不同波长的单色光，利用切光器使两束光以一定的频率交替照射同一吸收池，然后经过检测系统测定试样在两个波长处的吸光度差。其仪器示意图如图 4-21 所示。

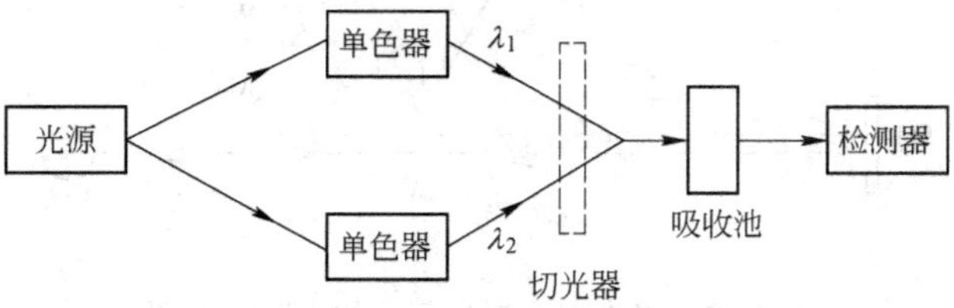

图 4-21　双波长光度计结构图

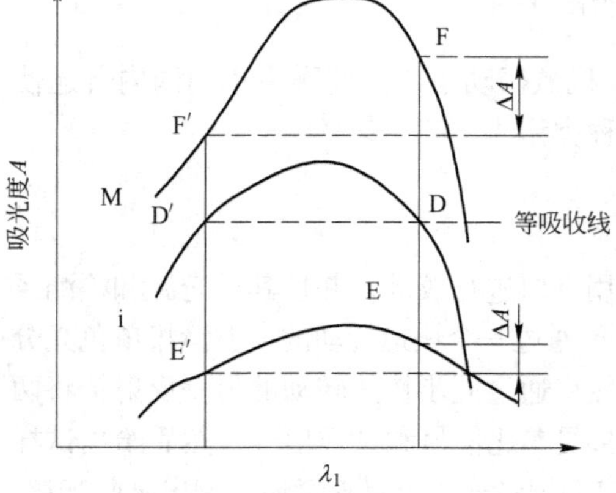

图 4-22　双波长分光光度法原理图

对于混合组分体系，如图 4-22 所示，组分 i 的存在对待测组分 S 的测定有干扰。

图 4-22 中，最下面的曲线（式中用 S 表示）表示待测组分的吸收曲线，曲线 i 表示干扰组分的吸收曲线，曲线 M 表示待测组分曲线和 i 混合物的吸收曲线。选择对于组分 i 有等吸收的两个波长 λ_1 和 λ_2，在这两个波长下分别测定混合体系的吸光度，则

$$A_{\lambda_1}^{M} = A_{\lambda_1}^{S} + A_{\lambda_1}^{i}$$

$$A_{\lambda_2}^{M} = A_{\lambda_2}^{S} + A_{\lambda_2}^{i}$$

由于在 λ_1 和 λ_2 处组分 i 有等吸收，即

$$\Delta A = A_{\lambda_1}^{M} - A_{\lambda_2}^{M}$$

$$= (A_{\lambda_1}^{S} - A_{\lambda_2}^{S}) + (A_{\lambda_1}^{i} - A_{\lambda_2}^{i})$$
$$= A_{\lambda_1}^{S} - A_{\lambda_2}^{S}$$
$$= (\varepsilon_{\lambda_1}^{S} - \varepsilon_{\lambda_2}^{S})bc$$

对于待测组分S来说 $\varepsilon_{\lambda_1}^{S} - \varepsilon_{\lambda_2}^{S}$ 和 b 为一定值，所以 ΔA 与组分S的浓度成正比，因此可以进行定量分析并且能够排除干扰组分的影响。

当干扰组分的吸收曲线在测定的波长范围内无吸收峰时，等吸收点就无法应用，这时可以采用系数倍率法测定。同样选择两个波长 λ_1 和 λ_2，使其分别通过吸收池，测定吸光度。然后用函数放大器分别将其放大 k_1 和 k_2 倍，使干扰组分吸光度 $kA_{\lambda 1}^{i} = kA_{\lambda 2}^{i}$，与等吸收波长法类似，干扰组分的影响被排除。这种方法也可用于测定含有三种组分的混合试样。

利用双波长法也可测定混浊试样。普通测定混浊试样时，由于参比溶剂不像试样试液那样混浊，因此测量时不可能消除因试样本身的背景吸收。在双波长法测定中，若将 λ_2 设在试样的吸收峰上，λ_1 设在试样无特征吸收的波长上，则此时 λ_1 和 λ_2 处的背景吸收应相等。显然，λ_2 上测得的是试样本身的吸收与背景吸收的总和，λ_1 测得的是背景吸收。因此可以消除试样的背景吸收。若混浊试样中有痕量成分存在，消除背景吸收后，还可以测定背景吸收“湮没”的痕量成分。

4.7.3.2　双波长分光光度计的特点

双波长分光光度计的主要特点有：

（1）双波长法的测定中不用参比液池，只用一个试样液池进行测定，消除了吸收池位置和吸收池常数的差异，如溶液及玻璃壁的厚度不同以及试样溶液与参比溶液组分不同、深度不同等情况带来的误差，因而提高了测定的准确度。同时避免了选择参比溶液的麻烦，解决了某些测定中无合适参比溶液的问题。

（2）依靠波长的恰当选择，可以消除共存干扰组分的影响，简化了混合物同时测定的手续和数据的处理，提高了测定的灵敏度和准确度。

（3）只选择两个合适的波长 λ_1 和 λ_2 便能消除背景吸收和混合试样的干扰。

（4）由于测量的是吸光度差，使得高浓度试样的测定容易进行。

4.8　紫外-可见光分光光度法的应用

可见紫外分光光度法可应用于定性、定量分析，络合物组成的测定，分子结构的测定等。

4.8.1　定性分析

每一种化合物都有它自己的特征吸收谱带，不同的化合物有不同的吸收光谱可作为定性分析的依据。但是可见-紫外吸收光谱的吸收谱带一般很宽，有精细结构的不多，且只能反映分子中生色团和助色团的结构特性，而不能反映整个分子总体的特征。

4.8.1.1　未知试样的检定

一般用红外吸收光谱进行检定。但用紫外吸收光谱有时也能起这样的作用，通常把未

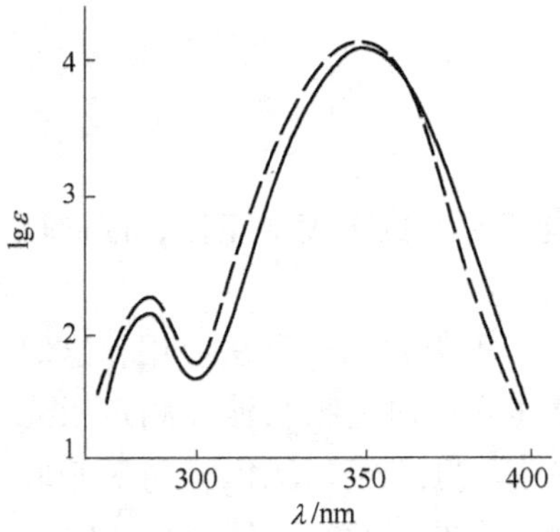

图 4-23　合成的（实线）和天然的（虚线）维生素 A_2 的紫外吸收光谱

知试样的紫外吸收光谱图与标准试祥（或与标准图谱）比较。当浓度和溶剂相同时，若两者的谱图相同，说明它们是同一个化合物。例如，合成的维生素 A_2 与天然产品的吸收光谱相比（图 4-23），它们的吸收光谱相同，因而可检定所合成的试样是维生素 A_2。为了进一步确证，有时换一种溶剂分别测定后再作比较。

但应注意，紫外吸收光谱相同，两种化合物有时不一定相同，因为紫外吸收光谱通常只有 2～3 个较宽的吸收峰。具有相同生色团的不同分子结构。有时在较大分子中不影响生色团的紫外吸收峰，导致不同分子结构产生相同的紫外吸收光谱，但它们的吸光系数是有差别的，所以在比较 λ_{max} 的同时，还要比较它们的 ε_{max}。

4.8.1.2　有机化合物的定性鉴定

有机化合物的紫外吸收光谱只有少数几个宽的吸收带，缺少精细结构，它只能反映分子中发色基团和助色基团的结构特性，而不能反映整个分子总体的特征。因此，仅依靠紫外吸收光谱来推断未知物的化学结构是困难的。

应用紫外吸收光谱来定性鉴定的有机化合物必须是纯净的。当用紫外分光光度计绘制出吸收曲线后，可根据吸收曲线的特征吸收位置，对被鉴定的化合物作出初步的判断。

若化合物在 220～440nm 没有吸收带，则可判断它可能是直链烷、烯、炔烃、脂肪烃、醇、醚、羧酸、氟或氯代烃、胺、腈等。而不会含有共轭双键的苯环、醛基、酮基、溴、碘取代基等。

若化合物在 270～350nm 有弱的吸收带，则它存在含有 n 电子的简单非共轭发色基团，如羧基、硝基。

若化合物在 270～350nm 有强吸收带，就可能含有共轭双键。若强吸收带在 260～300nm，则表明还有 3～5 个共轭双键。若吸收带进入可见光区，表明其为稠环芳烃。

若化合物在 250～300nm 有中等强度吸收带，表示有苯环。

洗涤剂中常含有如十二烷基苯磺酸钠、丁基萘磺酸钠等阴离子表面活性剂。辛基酚聚氧乙烯醚、烷基醇酰胺等非离子型表面活性剂以及烷基苄基氯化铵、烷基吡啶氯化铵等阳离子表面活性剂。它们在 220～240nm 和 260～280nm 范围有吸收带。如烷基磺酸钠的 $\lambda_{max}=261$nm，烷基酚聚氧乙烯醚 $\lambda_{max}=277$nm，如图 4-24 所示。因此可利用这些吸收带对表面活性剂进行定性鉴定和定量分析。

用紫外吸收光谱法还可分析化妆品防晒剂中的二苯酮衍生物、肉桂酸酯等；祛臭剂中的苯磺酸锌、六氯苯、卤代水杨酰苯胺等；食品防腐剂中的苯甲酸、山梨酸；抗氧化剂中的抗坏血酸、没食子酸丙酯、多种维生素；香料工业中的各种香料（柠檬油、香茅草油、留兰香油、杏仁油等）它已在轻工和化工产品分析中获得广泛的应用。

4.8.1.3　纯度检查

如果一化合物在紫外区没有吸收峰，而杂质有较强吸收，就可方便地检出该化合物中的痕量杂质。例如，要检定甲醇或乙醇中的杂质苯，可利用苯在256nm处的吸收，而甲醇或乙醇在此波长处几乎没有吸收（图4-25及图4-26）。又如四氯化碳中有无二硫化碳杂质，只要观察在318nm处有无二硫化碳的吸收峰即可。

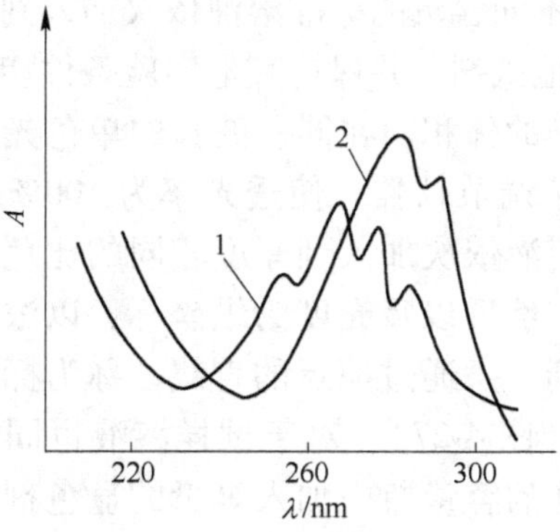

图4-24 表面活性剂的紫外吸收光谱

1—烷基磺酸钠；2—烷基酚聚氧乙烯醚

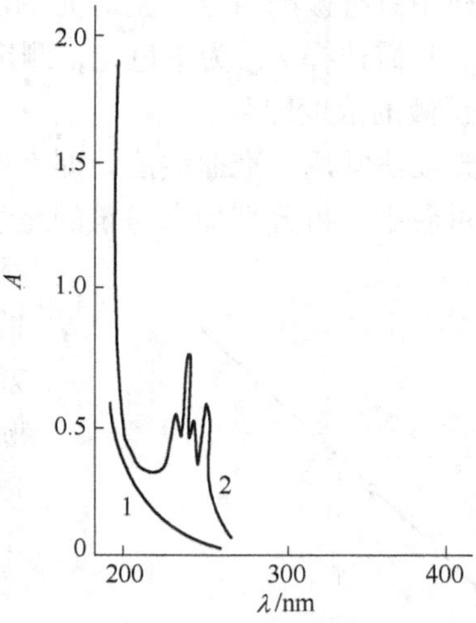

图4-25 甲醇中杂质苯的检定

1—纯甲醇；2—被苯污染的甲醇

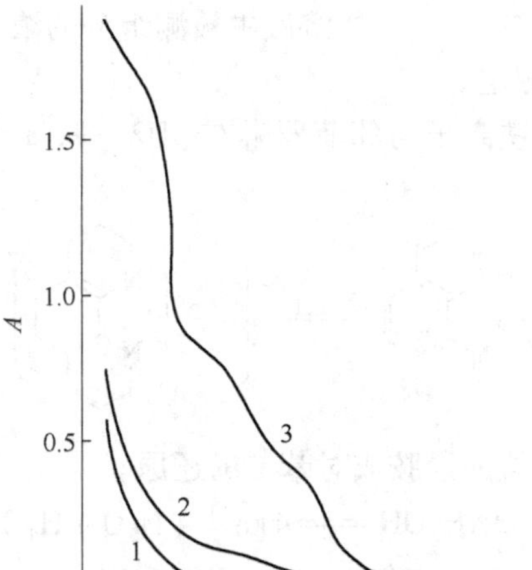

图4-26 容器塞子对乙醇的污染

1—纯乙醇；2—乙醇被软木塞污染；

3—乙醇被橡皮塞污染

如果一化合物，在可见区或紫外区有较强的吸收带。有时可用吸光系数来检查其纯度，例如菲的氯仿溶液在296nm处有强吸收（$\lg\varepsilon=410$）。用某法精制的菲，熔点100℃，沸点340℃似乎已很纯，但用紫外吸收光谱检查，测得$\lg\varepsilon$值比标准菲低10%，实际质量分数只有90%，其余可能是蒽等杂质。

4.8.2　定量分析

4.8.2.1　单组分体系

当试样中只有被测组分产生对光的吸收，且符合朗伯-比尔定律，则很容易进行吸光度的测定。只需选择 λ_{max} 为单色光，测定吸光度，用比较法或标准曲线法（也叫工作曲线法）测定试液的浓度即可。

分光光度法常用标准曲线法。即是将一系列不同含量的标准溶液依次加入到一系列等体积的容量瓶中，再分别加入等量的显色剂及其他试剂，并保持其他实验条件相同，最后稀释至同样的体积。在同一波长的单色光下以适宜的参比溶液调节仪器，使透光率为100%，再将配好的标准溶液依次加入到厚度相同的比色皿中测出吸光度值。然后以吸光度为纵坐标，以浓度为横坐标，即得到一条通过原点的直线，称为标准曲线或工作曲线（图4-27）。对于试样溶液也同标准溶液一样在同样的容量瓶中加入等量的显色剂和其他试剂，在同样的条件下显色并测出其吸光度。然后根据所测得试样溶液的吸光度在标准曲线上找到相应的浓度，再乘以试样溶液的稀释倍数，就可算出试样溶液中被测组分的浓度。

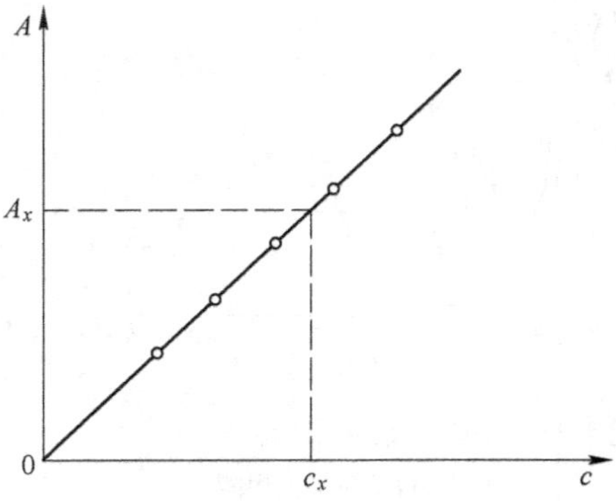

图4-27　标准曲线

例1　纯碱中微量铁的测定。

（1）基本原理：基于亚铁离子与邻菲罗啉在pH2～9，Fe^{2+} 与邻菲罗啉生成稳定的橙红色络合物。

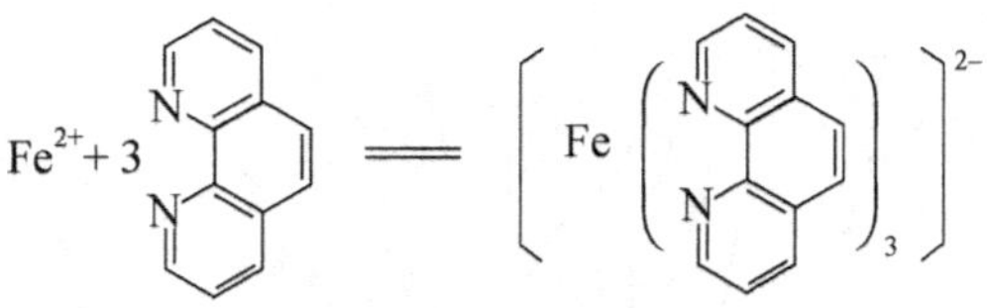

试液中 Fe^{3+} 在显色前用盐酸羟胺或对苯二酚还原。

$$4Fe^{3+} + 2NH_2OH = 4Fe^{2+} + N_2O + H_2O + 4H^+$$

若显色时溶液pH值<2，显色缓慢且色浅，甚至无色，若pH值>10，Fe^{3+} 可能生成沉淀，邻菲罗啉亚铁最大吸收波长为510nm，$\varepsilon = 11100$。Bi^{3+}、Cd^{2+}、Hg^{2+}、Ag^+、Zn^{2+} 离子能与显色剂生成沉淀，Co^{3+}、Cu^{2+}、Ni^{2+} 离子易形成有色络合物，应注意这些离子的干扰。

（2）吸收曲线的绘制：用吸量管吸取5mL10μg/mL标准铁溶液加入到50mL容量瓶中，加入5mL1mol/L NaAc溶液，加入5mL1%盐酸羟胺溶液，摇匀。再加入5mL1%邻菲罗啉水溶液，用蒸馏水稀释至50mL刻度，摇匀，放置10min，用1cm吸收池，以试剂空白作参比，在分光光度计上从波长420～600nm，每隔10nm测定一次吸光度。

以波长为横坐标，以吸光度为纵坐标，绘制邻菲罗啉亚铁吸收曲线，并找出最大吸收波长 λ_{max}。

（3）标准曲线的绘制：吸取铁标准溶液0.00mL，2.00mL，3.00mL，5.00mL，7.00mL，

10.00mL 加入 50mL 容量瓶中，按上述方法显色，以 1cm 吸收池，在 510nm 处依次测定其吸光度，以标准溶液浓度为横坐标，以吸光度为纵坐标绘制标准曲线。

（4）样品的测定：称取纯碱 3.000g 于 100mL 烧杯中，缓慢加入 1:1HCl13mL，直到 Na_2CO_3全部溶解不冒泡为止，小心地全部转入 50mL 容量瓶中，按上述方法显色并测定吸光度 A_z，从标准曲线上找出铁含量 c_z。

（5）计算：若查得 $c_z = 80\mu g/50mL$，则纯碱中铁质量分数 ω_{Fe}为：

$$\omega_{Fe} = \frac{c_x \times 10^{-6}}{m_{样}} \times 100\% = \frac{80 \times 10^{-6}}{4.00} \times 100\% = 0.0020\%$$

对已知具有紫外吸收的有机化合物，当被测物为单一物质时，可用一般分光光度法中采用的工作曲线法；或用与已知浓度标准溶液进行比较的单点校正法，即：

$$c_{样} = \frac{c_{标} \times A_{样}}{A_{样}}$$

式中，c 为浓度；A 为吸光度。

4.8.2.2 多组分的定量分析

根据吸光度具有加合性的特点，在同一样品中可以同时测定两个或两个以上组分。假设要测定样品中的两个组分为 x、y，需要先测定两种纯组分的吸收光谱，对比其最大吸收波长，并计算出对应的吸光系数。两种纯组分的吸收光谱可能有以下三种情况，如图 4-28 所示。

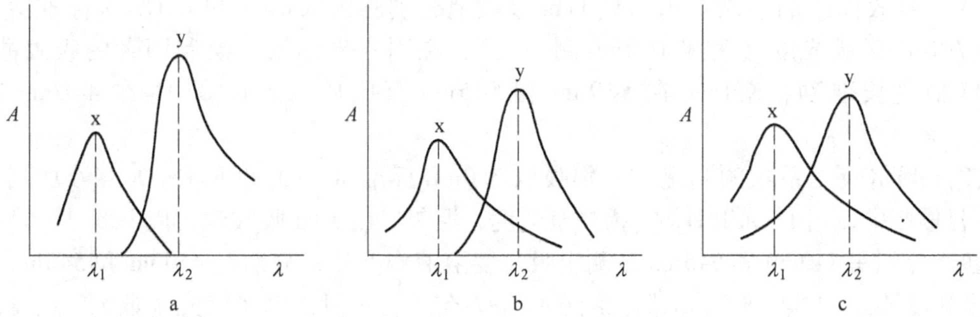

图 4-28 组分的吸收光谱

a—不重叠；b—部分重叠；c—相互重叠

（1）光谱不重叠。

根据图 4-28 比较结果，表明两组分互不干扰，可以用测定单组分的方法分别在 λ_1、λ_2定 x、y 两组分。

（2）光谱部分重叠。

比较图 4-28 两种组分的吸收光谱，表明 x 组分对 y 组分的测定有干扰，而 y 组分对 x 组分的测定没有干扰。首先测定纯物质 x 和 y 分别在 λ_1、λ_2处的吸光系数 $\varepsilon_{\lambda1}^{x}$、$\varepsilon_{\lambda2}^{x}$和 $\varepsilon_{\lambda2}^{y}$，再单独测量混合组分溶液在 λ_1处的吸光度 $A_{\lambda1}^{x}$，求得组分 x 的浓度 c_x。然后在 λ_2处测量混合溶液的吸光度 $A_{\lambda2}^{x+y}$，根据吸光度的加和性，即得：

$$A_{\lambda_2}^{x+y} = A_{\lambda_2}^{x} + A_{\lambda_2}^{y} = \varepsilon_{\lambda_2}^{x} b c_x + \varepsilon_{\lambda_2}^{y} b c_y$$

可求出组分 y 的浓度为：

$$c_y = \frac{A_{\lambda_2}^{x+y} - \varepsilon_{\lambda_2}^{x} bc_x}{\varepsilon_{\lambda_2}^{y} b}$$

（3）光谱相互重叠。

从图 4-28 看出，两组分在 λ_1、λ_2处都有吸收，两组分彼此互相干扰。在这种情况下，要首先测定纯物质 x 和 y 分别在 λ_1、λ_2处的吸光系数 $\varepsilon_{\lambda 1}^{x}$、$\varepsilon_{\lambda 1}^{y}$、$\varepsilon_{\lambda 2}^{x}$和 $\varepsilon_{\lambda 2}^{y}$。再分别测定混合组分溶液在 λ_1、λ_2处溶液的吸光度 $A_{\lambda 1}^{x-y}$及 $A_{\lambda 2}^{x+y}$，然后列出联立方程：

$$\begin{cases} A_{\lambda_1}^{x-y} = \varepsilon_{\lambda_1}^{x} bc_x + \varepsilon_{\lambda_1}^{y} bc_y \\ A_{\lambda_2}^{x+y} = \varepsilon_{\lambda_2}^{x} bc_x + \varepsilon_{\lambda_2}^{y} bc_y \end{cases} \tag{4-5}$$

求得 c_x、c_y分别为：

$$\begin{aligned} c_x &= \frac{\varepsilon_{\lambda_2}^{y} A_{\lambda_1}^{x-y} - \varepsilon_{\lambda_1}^{y} A_{\lambda_2}^{x+y}}{(\varepsilon_{\lambda_1}^{x}\varepsilon_{\lambda_2}^{y} - \varepsilon_{\lambda_2}^{x}\varepsilon_{\lambda_1}^{y})b} \\ c_y &= \frac{\varepsilon_{\lambda_2}^{x} A_{\lambda_1}^{x-y} - \varepsilon_{\lambda_1}^{y} A_{\lambda_2}^{x+y}}{(\varepsilon_{\lambda_1}^{y}\varepsilon_{\lambda_2}^{x} - \varepsilon_{\lambda_2}^{y}\varepsilon_{\lambda_1}^{x})b} \end{aligned} \tag{4-6}$$

如果有 n 个组分的光谱互相干扰，就必须在 n 个波长处分别测定吸光度的加和值，然后解 n 元一次方程以求出各组分的浓度。应该指出，这将是繁琐的数学处理过程，且 n 越多，结果的准确性越差。用计算机处理测定结果将使运算变得简单。

例 2　混合液中 $KMnO_4$和 $K_2Cr_2O_7$含量的测定。

（1）吸收曲线的绘制：用 2 只 1cm 吸收池分别测定 $KMnO_4$和 $K_2Cr_2O_7$标准溶液在 420 ~ 700nm的吸光度（每隔 100nm 测一次），在同一坐标纸上绘制两者的吸收曲线。如果仪器波长准确，$KMnO_4$在 520nm 和 545nm 有吸收峰；$K_2Cr_2O_7$在 440nm 有吸收峰。

（2）摩尔吸光系数的测定：分别吸取 3.0mL 标准 $KMnO_4$和 $K_2Cr_2O_7$溶液加到 2 个 50mL 容量瓶中，用 1mol/L H_2SO_4稀释至刻度，混匀，用 1cm 吸收池，以 lmol/L H_2SO_4溶液作参比分别在 440nm 和 545nm 处测定吸光度溶液作参比，分别在 440nm 和 545nm 处测定其吸光度 A_{400}^{Cr}、A_{545}^{Cr}、A_{440}^{Mn}、A_{545}^{Mn}，根据 $A = \varepsilon cL$ 公式，可算出摩尔吸光系数 ε_{440nm}^{Cr}、ε_{545nm}^{Cr}、ε_{440nm}^{Mn}、ε_{545nm}^{Mn}。

（3）混合液中 $KMnO_4$和 $K_2Cr_2O_7$浓度的测定：吸取 4.0mL 试液加到 50mL 容量瓶中，以 1mol/L 溶液稀释至刻度，混匀，用 1cm 吸收池在 440nm 和 545nm 处测定吸光度 A_{440}^{Cr+Mn}、A_{545}^{Cr+Mn}。

（4）计算：将测得的 A_{440}^{Cr+Mn}、A_{545}^{Cr+Mn}和 ε_{440nm}^{Cr}、ε_{545nm}^{Cr}、ε_{440nm}^{Mn}、ε_{545nm}^{Mn}代入下式解联立方程，即可求出 $KMnO_4$和 $K_2Cr_2O_7$的浓度：

$$\begin{aligned} A_{440}^{Cr+Mn} &= \varepsilon_{440nm}^{Cr} c^{Cr} + \varepsilon_{440nm}^{Mn} c^{Mn} \\ A_{545}^{Cr+Mn} &= \varepsilon_{545nm}^{Cr} c^{Cr} + \varepsilon_{545nm}^{Mn} c^{Mn} \end{aligned}$$

例 3　邻二甲苯、间二甲苯、对二甲苯、乙基苯 4 组分在环己烷混合液中吸收光谱的吸收峰分别为 744.2nm、767.0nm、741.2nm、695.3nm。4 个波长下所测吸光度值为 0.7721、0.8676、2.2036、0.7386，b = 2cm，如表 4-11 所示。

表 4-11 四种苯衍生物的吸光度值

λ	对二甲苯（A）$\varepsilon_A b$	间二甲苯（B）$\varepsilon_B b$	邻二甲苯（C）$\varepsilon_C b$	乙基苯（D）$\varepsilon_D b$	A_1
$\lambda_1=744.2$	2.8288	0.0968	0.000	0.0768	0.7721
$\lambda_2=767.0$	0.0492	2.8542	0.000	0.1544	0.8676
$\lambda_3=741.2$	0.0645	0.0668	3.7690	0.5524	2.2036
$\lambda_4=695.3$	0.0641	0.1289	0.000	1.6534	0.7386

根据吸光度加合性：

$$A_{总}^{\lambda_1} = \varepsilon_A^{\lambda_1} bc_A + \varepsilon_B^{\lambda_1} bc_B + \varepsilon_C^{\lambda_1} bc_C + \varepsilon_D^{\lambda_1} bc_D$$

$$A_{总}^{\lambda_2} = \varepsilon_A^{\lambda_2} bc_A + \varepsilon_B^{\lambda_2} bc_B + \varepsilon_C^{\lambda_2} bc_C + \varepsilon_D^{\lambda_2} bc_D$$

$$A_{总}^{\lambda_3} = \varepsilon_A^{\lambda_3} bc_A + \varepsilon_B^{\lambda_3} bc_B + \varepsilon_C^{\lambda_3} bc_c + \varepsilon_D^{\lambda_3} bc_D$$

$$A_{总}^{\lambda_4} = \varepsilon_A^{\lambda_4} bc_A + \varepsilon_B^{\lambda_4} bc_B + \varepsilon_C^{\lambda_4} bc_c + \varepsilon_D^{\lambda_4} bc_D$$

$$0.7721 = 2.8288c_A + 0.0958c_B + 0.000c_C + 0.0768c_D$$

$$0.8676 = 0.0492c_A + 2.8542c_B + 0.000c_C + 0.1544c_D$$

$$2.2036 = 0.0645c_A + 0.0668c_B + 3.7690c_C + 0.5524c_D$$

$$0.7386 = 0.0641c_A + 0.1289c_B + 0.000c_C + 1.6534c_D$$

用矩阵法可解出四种组分含量：

$c_A=0.252/50$（对二甲苯），$c_C=0.406/50$（邻二甲苯）

$c_B=0.277/50$（间二甲苯），$c_D=0.415/50$（乙基苯）

应用计算机程序解这类方程极为简便。新型的微机控制的分光光度计一般均提供这种程序软件，并自动报出结果。

4.9 应用实例

4.9.1 Folin-酚法测定蛋白质含量

4.9.1.1 基本原理

Folin-酚法，亦称为 Lowry 法测定蛋白质含量。该方法是在双缩脲法的基础上发展起来的，具有操作简单、测定迅速、灵敏度高、无需特殊设备等优点，是目前实验室采用较为广泛的测定蛋白质的方法之一。测定蛋白质的灵敏度是紫外分光光度法的 10 倍，双缩脲法的 100 倍。但它的不足之处是反应过程中受干扰的因素较多。

Folin-酚法测定蛋白质的机理是在碱性溶液中蛋白质与 Cu^{2+} 形成紫红色的络合物，然后这个络合物在与还原磷钼酸-磷钨酸试剂反应产生深蓝色溶液，在 640nm 比色测定。

Folin-酚试剂是由甲试剂和乙试剂组成。甲试剂的成分包括碳酸钠、氢氧化钠、硫酸铜及酒石酸钾钠。蛋白质分子中的肽键在碱性条件下，与酒石酸钾钠铜盐溶液发生作用，生成紫红色的络合物。乙试剂是由磷钼酸和磷钨酸、硫酸、溴组成。此试剂在碱性条件下，容易被蛋白质分子中的酪氨酸的酚羟基还原成蓝颜色，颜色反应的深浅与蛋白质的含量成正比。此法不但适合于蛋白类的定量分析，也适合于酪氨酸、色氨酸的含量测定。测试蛋白质的含量在 25 ~ 250μg。

4.9.1.2　测定步骤

测定步骤如下。

（1）试剂配制。

1）牛血清清蛋白标准液。结晶牛血清清蛋白或酪蛋白，预先经微量凯氏定氮法标定该蛋白质的百分含量，然后根据该蛋白质的纯度配制成浓度为100μg/mL的蛋白质溶液。

2）Folin-酚试剂。甲试剂：4%碳酸钠溶浓（Na_2CO_3）；0.2mol/L氢氧化钠溶液；1%硫酸铜溶液；2%酒石酸钾钠溶液。

乙试剂：

称取钨酸钠（$Na_2WO_2 \cdot 2H_2O$）100g、钼酸钠（$Na_2MnO_4 \cdot 2H_2O$）25g置于200mL磨口回流烧瓶内；加入蒸馏水700mL、85%磷50mL和浓盐酸100mL；放入几颗玻璃珠。充分混匀，使其完全溶解。小火加热，回流10h。再加入硫酸锂（Li_2SO_4）150g、蒸馏水50mL及数滴溴水。在通风橱内开口煮沸15min，以除去多余的溴。冷却后定容至1000mL，过滤后，即得Folin-酚乙试剂。置入棕色试剂瓶中保存。此溶液为黄颜色，在冰箱中可以长期保存。若溶液放置过久，溶液的颜色由黄变绿，可加几滴溴，煮沸几分钟便可继续使用。

3）样液制备。采集动物血清，使用时稀释100倍。

（2）实验操作。标准曲线的绘制，取14支试管，分两组按下表4-12加入各种试剂。

（3）未知蛋白样品的测定。取4支试管，分两组按表4-13加入各种试剂。

（4）蛋白质含量计算。

$$\text{蛋白质含量}(\%) = \frac{\text{从标准曲线查得的蛋白质浓度} \times \text{血清稀释倍数} \times 10^{-6}}{\text{测定使用稀释血清的量(mL)}} \times 100$$

表4-12　标准曲线加样

试　剂	1	2	3	4	5	6	7
标准蛋白质溶液/mL	0	0.1	0.2	0.4	0.6	0.8	1.0
蒸馏水/mL	1.00	0.9	0.8	0.6	0.4	0.2	0
Folin-酚甲试剂/mL	4.0	4.0	4.0	4.0	4.0	4.0	4.0
25℃保温10min							
Folin-酚乙试剂/mL							
25℃保温30min							
A_{640}平均值							

注：加完乙试剂，在25℃保温30min后，以蒸馏水作空白，在640nm处比色测定。以牛血清清蛋白标准液的浓度为横坐标，640nm处的光吸收A_{640}平均值为纵坐标绘制工作曲线。

表4-13　未知蛋白样品的测定加样

试　剂	空　白	样　品	试　剂	空　白	样　品
血清稀释液/mL	0	0.2	Folin-酚乙试剂/mL	0.5	0.5
蒸馏水/mL	1.00	0.8	25℃保温10min		
Folin-酚甲试剂/mL	4.0	4.0	A_{640}平均值		
25℃保温10min					

4.9.1.3 影响因素

干扰此测定的因素包括在性质上类似于氨基酸或肽的缓冲剂。例如，溶液中含有Tris缓冲剂，就会呈阳性的呈色反应；凡是干扰双缩脲反应的有干扰的化学基团，对Folin-酚的测定均有干扰。如—CO—NH_2，—CH_2—NH_2，—CS—NH_2等。此外，还有一些能使Cu^{2+}容易被还原，出现红色沉淀，在性质上与氨基酸或肽相似的类似物也有干扰。

4.9.1.4 注意的问题

应注意的问题如下。

（1）Folin-酚乙试剂在碱性条件下较稳定，Folin-酚甲试剂在碱性条件下与蛋白质作用生成碱性的铜-蛋白复合物，当Folin-酚乙试剂加入后，应迅速混匀，使还原反应产生在磷钼酸-磷钨酸试剂被破坏之前。

（2）待测蛋白质的浓度应控制在标准蛋白质的范围之内，低于或高于标准蛋白质浓度范围都应重新配制。

4.9.2 考马斯亮蓝法测定蛋白质含量

4.9.2.1 常规测定法

（1）原理。考马斯亮蓝G-250（Coomassie G-250）是一种甲基取代的三苯基甲烷，分子中磺酸基的蓝色染料，在465nm处有最大光吸收值。考马斯亮蓝G-250能与蛋白质通过范德华相互作用形成蛋白质-考马斯亮蓝复合物蓝色溶液，引起该染料的最大光吸收λ_{max}的位置发生红移，在595nm处有最大吸光值。由于蛋白质-染料复合物在595nm处的光吸收远高于考马斯亮蓝在465nm处的光吸收，因此，可大大地提高蛋白质的测定灵敏度。蛋白质-考马斯亮蓝复合物溶液颜色的深浅与蛋白质的浓度成正比。利用溶液颜色的差异进行比色测定，适合于蛋白质类的定量分析。尤其适合于稀有蛋白质的微量分析。

考马斯亮蓝G-250试剂呈色反应颜色稳定、灵敏度高，最低测试蛋白质量在1μg左右。

（2）操作步骤。

1）标准曲线测定法。分别取6支试管，其中一支试管加入1.0mL蒸馏水做空白，5支分别加入不同体积的浓度为100μg/mL牛血清清蛋白标准溶液，补充水到1.0mL。然后每支试管加入4.0mL考马斯亮蓝G-250试剂，摇匀放置5min后，在紫外-可见分光光度计595nm处测定吸光值。以A_{595}吸光值为纵坐际，牛血清清蛋白的数量（μg）为横坐标绘制标准曲线。具体操作见表4-14。

表4-14 蛋白质标准曲线测定加样

试剂	空白	1	2	3	4	5
100μg/mL牛血清清蛋白/mL	1.0	0.1	0.2	0.4	0.6	0.8
牛血清清蛋白/μg	0	10	20	400	60	80
去离子水/mL	0	0.9	0.8	0.6	0.4	0.2
考马斯亮蓝G-250试剂/mL	4.0	4.0	4.0	4.0	4.0	4.0
吸光值A_{595}						

2）蛋白样品。配制浓度约 100μg/mL 的待测蛋白质溶液。取一支试管加入 1.0mL 蒸馏水做空白，一支加入 0.5mL 待测蛋白质溶液，补充水到 1.0mL。然后每支试管加入 4.0mL 考马斯亮蓝 G-250 试剂。摇匀放置 5min 后，在紫外-可见分光光度计 595nm 处测定吸光值。用测得的吸光值从标准曲线上查得相当于牛血清清蛋白的数量（μg），计算待测蛋白质的含量。

在标准蛋白质和蛋白质样品的测定时，为了减少误差，每一个浓度的蛋白质做 3 支平行管。

（3）试剂配制

1）牛血清清蛋白标准液。结晶牛血清清蛋白或酪蛋白，预先经微量凯氏定氮法标定该蛋白质的百分含量或者根据牛血清清蛋白的消光系数是 5.6 来计算其百分含量。然后根据该蛋白的纯度配制成浓度为 100μg/mL 的蛋白溶液。

2）考马斯亮蓝 G-250 试剂。称 100mg 考马斯亮蓝 G-250 溶于 50mL95% 乙醇，加入 100mL 质量浓度为 0.85g/mL 的磷酸，作为母液保存，使用时用水稀释到 1000mL。试剂的最终浓度为 0.01% 考马斯亮蓝 G-250、质量浓度为 0.047g/mL 乙醇、质量浓度为 0.085g/mL 磷酸。

4.9.2.2　微量测定法

考马斯亮蓝 G-250 微量测定法的基本原理与常规测定法相同，只是在测定时的用量少。具体操作如下：取含 1～10μg 的蛋白质溶液，用去离子水补充体积到 0.8mL，加入 0.2mL 考马斯亮蓝 G-250 试剂混匀，放置 2min 后，在紫外-可见分光光度计 595nm 处测定吸光值。蛋白质标准曲线的绘制、样品的测定和计算方法均与常规测定法一样。

4.9.2.3　影响因素

考马斯亮蓝 G-250 染色法测定蛋白质含量的灵敏度很高，但测定时颜色反应的干扰因素相对较少。一些离子剂（如 K^+、Na^+、Mg^{2+}、NH_4^+ 等）没有干扰；一些去污剂（如微量的 Triton-100、SDS 等）有干扰，但用相应的缓冲液对照可以很容易地除去，而大量去污剂的干扰则很难消除。虽然蛋白质与燃料结合的颜色在 1h 内基本上是稳定的。但在测定时尽量不要把时间拖得太长。最好在 10min 以内测定，而且每管显色后放置的时间尽量保持一致。

5 红外吸收光谱

红外辐射是 18 世纪末，19 世纪初才被发现的。1800 年英国物理学家赫谢尔（Herschel）用棱镜使太阳光色散，研究各部分光的热效应，发现在红色光的外侧具有最大的热效应，说明红色光的外侧还有辐射存在，当时把它称为“红外线”或“热线”。这是红外光谱的萌芽阶段。由于当时没有精密仪器可以检测，所以一直没能得到发展。过了近一个世纪，才有了进一步研究并引起注意。

1892 年朱利叶斯（Julius）用岩盐棱镜及测热辐射计（电阻温度计），测得了 20 几种有机化合物的红外光谱，这是一个具有开拓意义的研究工作，立即引起了人们的注意。1905 年库柏伦茨（Coblentz）测得了 128 种有机和无机化合物的红外光谱，引起了光谱界的极大轰动。这是红外光谱开拓及发展的阶段。

到了 20 世纪 30 年代，光的波粒二象性、量子力学及科学技术的发展，为红外光谱的理论及技术的发展提供了重要的基础。不少学者对大多数化合物的红外光谱进行理论上的研究和归纳、总结，用振动理论进行一系列键长、键力、能级的计算，使红外光谱理论日趋完善和成熟。尽管当时的检测手段还比较简单，仪器仅是单光束的、手动和非商化的，但红外光谱作为光谱学的一个重要分支已为光谱学家和物理学家、化学家所公认。这个阶段是红外光谱理论及实践逐步完善和成熟的阶段。

20 世纪中期以后，商品红外光谱仪器就已经投入应用，揭开了有机化合物结构的新篇章。红外光谱经历了棱镜红外光谱、光栅红外光谱，目前已进入了傅里叶变换红外光谱（FT-IR），并积累了十几万张标准谱图，这就使红外光谱成为分子结构鉴定的重要手段。

利用物质分子对红外辐射的吸收，并由其振动或转动运动引起的偶极矩的净变化，产生分子振动和转动能级从基态到激发态的跃迁，使得分子振动能级和转动能级变化产生的振动-转动光谱，称为红外光谱（infrared spectroscopy，IR），红外光谱属于分子吸收光谱的范畴。

红外光谱法是鉴定化合物和确定物质分子结构的常用手段之一，它同时也可以对单一组分或混合物中各组分进行定量分析，尤其对一些较难分离并在紫外、可见区找不到明显特征峰的样品也可方便迅速地完成定量分析。红外与色谱联用可以进行多组分样品的分离和定性；与显微技术联用可进行微区（0.01 ~ 1μm）和微量（10^{-12}g）样品的分析鉴定；与热失重联用可进行材料的热稳定性研究；与拉曼光谱联用可得到红外光谱弱吸收的信息。这些新技术为物质结构的研究提供了更多的手段，使红外光谱法更加广泛地应用于有机化学、高分子化学、无机化学、化工、催化、石油、材料、生物、医药、环境等领域。

5.1 红外光谱的基本知识

5.1.1 红外光谱的划分

红外光与 X 光、紫外光、可见光以及无线电波等都是电磁波的一种，只不过它们的波长不同而已，红外光是一种波长大于可见光的电磁波。红外光区位于可见光区和微波区之间，波长的范围约为 $0.75\times10^3\sim1000\times10^3$nm，根据仪器技术和应用不同，习惯上又将红外光区分为三个区：近红外光区（$0.75\times10^3\sim2.5\times10^3$nm），中红外光区（$2.5\times10^3\sim50\times10^3$nm），远红外光区（$50\times10^3\sim1000\times10^3$nm）。

近红外光区的波长范围 $0.75\times10^3\sim2.5\times10^3$nm，其波长靠近可见光故称为近红外，低能电子跃迁、含氢原子团（如 O—H、N—H、C—H 等）伸缩振动的倍频吸收都在此区。该区的光谱可用来研究稀土和其他过渡金属离子的化合物，并适用于水、醇、某些高分子化合物以及含氢原子团的定量分析。中红外光区波长范围 $2.5\times10^3\sim50\times10^3$nm，绝大多数有机化合物和无机离子的基频吸收带［由基态振动能级（$v=0$）跃迁至第一振动激发态（$v=1$）时，所产生的吸收峰（称为基频峰）］都在此区。由于基频振动是分子中吸收最强的振动，所以该区最适于进行化合物的定性和定量分析。同时，由于中红外光谱仪最为成熟、简单，而且目前已积累了该区大量的标准谱图数据，因而它是应用极为广泛的光谱区。远红外光区波长范围 $50\times10^3\sim1000\times10^3$nm，气体分子中的纯转动跃迁、振动-转动跃迁、液体和固体中重原子的伸缩振动、某些变角振动、骨架振动以及晶体中的晶格振动都在此区。由于低频骨架振动能灵敏地反映出结构变化，所以对异构体的研究特别方便。此外，还能用于金属有机化合物（包括络合物）、氢键、吸附现象的研究。但由于该光区能量弱，除非中红外区没有特征谱带，一般不在此范围内进行分析。

5.1.2　红外光谱的产生

物质分子是在不断运动的，分子本身的运动是很复杂的，作为一级近似可分为平动、转动、振动和分子内电子相对于原子核的运动。与产生红外光谱有关的运动方式是原子的振动和分子的转动。

根据量子力学理论，分子内部的每一种运动形式都有一定的能级而且是量子化的，分子的转动能级间隔越小（$\Delta E<0.05$eV），其能级跃迁仅需远红外光或微波照射即可；振动能级间的间隔越大（$\Delta E=0.05\sim1.0$eV），从而欲产生振动能级的跃迁需要吸收较短波长的光，所以振动光谱出现在中红外区。

在红外吸收光谱分析中，只有照射光的能量 $E=h\nu$ 等于两个振动能级间的能量差 ΔE 时，分子才能由低振动能级 E_1 跃迁到高振动能级 E_2，即 $\Delta E=E_1-E_2$ 时，则产生红外吸收光谱。在这里还要强调一下，如前所述分子的振动和转动引起红外光谱，但必须在分子振动过程中能引起偶极矩的变化即有红外活性振动才能产生的红外光谱。分子吸收光的频率为：

$$v=\frac{c}{\lambda}=\Delta E/h \tag{5-1}$$

在红外吸收光谱分析中，分子旋转能级也发生改变，因而红外光谱可以形成带状光谱，红外光谱应该被当作振动——旋转光谱来分析。

5.1.3　红外光谱图的特征

当样品受到频率连续变化的红外光照射时，分子吸收某些频率的辐射，产生分子振动能级和转动能级从基态到激发态的跃迁，使相应于这些吸收区域的透射光强度减弱。记录红外光的百分透过率与波数或波长关系曲线，就得到红外光谱。红外光谱图通常以红外光通过样品的透过率（T）或吸光度（A）为纵坐标，以红外光的波数（$\bar{v}$）或波长（λ）为横坐标。

透过率为入射光被样品吸收后透过光的强度与入射光强度之比：

$$T = T \times 100\% = \frac{I}{I_0} \times 100\% \tag{5-2}$$

$$A = \lg(I_0/I) = \lg(1/T) \tag{5-3}$$

对于分子振动来说，照射光的频率（ν）是一个很大的数值，使用很不方便，因此使用一个更方便的单位波数（$\bar{\nu}$）来表示光的能量。波数（$\bar{\nu}$）是用频率（ν）除以光速（c）得到的：

$$\bar{\nu} = \frac{\nu}{c} = \frac{1}{\lambda} \tag{5-4}$$

由于不同化合物在发生振动能级跃迁时 ΔE 即它所吸收光的频率（或能量）不同，所以可根据频率（ν）或波长（λ）或波数（$\bar{\nu}$）和分子结构的相关关系——光谱图来认识和区别不同的化合物。因此，红外光谱图中吸收峰在横轴的位置、吸收峰的形状和强度可以提供化合物的结构信息，用于物质的定性分析和定量分析。

5.1.4 红外光谱图的特点

红外光谱图的主要特点如下：

（1）红外光谱提供的信息量大且具有特征性，被誉为“分子指纹”，所以在结构分析上很有用，是结构分析常用的有力手段；

（2）红外光谱是研究分子振动时伴随有偶极矩变化的有机及无机化合物，所以对象极广，除了单原子分子及同核的双原子分子外，几乎所有的有机物都有红外吸收；

（3）分子结构更为精细的表征：通过波谱的波数位置、波峰数目及强度确定分子基团和分子结构；

（4）红外光谱法不仅可以进行物质的结构分析，还可以做定量分析和通过红外光谱计算化合物的键力常数、键长、键角等物理常数；

（5）不受样品的某些物理性质如相态（气、液、固相）、熔点、沸点及蒸气压的限制；

（6）样品用量少，可回收，属非破坏性分析，分析速度快；

（7）与其他近代结构分析仪器如质谱、核磁共振等比较，红外光谱仪构造较简单，配套性附属仪器少，价格也较低，更易普及；

（8）色散型仪器的分辨率低，灵敏度低，不适于弱辐射的研究；

（9）不能用于水溶液及含水物质的分析；

（10）对某些物质不适用：如振动时无偶极矩变化的物质，左右旋光物质的红外光谱相同，不能判别，长链正烷烃类的红外光谱相近似等。复杂化合物的光谱极复杂，难以作出准确的结构判断，往往需与其他方法配合。

5.2 红外分子振动

5.2.1 双原子分子的振动

双原子分子中原子是通过化学键联结起来的，可以把两个原子看成是两个小球，把化

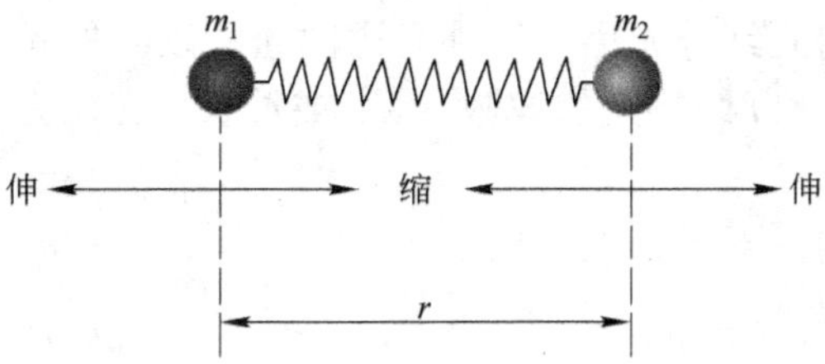

图 5-1　双原子分子振动示意图

学键看作质量可以忽略不计的弹簧，如图 5-1 所示。它们在平衡位置附近作简谐振动。

根据虎克定律双原子分子的频率 v（或波数 $\bar{v}$）公式为：

$$v = c \cdot \bar{v} \frac{1}{2\pi}\sqrt{\frac{k}{\mu}} \tag{5-5}$$

式中 k 为力常数（或键的弹性系数）；μ 为折合质量，若设 A 和 B 的质量分别为 m_1 和 m_2，则

$$k = 4\pi^2 \cdot v^2 \cdot \mu \tag{5-6}$$

$$\mu = \left[\left(\frac{1}{m_1}\right) + \left(\frac{1}{m_2}\right)\right]^{-1} = \frac{m_1 m_2}{m_1 + m_2} \tag{5-7}$$

由式 5-5 可见基团的和化学键的特征频率取决于化学键的强弱和化学键所连接的两个原子的质量。$\bar{v}$ 随力常数 k（见表 5-1）的增加或 μ 的减少（取决于 m_1 和 m_2 中较小的一个）而增大。

表 5-1　一些化学键的 k、μ 与 $\bar{v}$ 的关系

化学键	折合质量 μ/u	分子式	力常数 $k/N \cdot cm^{-1}$	波数 $\bar{v}/cm^{-1}$	化学键	折合质量 μ/u	分子式	力常数 $k/N \cdot cm^{-1}$	波数 $\bar{v}/cm^{-1}$
H—F	0.95	HF	9.67	4156	C═O	5.857	—	11.8 ~ 13.4	1709 ~ 1812
H—Cl	0.972	HCl	4.15	2888	C≡C	5.0	—	14.6 ~ 17	2059
H—S	0.970	H_2S	3.30	2740	C≡N	5.462	—	15.2 ~ 17.2	2062 ~ 2186
H—O	0.941	H_2O	6.80	3750	C—O	5.857	—	4.0 ~ 4.8	1112 ~ 1198
H—P	0.969	—	3.10	2330	C—N	5.462	—	3.9 ~ 4.6	1134 ~ 1212
H—N	0.933	NH_3	5.5	3438	C—Cl	7.936	CH_3Cl	3.4	803
H—C	0.923	CH_3X	3.7	2940 ~ 3040	N—N	6.0	—	3.5 ~ 4.5	921 ~ 1154
H—C	0.923	C_2H_4	4.1	2940 ~ 3040	O—O	7.0	—	3.5 ~ 4.0	861 ~ 1030
H—C	0.923	C_6H_6	4.1	2940 ~ 3040	N═N	6.0	—	13.0 ~ 13.5	—
C—C	5.0	—	3.5 ~ 4.6	1198	N≡N	6.0	N_2	22.9	—
C═C	5.0	C_6H_6	6.62	1500 ~ 1600	C—Br	10.43	—	2.8	—
C═C	5.0	C_2H_4	9.5 ~ 9.9	1681	H—Br	0.988	HBr	3.11	—
C═N	5.462	—	10 ~ 11	1620 ~ 1699	H—I	0.922	HI	3.16	—

5.2.2　多原子分子的振动

多原子分子的振动主要有两种形式，一种是伸缩振动，二是变形振动。

（1）伸缩振动。原子沿键轴方向伸长或收缩的振动，键长周期性发生变化而键角不变称为伸缩振动（用 v 表示）。若原子振动时所有键都同时伸长或收缩称为对称伸缩振动（用 v_s 表示）；若有些键伸长而另一些键收缩为非（反或不）对称伸缩振动（用 v_{as} 表示）。甲基和亚甲基的伸缩振动见图 5-2。

（2）变形振动（又称弯曲振动或变角振动）。原子与键轴成垂直方向振动，键角发生

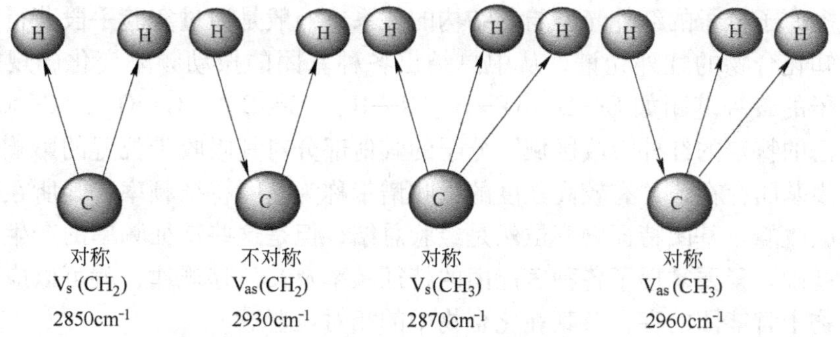

图 5-2　甲基和亚甲基的伸缩振动

周期变化而键长不变的振动称为变形振动，用符号 δ 表示。根据对称性不同可以分为对称变形振动（δ_s）和不对称变形振动（δ_{as}）；根据振动方向是否在原子团所在平面又分为面内变形振动（β）和面外变形振动（γ）；面内变形振动又分为剪式（以 δ 或 β 表示）和平面摇摆振动（以 γ 或 ρ 表示）。面外变形振动又分为垂直摇摆（以 ω 表示）和扭曲摇摆（以 τ 或 t 表示）。甲基和亚甲基的变形振动如图 5-3 所示。

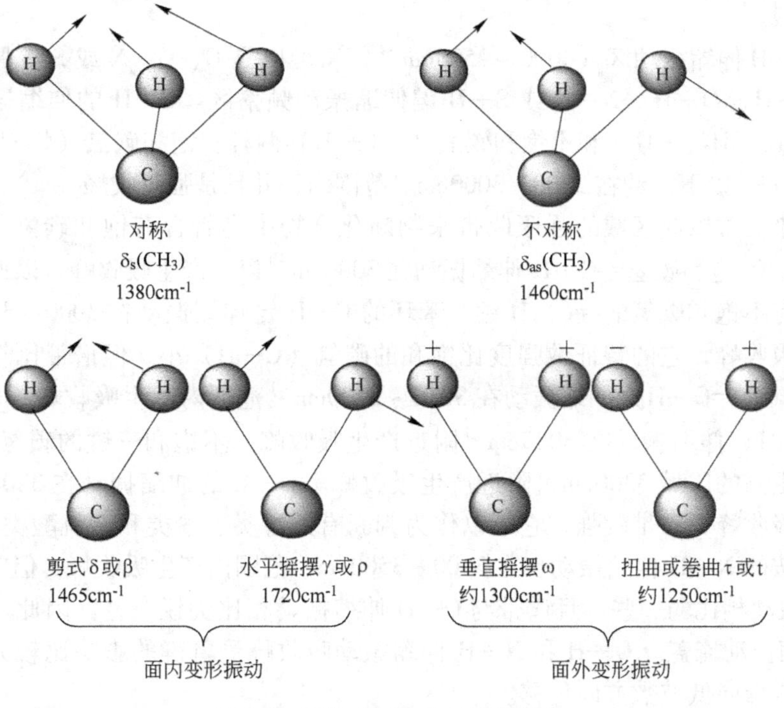

图 5-3　甲基和亚甲基的变形振动

+表示由纸面向外；－表示由纸面向内

5.3　红外分子的基团特征频率和特征吸收峰

5.3.1　基团特征频率与红外光谱区域的关系

物质的红外光谱反映了其分子结构的信息，谱图中的吸收峰与分子中各基团的振动形式相对应。多原子分子的红外光谱与其结构的关系，一般是通过实验手段获得的。即通过比较大量已知化合物的红外光谱，从中总结出各种基团的振动频率变化的规律。结果表明，组成分子的各种基团如 C—H、O—H、N—H、C═C、C═O、C≡C、C≡N 等，都有自己的特定的红外吸收区域，分子的其他部分对其吸收带位置的影响较小。通常把这种能代表基团存在、并有较高强度的吸收谱带称为基团特征频率，其所在的位置一般又称为特征吸收峰。基团特征频率虽然是经验总结，但是这些特征频率的产生有坚实的经典力学理论基础。只要掌握了各种官能团的特征频率及其位移规律，就可以应用红外光谱来确定化合物中官能团的存在及其在化合物中的相对位置。

5.3.2 基团频率区

该区域称为基团频率区、官能区或特征区。这一区域是官能团特征峰出现较多的波数区段，而且该区域官能团的特征频率受分子中其他部分的影响比较小，大多产生官能团特征吸收峰。实际上由于内部或外部因素的影响，特征振动频率会在一个较窄的范围内产生位移，但这种位移往往与分子结构的细节相关联，不但不会影响吸收峰的特征吸收性，而且会对分子结构的确定提供一些基团连接方式等有用的结构信息。基团频率区又可细分为下面 3 个区域。

（1） X—H 伸缩振动区（4000 ~ 2500cm^{-1}） X 可以是 C、O、N 或 S 等原子，这个区域主要是 C—H、O—H、N—H 或 S—H 键伸缩振动频率区。C—H 的伸缩振动可分为饱和碳氢（CH_3、CH_2、CH）和不饱和碳氢（═C—H）两种。饱和碳氢（C—H）伸缩振动出现在 3000cm^{-1}以下，约在 2800 ~ 3000cm^{-1}范围内，并且是强吸收峰（vs），取代基对它们的影响很小。常以此区域的强吸收带来判断化合物中是否含有饱和碳氢（CH_3、CH_2、CH 等基团）。不饱和碳氢═C—H 伸缩振动在 3000cm^{-1}以上产生吸收峰，以此来判断化合物中是否含有不饱和碳氢的═C—H 键。苯环的 C—H 键伸缩振动在 3000 ~ 3100cm^{-1}范围内产生几个吸收峰，它的特征数强度比饱和的碳氢（C—H）小，但谱带比较尖锐。不饱和双键的碳氢（═C—H）伸缩振动在 3010 ~ 3100cm^{-1}范围内产生吸收峰，端部═CH_2的碳氢（═C—H）伸缩振动在 3085cm^{-1}附近产生吸收峰。不饱和三键的碳氢（≡C—H）伸缩振动在更高的区域 3300cm^{-1}附近产生吸收峰。O—H 的伸缩振动在 3200 ~ 3650cm^{-1}范围内产生吸收峰，谱带较强，它可以作为判断有无醇类、酚类和有机酸类的重要依据。脂肪胺和酰胺的 N—H 伸缩振动也在 3100 ~ 3500cm^{-1}范围内产生吸收峰，但吸收带强度与 O—H 伸缩振动相比弱一些，且谱带与 O—H 伸缩振动相比尖锐一些。因此，吸收带可能被 O—H 伸缩振动掩盖。O—H 和 N—H 伸缩振动吸收峰受氢键的影响比较大，氢键使其伸缩振动吸收峰向低波数方向位移。

（2） 三键和累积双键区（2500 ~ 1900cm^{-1}）。这个区域主要是 C≡C 和 C≡N 键伸缩振动频率区，以及 C═C═C、C═C═O 等累积双键的不对称性伸缩振动频率区。炔烃 C≡C 在 2140 ~ 2260cm^{-1}范围内产生吸收峰；C≡N 键的伸缩振动在非共轭的情况下在 2240 ~ 2260cm^{-1}范围内产生吸收峰。当与不饱和键或芳香核共轭时，该峰位移到 2220 ~ 2230cm^{-1}附近。由于只有少数一些官能团在此区域产生吸收峰，因此应用红外光谱来确定化合物中是否存在氰基（C≡N）是非常特征的方法。

（3） 双键伸缩振动区（1900 ~ 1200cm^{-1}）。这个区域主要是 C═O 和 C═C 键伸缩振动频率区。C═O 伸缩振动出现在 1900 ~ 1650cm^{-1}，是红外光谱中最特征的谱带，且强度往往也是最强的谱带（vs），根据 C═O 伸缩振动的谱带很容易判断酮类、醛类、酸类、酯类以及酸酐等有机化合物。酸酐和酰亚胺中的羰基（C═O）吸收带由于振动耦合而呈现双峰。烯烃 C═C 的伸缩振动在 1620 ~ 1680cm^{-1}范围内产生吸收峰，一般很弱。单核芳烃的 C═C 伸缩振动在 1600cm^{-1}和 1500cm^{-1}附近范围内产生两个峰（有时裂分为四个峰），这是芳环骨架结构的特征谱带，用于确认有无芳环存在。取代苯的碳氢（═C—H）变形振动的倍频谱带，在 1650 ~ 2000cm^{-1}范围内产生吸收峰，虽然强度很弱，但它们的谱带形状在确定芳环取代位置有一定的作用。

5.3.3 指纹区

指纹区（1300 ~ 400cm^{-1}）的吸收谱带比较复杂，重原子单键的伸缩振动和各种变形振动都出现在这个区域。由于它们振动频率相近，不同振动形式之间易于发生振动耦合，虽然吸收带位置与官能团之间没有固定的对应关系，但是它们能够灵敏地反映分子结构的微小差异，可以作为鉴定化合物的“指纹”使用，故称为指纹区。在这里应该强调一下，并不是所有的吸收谱带都能与化合物中的官能团有对应关系，特别是指纹区的吸收谱带。但如上所述，指纹区的主要价值在于可用来鉴别不同的化合物，且宜于和标准谱图（或已知化合物谱图）进行比较。也可以这样说，凡是具有结构不同的两个化合物，一定不会有相同的“指纹”特征。虽然有上述情况，某些同系物和光学异构体的“指纹”特征可能相似；不同的制样条件也可能引起指纹区吸收谱带。

（1）1300 ~ 900cm^{-1}区域主要是 C—O、C—N、C—F、C—P、C—S、P—O、Si—O 等单键的伸缩振动和 C ═S、S ═O、P ═O 等双键的伸缩振动吸收频率区，以及一些变形振动吸收频率区。其中甲基（CH_3）对称变形振动在约 1380cm^{-1}附近产生吸收峰，对判断是否存在甲基十分有价值；C—O 的伸缩振动在 1000 ~ 1300cm^{-1}范围内产生吸收峰，是该区域最强的吸收谱带（vs），非常容易识别。

（2）900 ~ 400cm^{-1}区域是一些重原子伸缩振动和一些变形振动的吸收频率区。利用这一区域苯环的═C—H 面外变形振动吸收峰和在 1650 ~ 2000cm^{-1}区域苯环的═C—H 变形振动的倍频（或组合频）吸收峰，可以共同配合确定苯环的取代类型。某些吸收峰也可以用来确认化合物的顺反构型。

5.4 频率位移的影响因素

红外光谱的特点是一方面官能团的特征吸收频率的位置基本上是固定的；另一方面它们又不是绝对不变的，其频率位移可以反映分子的结构特点，从而使红外光谱成为有机结构分析的重要工具。例如：某一含 C═O 的化合物在 1680cm^{-1}有吸收峰，就要考虑有两种可能性，一种可能是酰胺中的 C═O；另一种可能则是由于酮 C═O 与某基团共轭而导致频率低移。若是酰胺则要进一步确定—NH 的特征吸收峰，这就说明掌握了频率位移的规律，有助于正确地推断结构。产生频率位移的因素可分为分子结构有关的内部因素和测定状态有关的外部因素。

5.4.1 外部因素

外部因素包括试样的状态、粒度、溶剂、重结晶条件及制样方法等，这些都会引起红外光谱吸收频率的改变。当与标准谱图对照时，必须在外部条件一致的情况下才能比较。

（1）物理状态的改变。同一物质在不同状态时，由于分子间相互作用力不同，测得的光谱也往往不同。

1）气态：分子密度小，分子间的作用力较小，可以发生自由转动，振动光谱上叠加的转动光谱会出现精细构造。光谱谱带的波数相对较高，谱带较矮而宽；

2）液态：分子密度较大，分子间的作用较大，分子转动受到阻力，因此转动光谱的精细结构消失，谱带变窄，更为对称，波数较低。有时还会发生缔合，将使光谱变化较大；

3）固态：分子间的相互作用较为猛烈，光谱变得复杂，有时还会发生能级的分裂，产生新的谱带。

不同物理状态的样品测得的红外光谱图差异很大，甚至会被认为是不同化合物。另外制样方法不同，例如用溶剂法测定和 KBr 压片法测定的光谱也会有较大差异。

（2）溶剂的影响。溶剂的极性、溶质的浓度对光谱均有影响，尤其是溶剂的极性。在极性溶剂中，极性基团（如—OH、—NH、C═O 、—CN 等）的伸缩振动由于受极性溶剂分子的作用，使键力常数减小，波数降低，而吸收强度增大；对于变形振动，由于基团受到束缚作用，变形所需能量增大，所以波数升高。当溶剂分子与溶质形成氢键时，光谱所受的影响更显著。此外，测量时的温度也会影响红外吸收峰的形状和数目。

（3）晶态、晶型和结晶颗粒大小的影响。固体样品还会由于混磨时间的差异和颗粒大小的不同，导致光谱发生改变。粒度的影响主要是由散射引起的，粒度越大基线越高，尤其是高频部分（散射引起的），峰宽而强度低，随着粒度的变小，基线下降，强度增高，峰变窄。通常要求粒度大小必须小于测定波长。

样品用不同的溶剂重结晶，可产生不同的结晶形状，光谱有明显差异。另外结晶与非结晶红外光谱也有差别，由于原子在晶格内规则排列，相互作用均一，往往使谱带裂分。例如长链的烃—$(CH_2)_n$—面内摇摆运动，液体时在约 $720cm^{-1}$ 有一个峰，当晶态时裂分为双峰，晶态聚乙烯中就可以看到约 $720cm^{-1}$ 的双峰。

5.4.2 内部因素

（1）电子效应。基本振动的 $\tilde{\nu}$ 与键力常数 k 有关，k 是取决于基团或化学键中电子云的分布，而电子云的分布与构成基团或化学键的原子相互作用密切相关。这些作用有诱导效应、共轭效应及中介效应等。

1）诱导效应（Ⅰ效应）。由于分子中的取代基具有不同的电负性，通过其静电诱导作用，引起电子云的分布的变化，从而改变了 k，使 $\tilde{\nu}$ 发生位移。例如 C═O 中的氧原子有吸引电子的倾向，形成 $C^+—O^-$，当羰基化合物在 C═O 邻位有电负性大的原子或官能团（如吸电子基团 Cl）的诱导效应就会使电子云由氧原子转向双键的中间，使 C═O 双键性增强，力常数 k 增大，所以特征频率向高波数位移。

当羰基邻位连有电负性大的原子或吸电子基团时，由于诱导效应使特征频率升高。例如：

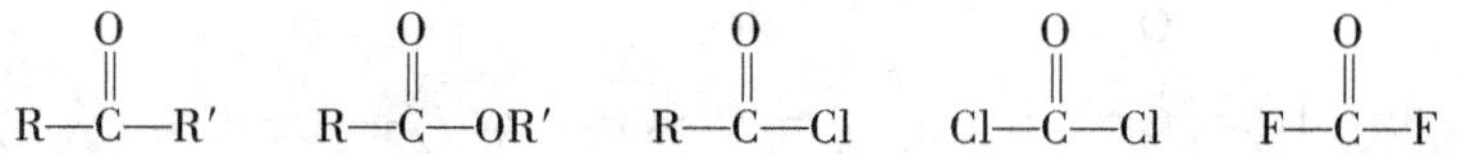

$\tilde{\nu}$(C=O) /cm^{-1} 1715 1735 1802 1827 1928

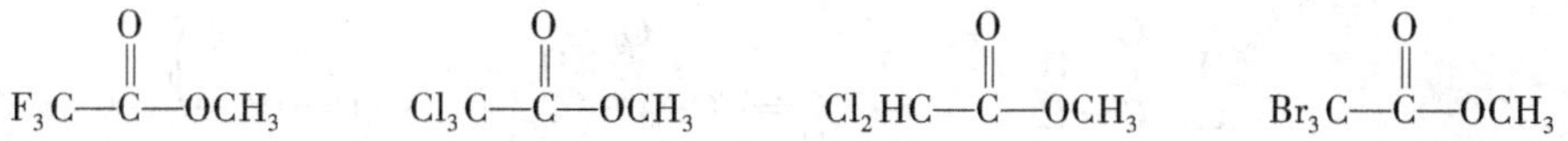

$\tilde{\nu}$(C=O)/cm^{-1} 1780 1768 1755 1740

由上可见，随着取代原子电负性的增大或取代数目的增加，诱导效应越强，吸收峰向高波数移动的程度越显著。

由表5-2可见，在周期表任一周期中，X—H的伸缩振动频率（或力常数）随原子序数的增加而线性增加；而在同族中，X—H的伸缩振动频率自上而下有规则地递减。由此可以得出X—H的伸缩振动频率随X元素电负性的增加而增加，即与键强度的增加和键长的减少相对应。从表5-3可以看到，甲基变形振动频率的顺序平行于表5-2 X—H伸缩振动频率的顺序。可以发现甲基对称变形振动的频率随同周期中元素电负性的增加而增加（电负性N＜O＜F）；并随同族元素下行而减小（电负性I＜Br＜Cl＜F）。

表5-2 某些X—H伸缩振动频率（ν） （cm^{-1}）

B—H 2400	C—H 3000	N—H 3400	O—H 3600	F—H 4000
Al—H 1750	Si—H 2150	P—H 2350	S—H 2570	Cl—H 2890
	Ge—H 2070	As—H 2150	Se—H 2300	Br—H 2650
	Sn—H 1850	Sb—H 1890		I—H 2310

表5-3 某些X—CH_3对称变形振动频率（ν） （cm^{-1}）

B—CH_3 1310	C—CH_3 1380	N—CH_3 1425	O—CH_3 1450	F—CH_3 1475
	Si—CH_3 1265	P—CH_3 1295	S—CH_3 1310	Cl—CH_3 1335
	Ge—CH_3 1235	As—CH_3 1250	Se—CH_3 1282	Br—CH_3 1305
	Sn—CH_3 1165	Sb—CH_3 1200		I—CH_3 1252

2）共轭效应（C效应）。共轭形成了大π键，π电子的离域性增大，体系中电子云分布平均化，结果使双键的键长略有增加（电子云密度降低），k减小，吸收峰往低波数方向移动。如下表中由于C=O与苯环的共轭而使C=O的k减小，振动频率降低。例如：酮的C=O，因与苯环或碳碳双键共轭而使C=O的力常数减小，振动频率降低。

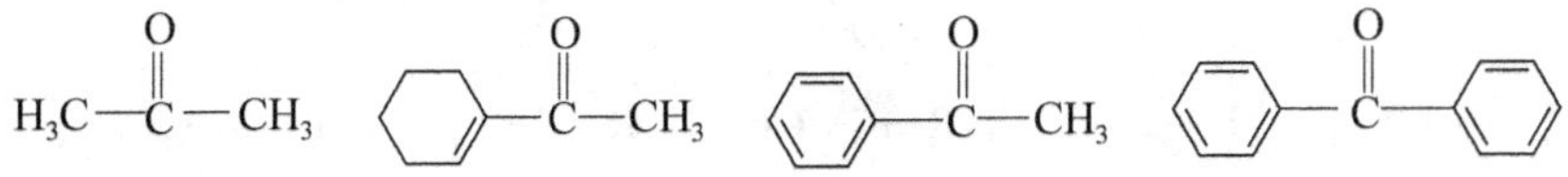

$\tilde{\upsilon}_{(C=O)}/cm^{-1}$　1715　　1685　　1680　　1665

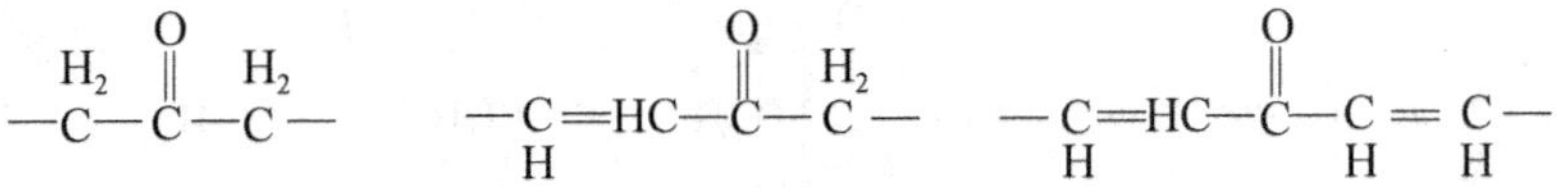

$\tilde{\upsilon}_{(C=O)}/cm^{-1}$　1705～1725　　1665～1685　　1660～1670

3）中介效应（M 效应）。中介效应也称共振效应。当含有孤对电子的原子（如 N、O、S 等）与具有多重键的原子相连接时，也可起类似的共轭作用（有时也称为 n-π 共轭），称为中介效应。典型的中介效应是酰胺中氮原子对 C═O 吸收的影响作用。按照诱导效应分析，引入—NH_2，应使 $\tilde{\upsilon}_{C=O}$ 变大，但实际上是使 $\tilde{\upsilon}_{C=O}$ 减少。这是因为引入 N 原子后，N 原子上的孤对电子与 C═O 上的 π 电子轨道发生重叠（n-π 共轭），电子云往电负性更大的 O 原子方向移动，使 C═O 的极性更大，双键性减弱，键长变大，k 降低，所以 $\tilde{\upsilon}$ 变小（$1680cm^{-1}$左右）。

例如，酰胺分子中存在如下共振结构：

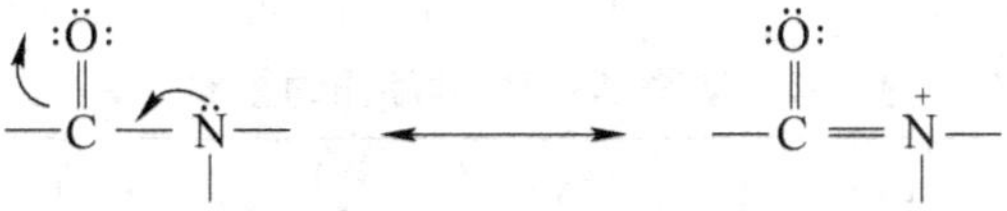

酰胺中的 C═O 与 N 原子的孤对电子产生共轭作用，使 C═O 上的电子云更移向氧原子，C═O 双键的电子云密度平均化，造成 C═O 键的力常数下降，使 C═O 吸收频率向低波数位移。这种现象用诱导效应解释不了（N 的电负性为 3.0，Cl 的电负性为 3.0）。若从诱导效应考虑，酰胺的 C═O 峰也应与酰氯一样向高波数位移，但实际上酰胺的 C═O 特征频率出现在 $1680cm^{-1}$。实际上在酰胺分子中诱导效应和中介效应同时存在，因为 N 原子与 C 原子属于同一周期元素，p-π 重叠较好，所以中介效应占优势。

应该注意的是：分子中引入具有 n 电子的电负性原子或基团后同时存在着诱导效应和中介效应，两者影响振动频率移动的方向相反，则振动频率最终移动的方向和程度取决于两种效应的净结果。当效应 I > 效应 M 时，振动向高波数移动，如酰卤、酯类的 C═O 。当效应 M > 效应 I 时，振动向低波数方向移动，如酰胺中的 C═O 。

（2）空间效应。效应是一些空间因素引起的对基团振动频率的影响，如化合物成环、基团引入对分子空间的影响等。主要有环张力效应、空间阻碍作用及分子偶极场作用等。

1）环张力效应（也称键角效应）。分子形成环时，由于环节数不同，引起环张力不同，因此，同一种化学键的键力常数不同，振动频率就不同。不同环的环张力大小次序为：三节环 > 四节环 > 五节环 > 六节环，则环内键的吸收波数为：$\tilde{\upsilon}_3 < \tilde{\upsilon}_4 < \tilde{\upsilon}_5 < \tilde{\upsilon}_6$（数字表示环节数）。而环外突出键为：$\tilde{\upsilon}_3 > \tilde{\upsilon}_4 > \tilde{\upsilon}_5 > \tilde{\upsilon}_6$。

化合物

$\tilde{\upsilon}_{c=c}/cm^{-1}$　约 1650　　约 1623　　约 1566　　约 1541

化合物

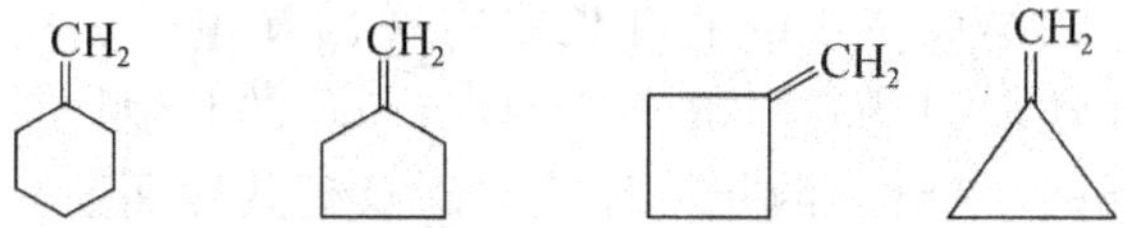

$\tilde{\upsilon}_{c=c}/cm^{-1}$　约 1650　　约 1657　　约 1678　　约 1781

2）空间阻碍作用（也叫空间位阻效应）。轭体系引入取代基时，可能会因取代基的空间阻碍（位阻）而削弱甚至破坏了共轭效应，使双键的 $\tilde{v}$ 变大，甚至接近于非共轭的 $\tilde{v}$；

3）分子的偶极场作用（也称分子内的空间作用）。分子引入极性基团时，不是直接通过所连接的化学键起诱导作用，而是在整个分子空间中改变了分子的偶极场，因而对分子中某些基团的振动发生影响。

（3）氢键效应。氢键（可以写作 X—H…Y）通常是给电子基团X—H如OH、NH_2的氢和吸电子基团Y之间形成，Y通常是O、N和卤素等，像C═C键这样的不饱和基团也可以作为质子接受基。氢键对红外光谱的主要作用是使峰变宽，使基团频率发生迁移。氢键能够改变两个基团的力常数，X—H伸缩频率被氢键降低，X—H变形振动频率被氢键增大，但不如伸缩振动引起频率变化显著。对于吸电子基团Y（例如C═O）的伸缩振动频率也减小，但是没有给电子基团（X—H）显著。氢键可以分为分子间氢键和分子内氢键。

1）分子间氢键。分子间氢键包括两个或多个同种或不同种类化合物之间分子的缔合。当给质子基团X—H和吸电子基团Y的键轴同轴时，氢键强度最大；当X和Y之间距离增大时，氢键强度减弱。分子间氢键可以产生二聚分子或多缔合分子链。

2）分子内氢键。分子内氢键的形成条件是给质子基团X—H和吸电子基团Y同时存在于一个分子中，且空间条件允许产生必要的轨道重叠。

分子内氢键大多发生在具有环状结构的相邻基团之间，形成分子内氢键时，伸缩振动谱带的位置、强度和形状的改变都较分子间氢键小，分子间和分子内氢键的键合程度都取决于温度，但分子间和分子内氢键的浓度效应则大不一样。低浓度时（在非极性溶剂中约低于0.01mg/L），分子间氢键产生的吸收带通常消失；分子内氢键是一种内部效应，在非常低的浓度下也能够存在。

3）振动的耦合效应。分子中基团或化学键的振动不是孤立的，而是会相互影响的。如果一个分子中有两个基团或化学键的振动频率相等或相近，且与一个公共原子相连接，它们之间就会发生相互作用，一个化学键的振动通过其公共原子导致另一化学键的键长发生变化，产生一种“微扰”，从而形成了强烈振动的耦合作用。其结果使原来的振动频率分裂为两个混合的振动频率，一个为对称的混合振动，频率移向低频，另一个为反对称的混合振动，频率移向高频。

4）费米共振。当分子中一个化学键振动的倍频（或组频）与另一个化学键振动的基频接近，且两个化学键相连接时，会发生相互作用，而产生吸收峰的分裂或产生很强的吸收峰，这个现象为费米（Fermi）首先发现，故称费米共振。如苯甲酰氯 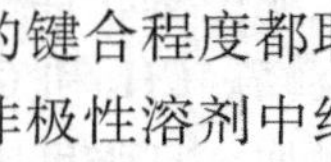

，

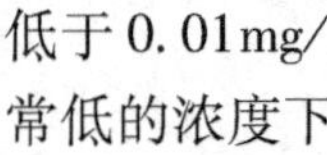

中与C═O相连的C—C变形振动（$\bar{v}_{C-C}$ ~870cm^{-1}）的倍频与C═O伸缩振动的基频（$\tilde{v}_{C=O}$ ~1774cm^{-1}）发生费米共振，因而导致C═O吸收峰分裂为两个峰，出现在1773cm^{-1}及1736cm^{-1}。

5.5 常见有机化合物的红外光谱图

5.5.1 饱和烃及其衍生物

除了环丙烷或有卤素取代外，饱和烃及其衍生物的甲基伸缩振动频率 $\bar{v}$（CH_3）和亚

甲基伸缩振动频率 $\tilde{v}$（CH_2）小于 3000cm^{-1}，是饱和烃与不饱和烃相区别的分界线。只要在约 2900cm^{-1} 和约 3000cm^{-1} 附近有强吸收峰就可以断定是饱和烃及其衍生物的甲基和亚甲基伸缩振动吸收峰，如果在 3000 ~ 3100cm^{-1} 附近有吸收峰，则可以判断化合物中含有不饱和碳氢。FTIR 或光栅红外光谱可以将饱和碳氢 C—H 伸缩振动区里的 CH_3 和 CH_2 的对称伸缩振动和不对称伸缩振动的四个峰分开。由于基团的特征吸收带与分子的其他部分无关是孤立存在的，在此基础上如将醇、醚、胺和卤代烃等都看做是饱和烃的衍生物，这时只要对附加基团（—OH、—NH_2）和键型（C—O、C—N、C—X）的特征吸收带加以补充，并弄清楚这些基团对 CH_3 和 CH_2 特征吸收峰的影响，就很容易对饱和烃的衍生物加以区别和鉴定。

5.5.1.1 烷烃

A 直链烷烃

烷烃中甲基不对称伸缩振动 v_{as}（CH_3）和对称伸缩振动 v_s（CH_3）分别在约 2962cm^{-1} 和约 2872cm^{-1} 附近产生强吸收峰；亚甲基不对称伸缩振动 v_{as}（CH_2）和对称伸缩振动 v_s（CH_2）分别在约 2926cm^{-1} 和约 2853cm^{-1} 附近产生强吸收峰。甲基不对称变形振动 δ_{as}（CH_3）和对称变形振动 δ_s（CH_3）分别在约 1460cm^{-1} 和约 1380cm^{-1} 附近产生吸收峰；亚甲基的面内变形振动（剪式振动）δ（CH_2）在约 1460cm^{-1} 附近产生吸收峰；当有 4 个以上亚甲基相连—$(CH_2)_n$—（$n \geqslant 4$）时其水平摇摆振动 γ（CH_2）在约 720cm^{-1} 附近产生吸收峰。CH_3 和 CH_2 基团与 C═O 等电负性基团相连时，会使其伸缩振动吸收峰的波数有所增加，且强度大大下降；会使甲基对称变形振动频率低移。

正己烷的红外光谱图见图 5-4。

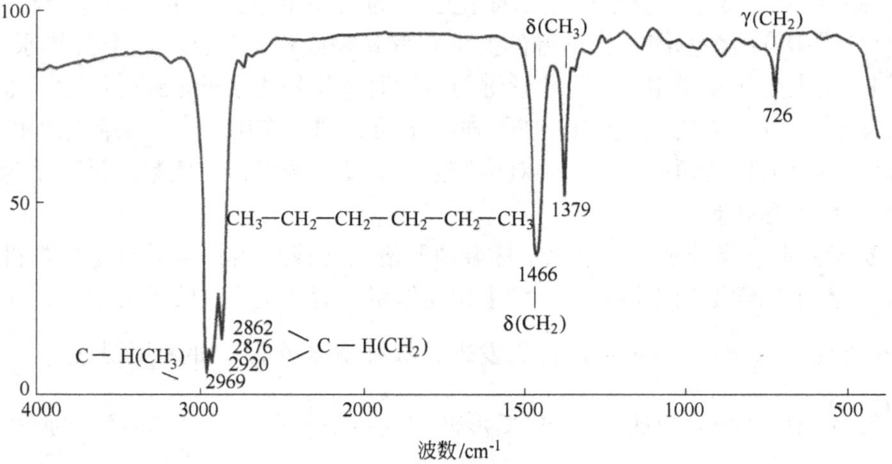

图 5-4 正己烷的红外光谱图

B 支链烷烃

由于支链的引入，使支链烷烃红外光谱图发生两个比较明显的变化。首先 CH_3 的对称变形振动发生变化，异构烷烃可以从甲基对称变形振动约 1380cm^{-1} 吸收峰裂分峰的相对强度比来推断，若裂分峰强度相等为异丙基，若强度比为 5∶4 则为偕二甲基，若强度比为 1∶2 则为叔丁基。但有时异丙基和偕二甲基的裂分峰强度比不好区分，可参见骨架振动 $\bar{v}$

(C—C) 或用核磁共振波谱及质谱等方法证实。其次烷烃的骨架振动吸收峰出现在 1000 ~ 1200cm^{-1}，但由于振动的耦合作用且强度较弱，这些吸收带的位置随分子结构而变化，在结构鉴定上意义不大。

C 环烷烃

对于环烷烃，由于环的存在，应有一个环的变形振动，在 1020 ~ 960cm^{-1}之间，环丙烷例外，无此吸收。环烷烃还有亚甲基的伸缩振动和变形振动，亚甲基的伸缩振动频率往往大于直链烷烃，并裂分为两个峰，该变形振动在 1450 ~ 1440cm^{-1}。

5.5.1.2 醇

由于羟基的引入在饱和碳氢吸收谱带的基础上增加了与羟基（—OH）有关的一些吸收谱带（如 O—H 、C—O）。醇羟基（—OH）的特征频率与氢键的形成有密切关系，大家知道羟基是强极性基团，由于氢键的作用，醇羟基（—OH）通常总是以缔合状态存在的，只有在极稀的溶液中，浓度大约小于 0.005mol/L 时基本上都是以游离羟基存在的。游离羟基伸缩振动频率 $\bar{v}$(O—H) 依伯醇（3640cm^{-1}）> 仲醇（3630cm^{-1}）> 酚（3620cm^{-1}）的顺序下降。形成氢键时吸收带向低频区位移（二聚体 3450 ~ 3550cm^{-1}，多聚体 3200 ~ 3400cm^{-1}）且峰形不变。在醇类化合物中强极性的 C—O 键的伸缩振动 $\bar{v}$(C—O) 在 1000 ~ 1150cm^{-1}产生强吸收峰。一般 α-碳（—C—C$_\alpha$—OH）支化使 $\bar{v}$(C—O) 低移约 15cm^{-1}；α-碳成环使 $\bar{v}$(C—O) 低移约 50cm^{-1}。多个 α-碳存在以上情况时，波数低移更大。

正丙醇的红外光谱图见图 5-5。

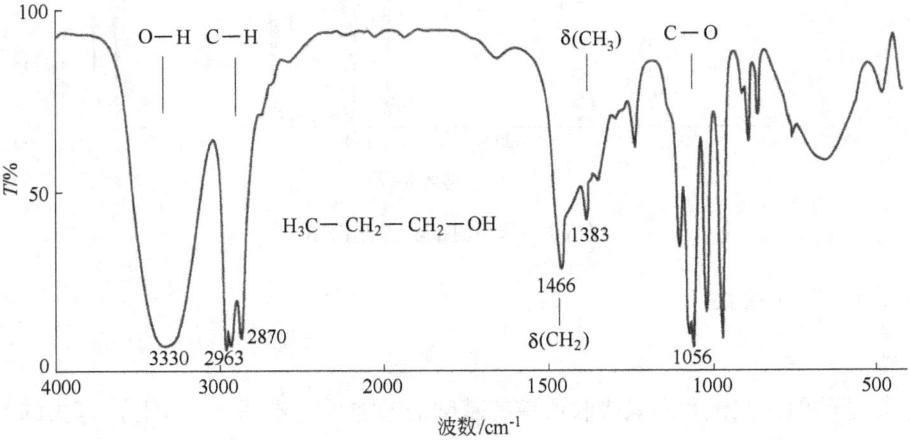

图 5-5 正丙醇的红外光谱图

5.5.1.3 醚

醚的特征吸收谱峰是 C—O—C 伸缩振动产生的吸收带，脂肪醚 C—O—C 不对称伸缩振动 v_{as}（C—O—C）和对称伸缩振动 v_s（C—O—C）分别出现在 1100cm^{-1} ± 50cm^{-1}（强而宽）和 900 ~ 1000cm^{-1}（图 5-6）。芳香醚 C—O—C 不对称伸缩振动 v_{as}（C—O—C）和对称伸缩振动 v_s（C—O—C）分别出现在 1220 ~ 1280cm^{-1}（强度大）和 1100 ~ 1050cm^{-1}（图 5-7）。根据醚不存在 $\bar{v}$(O—H) 而与醇相区别。

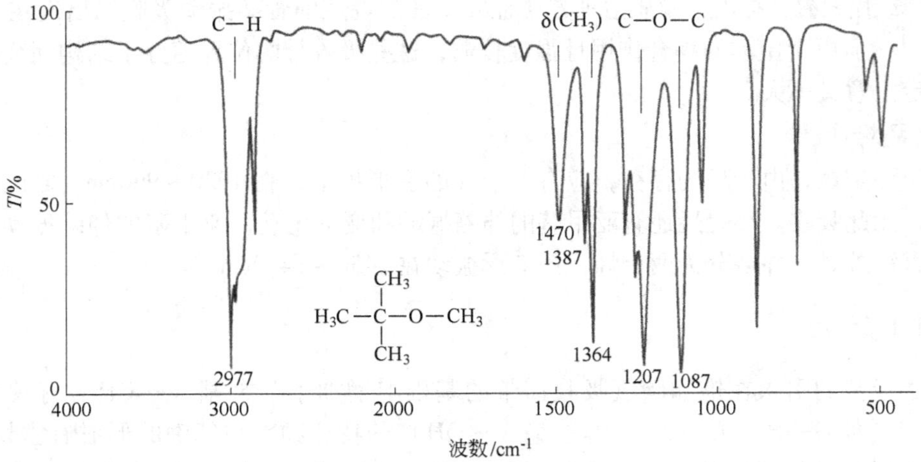

图 5-6　甲基叔丁基醚的红外光谱图

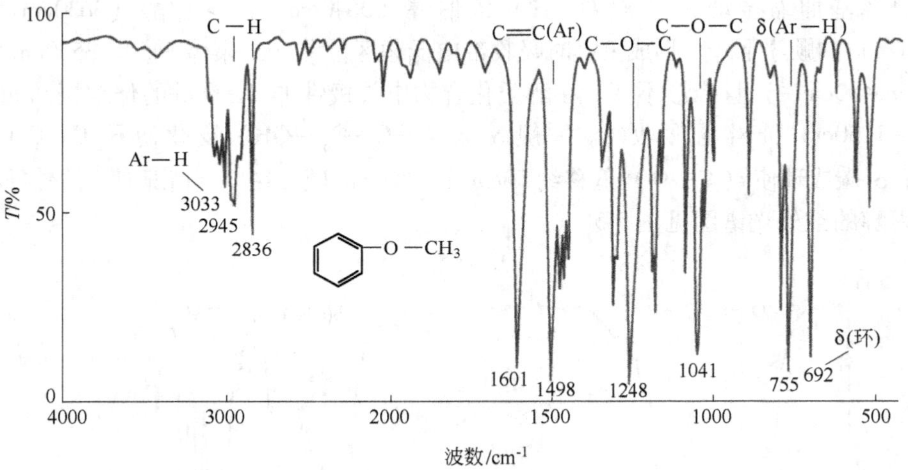

图 5-7　苯甲醚的红外光谱图

5.5.1.4　胺和铵盐

A　胺

由于氨基的引入在饱和碳氢吸收谱带的基础上增加了与氨基（—NH_2）有关的一些吸收谱带（如 N—H 、C—N）。游离的伯胺 R—NH_2 和 Ar—NH_2 的 N—H 伸缩振动产生双峰 v_{as}（—NH_2）为 3500cm^{-1} 和 v_s（—NH_2）为 3400cm^{-1}；但游离的仲胺为单峰，R—NH—R′为 3350 ~ 3310cm^{-1}，Ar—NH—Ar 为 3450cm^{-1}。通常以此区的双峰或单峰来区别是伯胺还是仲胺，非常特征。氢键使 N—H 伸缩振动 $\bar{v}$(N—H) 低移约 100cm^{-1}，但其谱峰一般较弱峰形较尖，而且浓度对其影响不大。N—H 变形振动 δ（NH_2）的 1560 ~ 1640cm^{-1} 和 650 ~ 900cm^{-1} 吸收峰分别于 CH_2 的面内和面外变形振动相当，后者较为特征，它们都因氢键而移向高波数。胺类化合物的 C—H 伸缩振动 $\bar{v}$(C—N) 的位置与 C—C 伸缩振动没太大区别，但由于 C—N 键的极性，所以强度较 C—C 伸缩振动的强度大。脂肪胺 $\bar{v}$(C—N) 出现在 1030 ~ 1203cm^{-1}，芳香胺 $\bar{v}$(C—N) 出现在 1250 ~ 1360cm^{-1}。仲胺的红外光谱图见图 5-8。

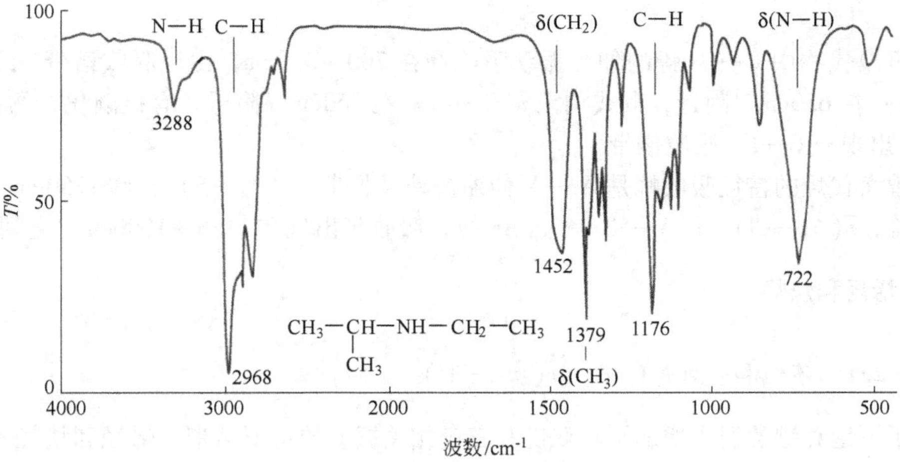

图 5-8 仲胺的红外光谱图

B 铵盐

铵盐一般在 3000 ~ 2200cm^{-1}范围内出现强而宽的“胺谱带”。确定样品中是否含有氨基最好的办法就是将样品用无机酸处理，然后观察“胺谱带”是否出现，如果胺谱带与 $\bar{v}$(C—H) 谱带重叠则为伯胺；如果它们是完全分开的，则为叔胺；仲胺的谱带位置居中，不容易与伯胺或叔胺分开，这时考虑 1600 ~ 1500cm^{-1}处的吸收峰。

5.5.1.5 卤代烃和其他化合物

有机卤代烃的特征吸收带是碳卤键伸缩振动 $\bar{v}$(C—X) 吸收带。由于卤素相对原子质量相差很大，所以不同卤素化合物中碳卤键伸缩振动 $\bar{v}$(C—X) 吸收带频率也相差很大；此外由于卤代物存在旋转异构体，所以在液态或溶液中 $\bar{v}$(C—X) 多产生多重峰。

C—F 键的伸缩振动吸收峰很强，一般 $\bar{v}$(C—F) 出现在 1400 ~ 1100cm^{-1}范围内。含一个氟原子的化合物，$\bar{v}$(C—F) 在 1100 ~ 1000cm^{-1}之间出现吸收峰；随着同一个碳原子上氟原子个数的增多，$\bar{v}$(C—F) 的吸收频率增加，CF_2和 CF_3的 C—F 键伸缩振动吸收峰分别出现在 1280 ~ 1120cm^{-1}和 1350 ~ 1120cm^{-1}，并呈现多重峰，特征性比较强。

处于端部的 C—Cl 键的伸缩振动吸收峰在约 725cm^{-1}和约 650cm^{-1}出现两个吸收带，这两个吸收带分别来自不同的旋转异构体。725cm^{-1}谱带是反式异构体 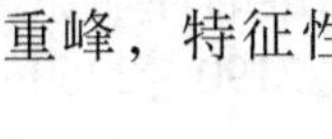 的 $\bar{v}$(C—Cl) 吸收带；625cm^{-1}谱带是顺式异构体 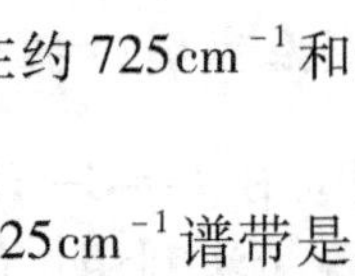 的 $\bar{v}$(C—Cl) 吸收带。此外，和氯原子相连的 CH_2基团，由于受氯原子吸电性的影响，使 CH_2面外摇摆振动吸收带强度明显增强，并出现在 1250cm^{-1}附近。

如果氯原子连接在链烷分子的中间原子上，上述 C—Cl 键的伸缩振动吸收峰将向低频移动，可能出现在小于约 $650cm^{-1}$，导致在谱图中不易观察到。如果同一个碳原子连有多个氯原子或多个氯原子连载相邻的两个碳原子上，$\bar{v}$(C—Cl) 吸收带将移向高频。

有机溴代物中 C—Br 键的伸缩振动吸收峰在 700 ~ $550cm^{-1}$ 出现吸收谱带，反式构象 $\bar{v}$(C—Br) 在 $650cm^{-1}$ 附近，顺式构象 $\bar{v}$(C—Br) 在 $560cm^{-1}$ 附近。有机碘化合物在 600 ~ $500cm^{-1}$ 出现 $\bar{v}$(C—I) 吸收谱带。

芳香卤代烃的特征吸收峰是 Ar—X 伸缩振动吸收带，$\bar{v}$(Ar—F) 在约 $1250cm^{-1}$ 之间出现吸收峰；$\bar{v}$(Ar—Cl)、$\bar{v}$(Ar—Br)、$\bar{v}$(Ar—I) 吸收带出现在 1175 ~ $1000cm^{-1}$ 之间。

5.5.2 烯烃和炔烃

5.5.2.1 不饱和碳氢伸缩振动 $\bar{v}$(═C—H)

由于不饱和键的引入增加了与双键和三键相关振动的特征谱带。烯烃和炔烃不饱和碳氢上的 $\bar{v}$(═C—H) 分别在 $3080cm^{-1}$ 和 $3300cm^{-1}$ 附近产生吸收峰，它们都大于 $3000cm^{-1}$，是与饱和碳氢相区别的标志。但它们的吸收强度较弱，尤其在分子中饱和—CH_3 和—CH_2 的数目较多时，只能以尖峰形式出现。

5.5.2.2 碳碳双键的伸缩振动 $\bar{v}$(C═C)

碳碳双键的伸缩振动 $\bar{v}$(C═C) 依分子的对称性不同强度变化很大，可以很强也可以完全消失。当分子具有对称中心时，C═C 伸缩振动不可能产生偶极的变化，如乙烯分子就没有 C═C 伸缩的峰，即红外无活性。$\bar{v}$(C═C) 通常在 1680 ~ $1630cm^{-1}$ 产生尖锐的谱带，其强度中或强甚至弱。当预知 C═C 存在时，$1600cm^{-1}$ 可以作为区分不同类型烯烃的标志，如果在 1600 ~ $1630cm^{-1}$ 之间出现弱峰，说明可能有反式结构或三取代、四取代结构；若在 $1660cm^{-1}$ 以下，1660 ~ $1630cm^{-1}$ 之间有一强尖锐的峰则可能有顺式或乙烯基、亚乙烯基结构的烯烃。影响 $\bar{v}$(C═C) 的因素较多，当 C═C 与共轭基团（C═C、C═O、C≡N 等）相连时，$\bar{v}$(C═C) 向低波数位移约有 $20cm^{-1}$；一般共轭烯烃在 $1650cm^{-1}$ 和 $1600cm^{-1}$ 出现两个 $\bar{v}$(C═C) 吸收峰，如果有多个双键共轭时在 1650 ~ $1580cm^{-1}$ 范围内能观察到多个吸收谱带；环张力的影响视双键在环内和环外而不同。炔烃三键的伸缩振动 $\bar{v}$(C≡C) 当为端炔时出现在 2100 ~ $2140cm^{-1}$，当三键处于内部时出现在 2190 ~ $2260cm^{-1}$。

5.5.2.3 不饱和碳氢变形振动 γ (═C—H)

不饱和碳氢的面内变形振动 β (═C—H) 的吸收峰在 1400 ~ $1420cm^{-1}$，该峰较弱且与—CH_3 和—CH_2 的吸收峰重叠无法利用；但面外摇摆振动 γ (═C—H) 吸收峰出现在 1000 ~ $700cm^{-1}$ 是极好的特征频率（与其他振动无耦合，基本上不受共轭的影响），柑橘 1000 ~ $700cm^{-1}$ 区间吸收峰的位置可以确定烯烃的取代类型及构型。对于乙烯基（—CH═CH_2）化合物由于振动耦合在 $990cm^{-1}$ 和 $910cm^{-1}$ 附近产生两个很强的 γ (═C—H) 吸收峰，是端烃存在的特征；反式烯烃 γ (═C—H) 出现在 $970cm^{-1}$ 附近的强吸收峰非常稳定，是确定反式结构的重要相关峰；值得注意的是顺式烯烃的 γ（═C—H）一般出现在 690～800cm⁻¹范围之间，取代基的性质对此峰的影响很大，所以不是好的基团特征频率，只有排除了其他取代类型之后，若在 800～690cm⁻¹（常接近 690cm⁻¹）有峰才可定为顺式结构。

5.5.2.4 电负性基团取代对烯烃吸收谱带的影响

当双键上的取代基为电负性基团时，C═C 伸缩振动谱带的强度增加明显；而且吸收谱带的频率较低，与较重的元素（如 Br、I、S 等）连接可降至 1600～1580cm⁻¹。面外变形振动 γ（═C—H）频率受到影响，如图 5-9 所示。对于反式双取代的乙烯（970cm⁻¹）和乙烯基（990cm⁻¹）的═C—H 扭曲振动均受电负性基团的影响而使谱带频率降低；对于乙烯基（910cm⁻¹）和亚乙烯基（890cm⁻¹）的═C—H 面外摇摆振动，邻对位定位基使谱带频率降低，间位定位基使谱带频率增加。

端炔烃、反式烯烃和炔烃的红外光谱图分别见图 5-10～图 5-12。

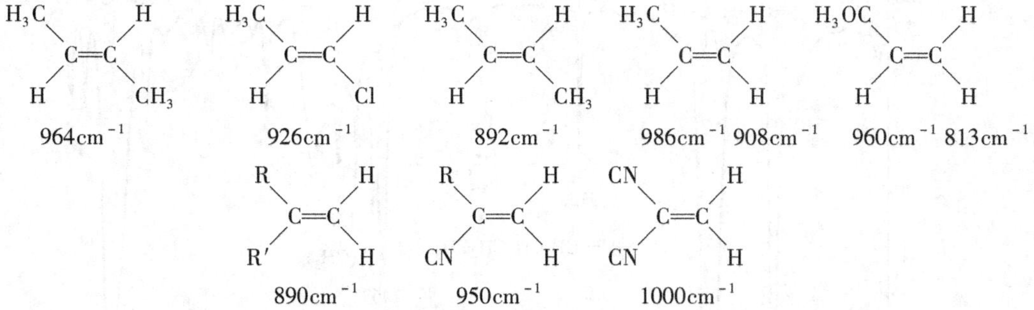

图 5-9 电负性取代对烯烃面外变形振动的影响

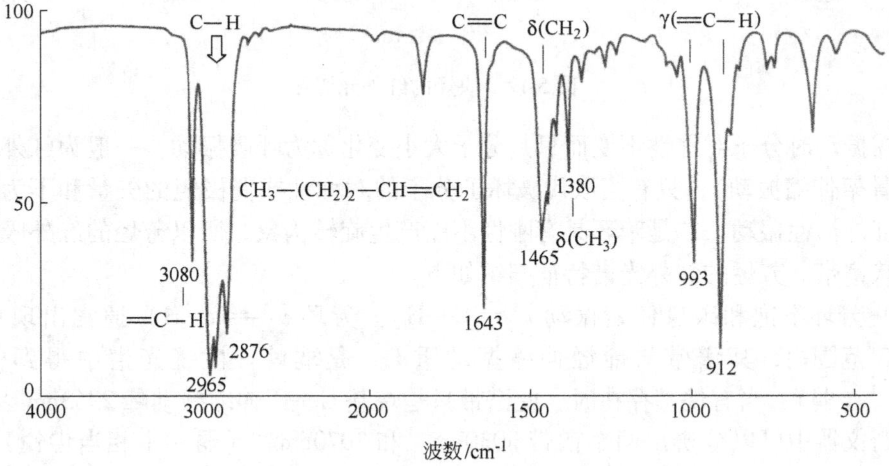

图 5-10 端炔烃的红外光谱图

5.5.3 芳烃

在讨论芳烃的红外光谱时应注意两个问题。一是分子的对称性，对具有对称中心的分

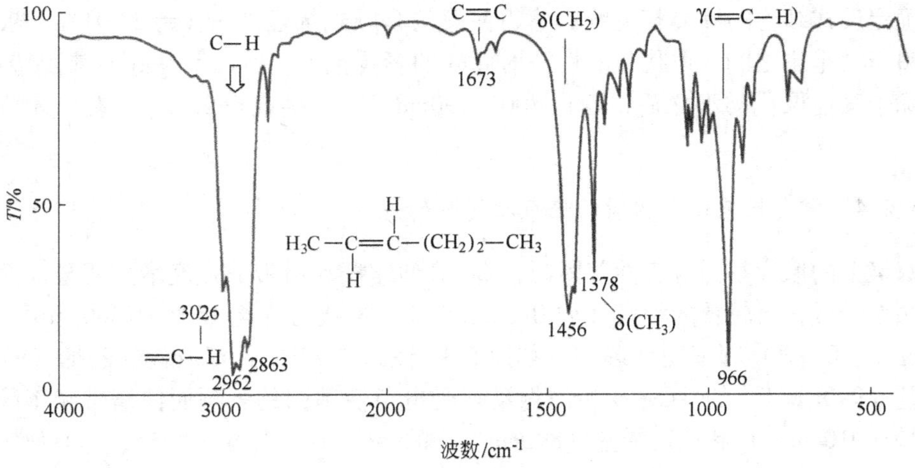

图 5-11　反式烯烃的红外光谱图

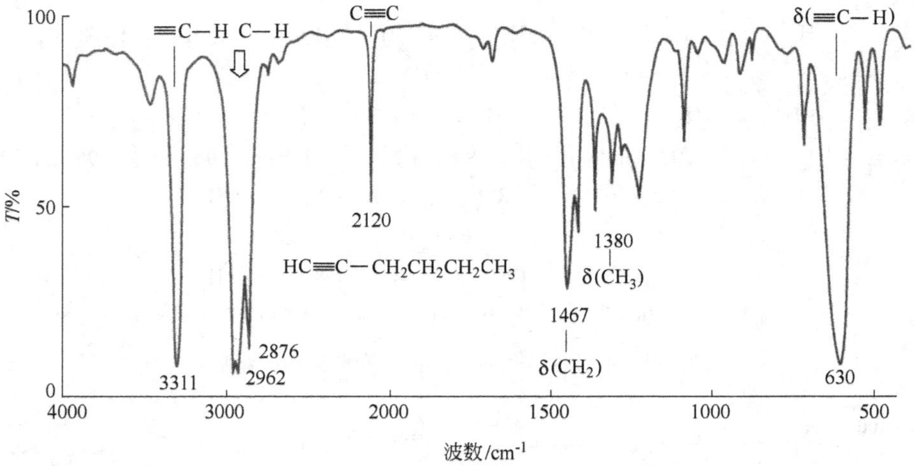

图 5-12　炔烃的红外光谱图

子，若在振动时分子对称性不变而只是分子大小变化称为呼吸振动，一般为红外非活性振动（环骨架伸缩振动）；只有当取代破坏了分子的对称性或偶极矩的矢量和不为零时，才能变为红外活性振动。二是苯环具有刚性不能产生旋转构象，所以芳烃的红外吸收都是尖锐的针状谱带。芳烃的红外光谱特征归纳如下。

（1）芳环不饱和碳氢伸缩振动 $\bar{v}$(═C—H)。芳环 $\bar{v}$(═C—H) 通常出现在 3000 ~ 3100cm^{-1}范围内，其谱带与烯烃伸缩振动重叠，是弱峰。棱镜光谱中得到一个谱带 3030cm^{-1}（弱），当有烷基存在时，此谱带只是烷基 C—H 伸缩振动峰 2963cm^{-1}的一个肩峰。光栅仪器中可以分辨出两个谱带 3030cm^{-1}和 3070cm^{-1}（弱 ~ 中相当尖锐），分辨率高的仪器（FTIR）可分辨出 1 ~5 个峰。当结构对称时，如 1，3，4-三取代体系中因为三个峰孤立的 C—H 是一样的，所以只产生 3050cm^{-1}一个谱峰。

（2）芳环骨架伸缩振动 $\bar{v}$(C═C)。芳环骨架伸缩振动 $\bar{v}$(C═C)（环呼吸振动）产生 1600cm^{-1}和 1500cm^{-1}两条谱带，当苯环与 C═O 、C═C 、NO_2、C≡N 和 Cl、S、P 等共轭时，1600cm^{-1}谱带裂分为 1600cm^{-1}和 1580cm^{-1}两条谱带且强度增加（尤其 1580cm^{-1}吸

收峰增加明显）；1500cm^{-1}谱带裂分为1500cm^{-1}和1450cm^{-1}两条谱带，但共轭使1500cm^{-1}变弱甚至消失，1450cm^{-1}吸收峰与饱和碳氢δ_{as}（CH_3）和δ（CH_2）约1460cm^{-1}等强峰重叠而缺乏价值。由此可见，环骨架伸缩振动$\bar{v}$(C═C)（环呼吸振动）一般包括1600cm^{-1}和1580cm^{-1}、1500cm^{-1}和1450cm^{-1}两对谱峰，下面就这两对裂分峰分别予以讨论。

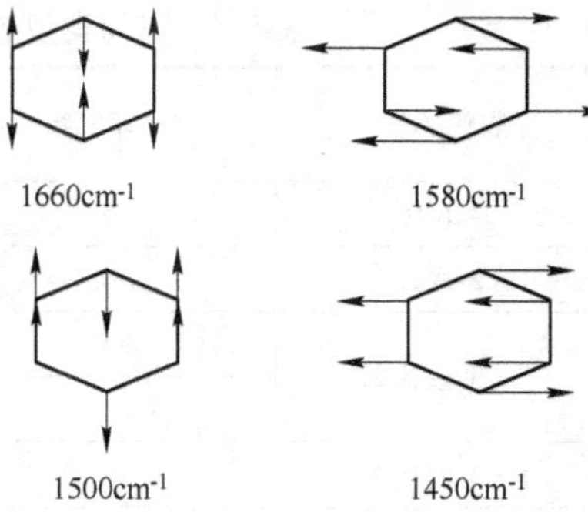

图5-13 苯环环骨架伸缩振动$\bar{v}$(C═C)简正振动模式

1）1600cm^{-1}和1580cm^{-1}一对谱峰。当分子对称性好时，振动时无偶极矩变化（图5-13）这一对谱峰是红外非活性的，例如在苯分子的红外光谱图中就不出现1600cm^{-1}和1580cm^{-1}这对吸收峰。取代苯由于取代基的引入，破坏了苯环的对称性，这一对峰才出现，并且强度随着取代基的性质不同而发生变化。下面就取代基性质和取代基位置对这对谱峰的影响予以讨论。

① 共轭基团取代。通常情况1600cm^{-1}峰强度要强于1580cm^{-1}，1580cm^{-1}峰只是1600cm^{-1}峰的肩峰。由于共轭基团的引入，1600cm^{-1}和1580cm^{-1}峰强度增加，尤其1580cm^{-1}峰强度增加明显。

② 含杂原子基团的取代。当取代基含有O、N等杂原子时（杂原子直接与苯环相连），1600cm^{-1}和1580cm^{-1}峰强度也增强。原则上只有当苯环和不饱和基团，或具有未共用电子对基团共轭时，才出现1580cm^{-1}谱峰。

③ 对位取代。苯环为对位取代类型例如X—Ar—Y，当X = Y时，1600cm^{-1}和1580cm^{-1}峰不出现；当X和Y相似时，1600cm^{-1}很弱；当X≠Y时，即一个是电子给予体，另一个是电子接受体，1600cm^{-1}很强，而且1580cm^{-1}峰也出现。由此可见，若已知化合物为对位取代，可根据1600cm^{-1}谱峰的强度判断两个取代基性质（电负性）差异大小。

2）1500cm^{-1}和1450cm^{-1}一对谱峰。通常1500cm^{-1}峰很强，一般强于1600cm^{-1}峰，1500cm^{-1}的位置对电负性变化较敏感，吸电子基团使其频率下降到1480cm^{-1}，而供电子基使其频率上升到1510cm^{-1}。共轭基团取代一般使1500cm^{-1}峰强度减弱，甚至消失。在对位取代时，如果两个取代基极性相反可能抵消偶极矩，而使1500cm^{-1}峰变弱，甚至消失。

（3）芳环骨架的面外变形振动δ（环）。芳环骨架的面外变形振动δ（环）只有当苯环为单取代、1，3-取代、1，2，3-取代、1，3，4-取代时是红外活性的，因此可以根据δ（环）在690～710cm^{-1}吸收峰的存在与否来区分取代类型。

（4）Ar—H面外变形振动γ（═C—H）。Ar—H面外变形振动γ（═C—H）出现在650～900cm^{-1}的吸收峰较强，由于相邻氢的强耦合作用，谱峰位置对于相邻氢的数目极为敏感（相邻氢数少时频率高），同时谱峰数目只与取代情况有关而与取代基种类无关。此外γ（═C—H）的倍频与芳环其他振动在1650～2000cm^{-1}出现由2～6个峰组成的特征峰群，此倍频区域峰的形状与特定的取代类型相关联。芳烃在650～900cm^{-1}区域的吸收峰[包括γ（═C—H）和δ（环）]的位置和数目以及1650～2000cm^{-1}倍频区域峰的形状是表征苯环上取代位置和数目的主要依据，可以确定苯环化合物是单取代还是双取代，是邻位取代、间位取代还是对位取代等不同的取代类型。苯环不同取代类型的谱图特征参见表5-4。

表 5-4　不同类型的取代苯在 650 ~ 900cm⁻¹ 区域谱峰的位置和个数

取代类型	相邻氢数	γ(═C—H)/cm⁻¹	δ（环)/cm⁻¹	650 ~ 900cm⁻¹ 区域谱峰个数
单取代	5	770 ~ 730	690 ~ 710	2
1，2-取代苯	4	770 ~ 735		
1，3-取代苯	3	810 ~ 750	690 ~ 710	3
	1	900 ~ 860		
1，3-取代苯	2	860 ~ 800		1
1，2，3-取代苯	3	800 ~ 720	685 ~ 720	2
1，2，3-取代苯	2	860 ~ 800		2
	1	900 ~ 860		
1，3，4-取代苯	1	900 ~ 860	675 ~ 735	3
	1	865 ~ 810		
1，2，3，3-取代苯	2	860 ~ 800		1
1，2，3，4-取代苯	1	900 ~ 860		1
1，2，4，4-取代苯	1	900 ~ 860		1
1，2，3，4，4-取代苯	1	900 ~ 860		1
六取代苯	0			0

面外变形振动谱带的位置，随取代烷基上 α－碳上氢的原子数目的增加而移向较低频率，例如异丙苯 757cm⁻¹、乙苯 745cm⁻¹、甲苯 728cm⁻¹；双键与苯环共轭可提高面外变形振动的频率，最高可达 50cm⁻¹。

甲苯的红外光谱见图 5-14。

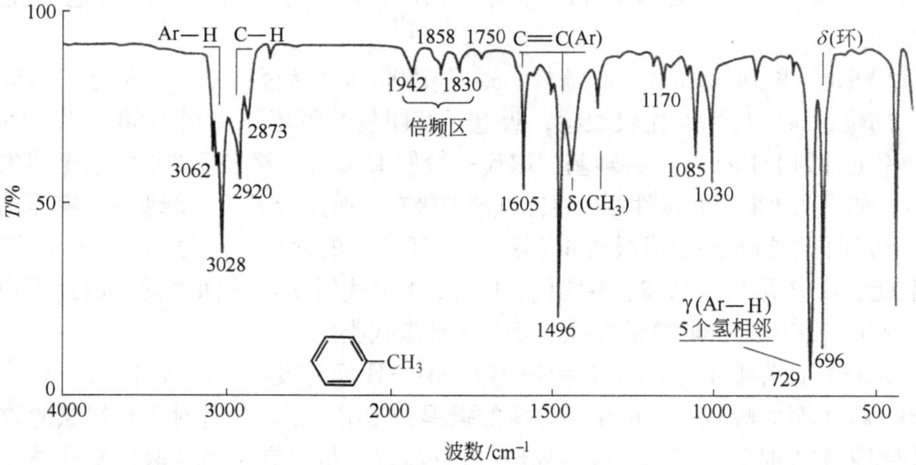

图 5-14　甲苯的红外光谱图

5.5.4　稠环芳烃和杂环化合物

稠环芳烃和杂环化合物的特征吸收与苯系化合物相似，其碳氢面外变形振动吸收峰也取决于相邻氢的个数。例如萘衍生物在 1550 ~ 1505cm⁻¹ 和 1620 ~ 1580cm⁻¹ 有两个中强环骨架伸缩振动峰，蒽除9，10-二取代外在1640～1620cm^{-1}和1500cm^{-1}有若干中强$\bar{v}$(C═C)峰，且与苯环一样由相邻氢个数决定γ(═C—H)的位置。如图5-15所示，甲基萘在772cm^{-1}和791cm^{-1}出现9，10-二取代（4个氢相邻）和1，2，3-三取代（3个氢相邻）的特征谱带。吡啶环骨架伸缩振动出现在1594cm^{-1}、1583cm^{-1}、1482cm^{-1}和1441cm^{-1}四个吸收峰；吡啶有5个氢相邻，它在750cm^{-1}、710cm^{-1}有两个吸收峰，相当苯环单取代的情况。呋喃有4个相邻氢，相当于苯环邻位二取代的情况，在770cm^{-1}出现一个吸收峰。

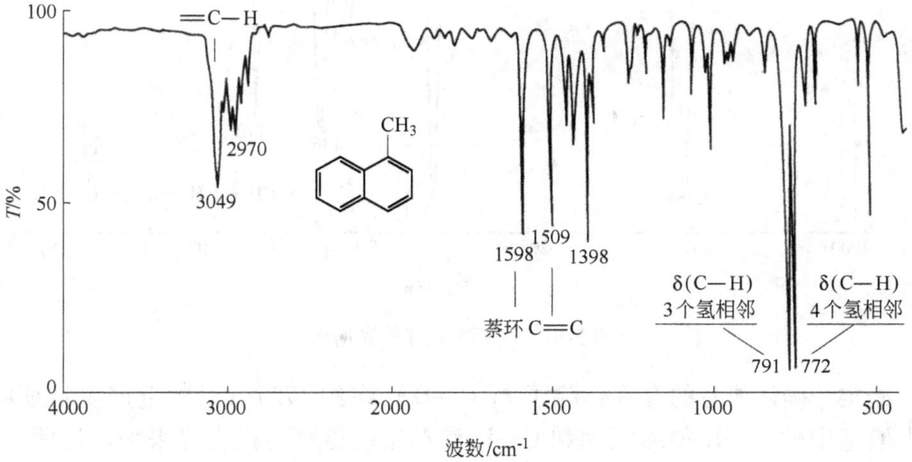

图5-15 甲基萘的红外光谱图

在分析取代氮杂环化合物的取代也是根据相邻的氢原子个数（像处理苯环一样），此时氮原子可以看成是在环上的一个取代基，即单取代吡啶相当于二取代芳环的情况。这一分析适合烷基取代和极性基团单取代。

5.5.5 羰基化合物和累积双键化合物

羰基化合物的最大特征存在羰基伸缩振动$\bar{v}$(C═O) 1580～1928cm^{-1}（常见1650～1850cm^{-1}）强特征峰。具有羰基的化合物类型很多，如酰胺、酮、醛、酯、酸和酐等都具有羰基（C═O），它们的特征吸收峰的位置都在此范围内，其具体位置依羰基所处的化学环境而异。一般共轭效应应使$\bar{v}$(C═O)向低波数位移；诱导效应使$\bar{v}$(C═O)向高波数位移；当两种效应共存时，其主要作用的效应决定频率位移的方向。例如酯中—OR的诱导效应比氧原子的共轭效应强，所以酯的$\bar{v}$(C═O)(1735cm^{-1})比酮$\bar{v}$(C═O)(1715cm^{-1})低。通常单单依靠$\bar{v}$(C═O)频率来鉴定醛、酮、酸、酯是不够的，但一种基团往往有多种振动形式并产生相应的一组特征红外吸收峰，它们构成了鉴定官能团是否存在的系列峰。该系列峰是与分子部分结构相互依存的，即分子中是否存在某种官能团决定了相应的系列峰是否出现，而与分子中其他基团的存在无关。用红外光谱确定基团是否存在，虽然在某些情况下因与其他峰重叠或峰强度太弱，并非所有的系列峰都能观测到，但只有在主要的系列峰都可找到时方能确认基团的存在。

（1）酮类。酮的红外吸收光谱只有一个特征吸收带，即酮羰基$\bar{v}$(C═O)位于1710～

1715cm^{-1}附近。羰基如果和烯键 C═C 或芳环共轭，羰基 $\bar{v}$(C═O) 将移向低频 1660 ~ 1680cm^{-1}附近，并且常受其他谱带的干扰特征性不强；但在芳香酮中该谱带常出现在约 1260cm^{-1}附近，可以作为芳酮的佐证。2-丁酮的红外光谱见图 5-16。

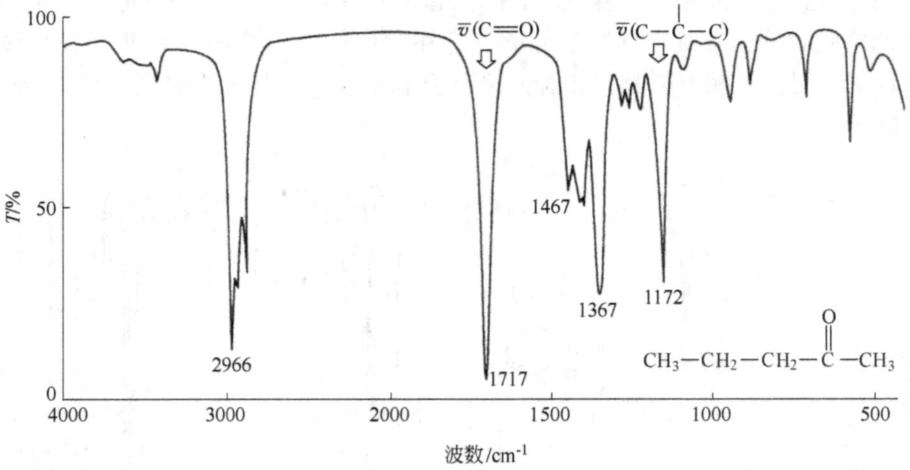

图 5-16　2-丁酮的红外光谱图

（2）醛类。确认醛基的存在，除了 $\bar{v}$(C═O) 在约 1725cm^{-1}附近产生特征吸收峰，还可以由醛基中的 C—H 伸缩振动和 C—H 变形振动倍频的耦合峰来加以证明。通常在 2820cm^{-1}和 2720cm^{-1}附近有弱的双峰，通常 C—H 伸缩振动都比此频率值高，所以醛基中的 C—H 伸缩振动在此范围内的吸收峰较特征。异戊醛的红外光谱见图 5-17。

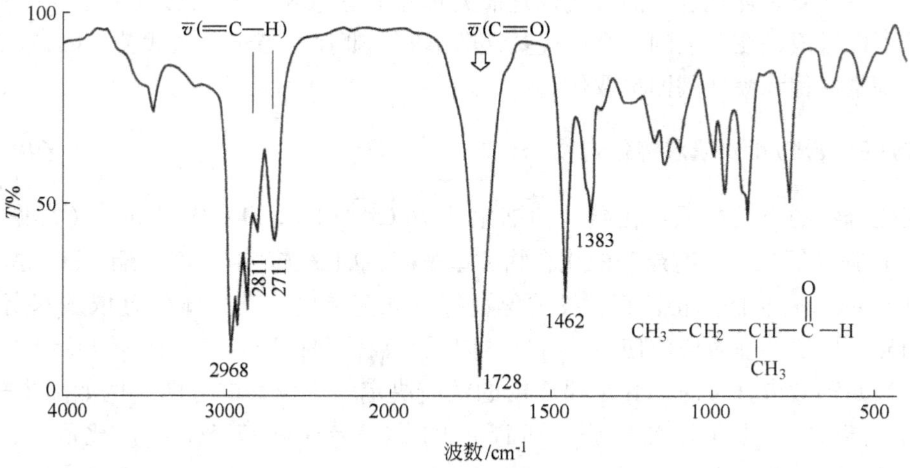

图 5-17　异戊醛的红外光谱图

（3）羧酸。在羧酸中，羧基的 $\bar{v}$(C═O)、$\bar{v}$(O—H) 和 δ(O—H) 是红外光谱中识别羧酸的主要系列峰。羧羟基很容易缔合，所以羧酸通常以二聚体存在，$\bar{v}$(C═O) 缔合时约 1710cm^{-1}，游离时约 1760cm^{-1}；$\bar{v}$(O—H) 在 3300 ~ 2500cm^{-1}范围产生高低不平的很宽的吸收峰；二聚体的 δ(O—H) 约在 920cm^{-1}产生宽中等强度的吸收峰。3-甲基丁酸的红外光谱见图 5-18。

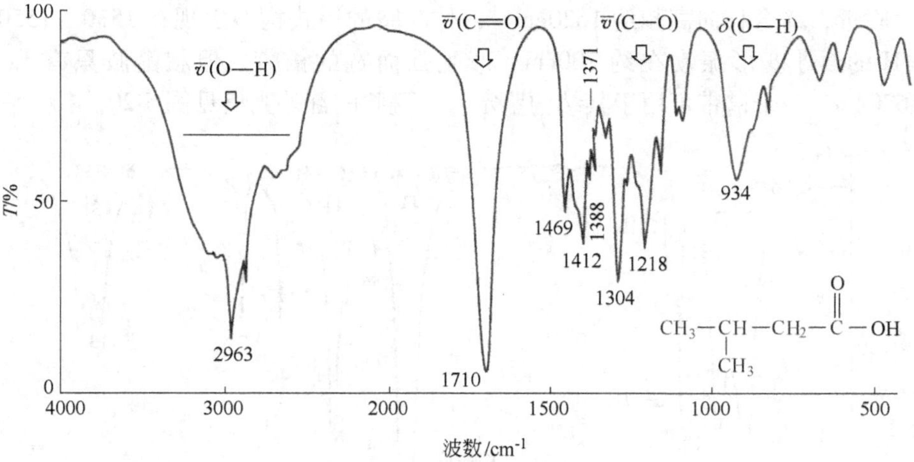

图 5-18 3-甲基丁酸的红外光谱图

（4）酯类。酯类化合物的特征吸收为羰基伸缩振动和 C—O—C 结构的对称和反对称伸缩振动，后者是区分酯和其他羰基化合物的主要依据。另外，酯的羰基吸收在大多数情况下不是第一吸收，这与其他羰基化合物的羰基吸收通常为最强吸收不同。C—O—C 结构的对称伸缩振动位于 1100cm^{-1}处，吸收较弱；C—O—C 非对称伸缩振动是酯的最有用的特征吸收，通常为第一吸收，位于 1210 ~ 1160cm^{-1}区。丙酸乙酯的红外光谱见图 5-19。

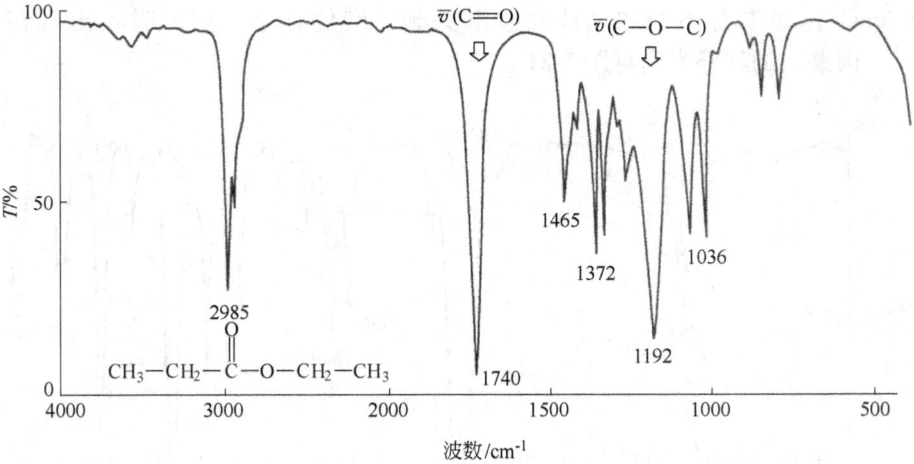

图 5-19 丙酸乙酯的红外光谱图

（5）酰胺。酰胺的 $\bar{v}$(N—H) 与胺类化合物相似，游离伯酰胺 $\bar{v}$(C═O) 在约 3500cm^{-1}和约 3400cm^{-1}出现双峰；游离仲酰胺 $\bar{v}$(C═O) 在约 3450cm^{-1}出现单峰；缔合的伯酰胺 $\bar{v}$(C═O) 在 3350 ~ 3100cm^{-1}产生几个峰；缔合的仲酰胺 $\bar{v}$(C═O) 在约 3300cm^{-1}出现吸收峰，在约 3070cm^{-1}还产生一个弱谱带，是 N—H 变形振动的倍频谱峰。由于伯酰胺和仲酰胺的羰基（C═O）直接与—NH_2 和—NHR 基团相连，共轭效应使 C═O 双键性下降，$\bar{v}$(C═O) 向低频位移。游离和缔合的伯酰胺 $\bar{v}$(C═O) 分别在约 1690cm^{-1}和约 1650cm^{-1}产生吸收峰；游离和缔合的仲酰胺 $\bar{v}$(C═O) 分别在约 1680cm^{-1}和约 1665cm^{-1}产生吸收峰。酰胺的 N—H 面内变形振动 δ(N—H) 伯酰胺出现在约

1620cm⁻¹附近，缔合移向高频约 1620cm⁻¹；仲酰胺的反式构型出现在 1530～1550cm⁻¹附近。N—H 的面外变形振动在约 700cm⁻¹产生强而宽的谱带。但叔酰胺只有 $\bar{v}$(C═O) 1630～1670cm⁻¹一个谱带可用于其结构鉴定。丁酰胺的红外光谱见图 5-20。

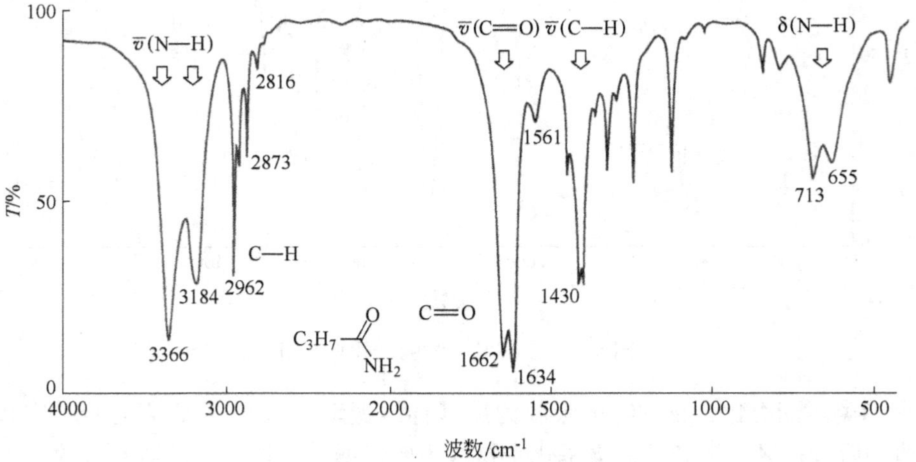

图 5-20　丁酰胺的红外光谱图

（6）酰卤。由于卤素的强电负性，卤素原子对羰基电子的吸引非常强烈，使羰基的双键性增加，羰基伸缩振动向高频率方向位移，因此非共轭酰卤的 C═O 伸缩振动吸收出现在约 1800cm⁻¹，如果有不饱和基团与羰基共轭，则位移小一些，吸收出现在 1780～1750cm⁻¹。丙酰氯的红外光谱见图 5-21。

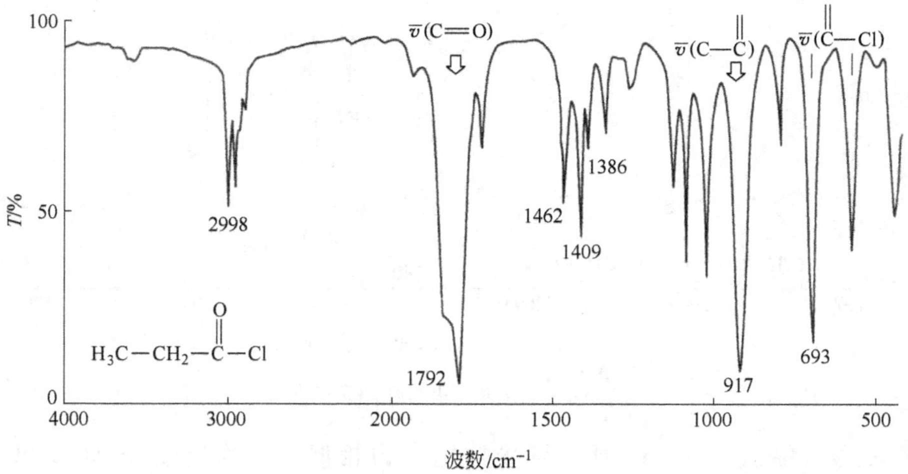

图 5-21　丙酰氯的红外光谱图

（7）酸酐。酸酐的特征吸收为两个羰基的对称和反对称伸缩振动，前者位于 1750cm⁻¹左右，后者位于约 1800cm⁻¹，均为强吸收，相隔 50cm⁻¹，非常特征。开链酸酐两峰强度相近，高频波数强于低频波数，但环状的低频波数强于高频波数，并且环越小，两峰的强度差别越大，由此可判断酸酐为开链还是环状的。乙酸酐的红外光谱见图 5-22。

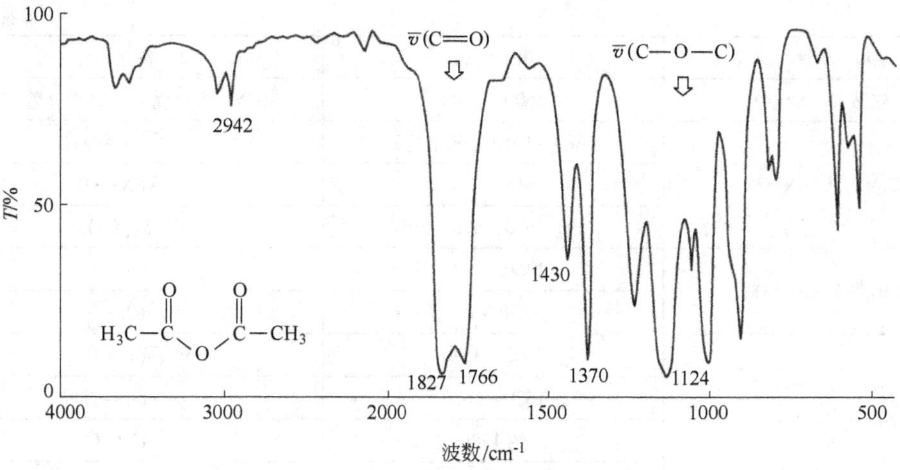

图 5-22 乙酸酐的红外光谱图

5.5.6 氮氧化合物

氮氧化合物的特征吸收谱带是 N ═O 基团伸缩振动谱带。含 N—NO_2基团化合物（如硝胺、硝基脲等）其 v_{as}（—NO_2）和 v_s（—NO_2）分别出现在 1630 ~ 1550cm^{-1}和 1300 ~ 1275cm^{-1}。含 O—NO_2基团化合物其 v_{as}（—NO_2）和 v_s（—NO_2）分别出现在 1630cm^{-1}和 1275cm^{-1}附近。脂肪族硝基化合物 $\bar{v}$(—NO_2）不对称伸缩振动和对称伸缩振动分别在约 1550cm^{-1}和约 1370cm^{-1}产生两个强峰，对硝基烷烃而言此谱带很稳定，但不对称伸缩振动谱带更强。芳香族硝基化合物 $\bar{v}$(—NO_2）不对称伸缩振动和对称伸缩振动分别在约 1540cm^{-1}和约 1350cm^{-1}产生两个强峰，但两者的强度与脂肪族相反，对称伸缩振动强度更强。当硝基与苯环相连时，900 ~ 650cm^{-1}的芳香族 Ar—H 的面外变形振动吸收峰位置变化很大，因此，在确定取代位置时要慎重。同时在该范围内还会出现在 860cm^{-1}的 $\bar{v}$(C—N)吸收峰和在 610cm^{-1}的 δ（CNO）吸收峰。一些氮氧化合物的红外光谱吸收带特征见表 5-5。

表 5-5 氮氧化合物的红外光谱吸收带 （cm^{-1}）

基团	谱带		备注
硝基化合物 C—NO_2	脂肪族	1550（强）	v_{as}(—NO_2)
		1370 ± 10（强）	v_s（—NO_2）
	芳香族	1525 ± 15（强）	v_{as}(—NO_2）受诱导、中介效应影响
		1345 ± 10（强）	v_s(—NO_2）受硝基和苯环共平面程度影响
	810		$\bar{v}$(C—N)
	610		δ(CNO)
硝酸酯 O—NO_2	1630 ± 10		v_{as}(—NO_2)
	1275 ± 10		v_s(—NO_2)
硝胺 N—NO_2	1630 ~ 1550（强）		v_{as}(—NO_2)
	1300 ~ 1250（强）		v_s(—NO_2)

续表 5-5

基　团	谱　带	备　注
亚硝胺 C—N=O	1600～1500	$\bar{v}$(N=O) 受诱导、中介效应影响
亚硝酸酯 O—N=O	1680～1610（两个峰）	$\bar{v}$(N=O)
	815，750	$\bar{v}$(N—O)
	690～620，625～565	δ(ONO)
亚硝胺 N—N=O	1460～1425	$\bar{v}$(N=O)
	1150～925	$\bar{v}$(N—N)
肟 C=N—OH	3600～3570	$\bar{v}$(O—H)
	1680～1650	$\bar{v}$(C=N)
	约 1300	δ(OH)
	960～930	$\bar{v}$(N—O)
亚胺 C=N—	1690～1650（中）	$\bar{v}$(C=N)
氮氧化物 N—>O	脂肪族：970～950（强）	$\bar{v}$(N—O)
	芳香族：1300～1200（极强）	$\bar{v}$(N—O)

5.6　红外光谱仪

目前主要有两类红外光谱仪：色散型红外光谱仪和傅里叶变换红外光谱仪。色散型红外光谱仪又有棱镜分光型和光栅分光型两种红外光谱仪；傅里叶变换红外光谱仪，它没有单色器和狭缝，是由迈克尔逊干涉仪和数据处理系统组合而成的。

5.6.1　色散型红外光谱仪

第一代色散型红外光谱仪为棱镜分光的红外光谱；第二代的仪器采用光栅分光。光栅的分光要比棱镜高得多，但基本原理是一致的。

光源发出的辐射被分为等强度的两束光，一束通过样品池，一束通过参比池。通过参比池的光束经衰减器（亦称光楔或光梳）与通过样品池的光束会合于斩光器（亦称切光器）处，使两光束交替进入单色器（现一般用光栅）色散之后，同样交替投射到检测器上进行检测。单色器的转动与光谱仪记录装置谱图图纸横坐标方向相关联。横坐标的位置表明了单色器的某一波长（波数）的位置。若样品对某一波数的红外光有吸收，则两光束的强度便不平衡，参比光路的强度比较大。因此检测器产生一个交变的信号，该信号经放大、整流后负反馈于连接衰减器的同步马达，该马达使光楔更多地遮挡参比光束，使之强度减弱，直至两光束又恢复强度相等。此时交变信号为零，不再有反馈信号，此即“光学零位平衡”原理。移动光楔的马达同步地联动记录装置的记录笔，沿谱图图纸的纵坐标方向移动，因此纵坐标表示样品的吸收程度。单色器转动的全过程就得到一张完整的红外光谱图。

红外光谱仪的基本组成部件叙述如下：

（1）光源。红外光谱仪中所用的光源通常是一种惰性固体，用电加热使之发射高强度的红外辐射。常用的是硅碳棒和能斯特（nernst）灯。

1）硅碳棒。由碳化硅烧结而成，两端粗（约 ϕ7mm×27mm），中间较细（约 ϕ5mm×50mm），在低电压大电流下工作（约 3～5A）。耗电功率约 200～400W，工作温度为 1200～1500℃。其优点是：发光面积大，波长范围宽（可低至 $200cm^{-1}$），坚固、耐用，使用方便及价格较低；缺点是：电极触头发热需水冷，工作时间长时电阻增大。

2）能斯特灯。由稀土氧化物烧结而成的空心棒或实心棒，主要成分为 ZrO（75%）、Y_2O_3、ThO_2，掺入少量 Na_2O、CaO 或 MgO。直径约 1～2mm，长度约 25～30mm，两端绕有 Pt 丝作为导线。功率约 50～200W，工作温度 1300～1700℃。其优点是：发光强度大，稳定性好，寿命长，不需水冷；缺点是：力学性能较差，易脆，操作较不方便，价格较贵。

（2）吸收池。红外吸收池要用对红外光透过性好的碱金属、碱土金属的卤化物，如 NaCl、KBr、CsBr、CaF_2等或 KRS－5（TlI58%，TlBr42%）等材料做成窗片。窗片必须注意防湿及损伤。固体试样常与纯 KBr 混匀压片，然后直接测量。

（3）单色器。单色器主要由几个色散元件、入射和出射狭缝组成。

1）色散元件。

① 棱镜主要用于早期仪器中，棱镜由对红外光透射率好的碱金属或碱土金属的卤化物单晶做成，不同材料做成的棱镜有不同的使用波长范围，应注意选择。对于红外光，要获得较好分辨本领时可选用 LiF(2～15μm)，CaF_2(4～9μm)，NaF(9～15μm)，KBr(14～25μm) 等，棱镜易受损和水腐蚀，要特别注意干燥。

② 光栅单色器常用几块不同闪耀波长的闪耀光栅组合，可以自动更换，使测定的波数范围更为扩展且能得到更高的分辨率。闪耀光栅存在次级光栅的干扰，因此需与滤光片或棱镜结合起来使用。

2）入射和出射狭缝。单色器系统中的狭缝可以控制单色光的纯度和强度。狭缝愈窄，纯度愈高，分辨率也愈大，但是由于红外光强度很弱，能量低，且整个波数范围内强度不是恒定的，所以在波数扫描过程中，狭缝要随光源的发射特性曲线自动调节宽度，既要使到达检测器的光强近似不变，又要达到尽可能高的分辨能力。

（4）检测器。由于是利用热电效应进行检测，所以要求检测器的热容量要小，检测元件吸收不同能量红外光所产生的信号变化要大，这样灵敏度才会高；光束要集中，热受热能的“靶”体积要小，要薄；要减少热能的损失及环境热源的干扰，所以要置于真空中；响应速度要快，响应波长范围要宽。红外检测器的种类如下。

1）真空热电偶。真空热电偶是利用不同导体构成回路时的温差电现象，将温差转变为电热差。以一片涂黑的金箔作为红外辐射的接受面，在其一面上焊两种热电势差别大的不同金属、合金或半导体，作为热点偶的热接端，而在冷接端（通常为室温）连接金属导线。密封于高真空（约 7×10^{-7}Pa）腔体内。在腔体上对着涂黑金属接受面的方向上开一小窗，窗口放红外透光材料盐片。

2）测热辐射计。把温度电阻系数较大的涂黑金属或半导体薄片作为惠斯登电桥的一臂。当涂黑金属片接受红外辐射时，温度升高，电阻发生变化，电桥失去平衡，桥路上就有信号输出，以此实现对红外辐射强度的检测。由于红外辐射能量很低，信号很弱，所以施加给电桥的电压需要非常稳定，这成为其最大的缺点，因此，现在的仪器已很少使用这种检测器。

3）高莱池（Golay Cell）。它是一个高灵敏的气胀式检测器，红外辐射通过盐窗照射到气室一端的涂黑金属薄膜上，使气室温度升高，气室中的惰性气体（氙或氩气）膨胀，另一端涂银的软镜膜变形凸出。导致检测器光源经过透镜、线栅照射到软镜膜后反射到达光电倍增管的光量改变。光电管产生的信号与红外照射的强度有关，从而达到检测的目的。

4）热释电检测器。以硫酸三甘酞（$(NH_2CH_2COOH)_3H_2SO_4$（Triglycine Sulfate，简称TGS）这类热电材料的单晶片为检测元件，其薄片（10～20μm）的正面镀铬，反面镀金成两电极，连接放大器，一起置于带有盐窗的高真空玻璃容器内。TGS是铁氧体，在居里点（49℃）以下，能产生很大的极化效应，温度升高时，极化度降低，当红外辐射照射到TGS薄片上，引起温度的升高，极化度降低，表面电荷减少，相当于"释放"出部分电荷，经放大后进行检测记录。TGS检测器的特点是响应速度快，噪声影响小，能实现高速扫描，故被用于傅里叶变换红外光谱仪中。目前使用最广泛的材料是氘化了的TGS（DTGS），居里点温度为62℃，热电系数小于TGS。

5）碲镉汞检测器（MCT检测器）。跟上面的热电检测器不同，MCT检测器是光电检测器。它是由宽频带的半导体碲化镉和半金属化合物碲化汞混合做成的，改变其中各成分的比例，可以获得对测量不同波段的灵敏度各异的各种MCT检测器。MCT元件受红外辐射照射后，导电性能发生变化，从而产生检测信号。这种检测器灵敏度高于TGS约10倍，响应速度快，适于快速扫描测量和气相色谱-傅里叶变换红外光谱联机检测。MCT检测器需在液氮温度下工作。

（5）记录系统。红外光谱都由记录仪自动记录谱图。现代仪器都配有计算机，以控制仪器操作、优化谱图中的各种参数、进行谱图的检索等。

色散型红外光谱仪有如下特点：

（1）色散型红外光谱仪为双光束仪器。若使用单光束仪器时，大气中的H_2O、CO_2在重要的红外区域内有较强的吸收，因此需要一参比光路来补偿，使这两种物质的吸收补偿到零。采用双光束光路可以消除它们的影响，测定时不必严格控制室内的湿度及人数；

（2）单色器在样品室之后，由于红外光源的低强度，检测器的低灵敏度（使用热电偶时），故需要对信号进行大幅度放大。而红外光谱仪的光源能量低，即使靠近样品也不足以使其产生光分解。而单色器在样品室之后可以消除大部分散射光而不至于到达检测器；

（3）切光器转动频率低，响应速率慢，以消除检测器周围物体的红外辐射。

5.6.2 傅里叶变换红外光谱仪

傅里叶变换红外光谱仪的工作原理和色散型红外光谱仪是完全不同的，它没有单色器和狭缝，是利用一个迈克尔逊干涉仪获得入射光的干涉图，通过数学运算（傅里叶变换）把干涉图变成红外光谱图。

傅里叶变换红外光谱仪（FTIR）主要部件由光源（硅碳棒、高压汞灯等）、迈克尔逊（Mickelson）干涉仪、样品池、检测器（常用TGS、MCT检测器）、计算机及记录仪组成（图5-23）。

仪器中迈克尔逊干涉仪的作用是将光源发出的光分为两束后，再以不同的光程差重新组合，发生干涉现象。当两束光的光程差为$\lambda/2$的偶数倍时，则落在检测器上的相干光相互叠加，产生明线，其相干光强度有极大值；相反，当两光束的光程差为$\lambda/2$的奇数倍时，则落在检测器上的相干光将互相抵消，产生暗线，相干光强度有极小值。由于多色光

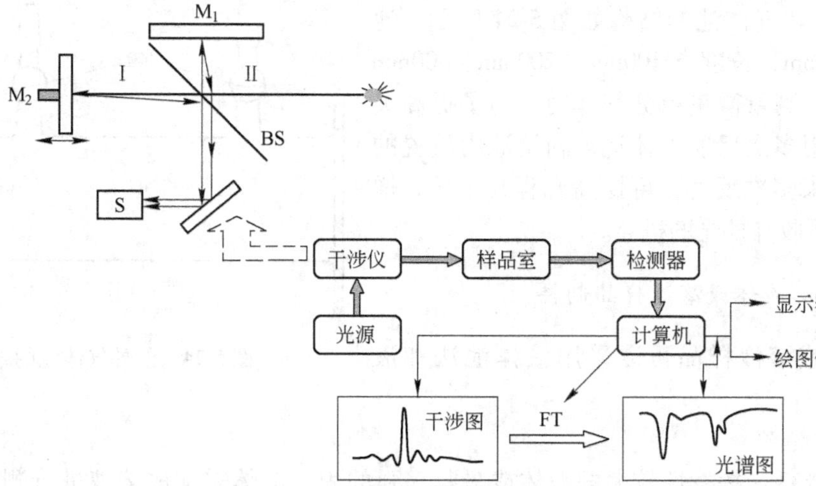

图 5-23 傅里叶变换红外光谱仪原理图

的干涉图等于所有各单色光干涉图的加合，故得到的是具有中心极大，并向两边迅速衰减的对称干涉图。

傅里叶变换红外光谱仪具有下列特点：

(1) 扫描速度快，测量时间短。可在 1s 至数 s 内获得光谱图，比色散型仪器快数百倍。因此适于对快速反应的跟踪，也便于与色谱法的联用；

(2) 灵敏度高，检测限低，可达 10^{-9} ~ 10^{-12}g，因为可以进行多次扫描（n 次），进行信号的叠加，提高了信噪比$\sqrt{n}$倍；

(3) 分辨本领高，波数精度一般可达 0.5cm^{-1}，性能好的仪器可达 0.01cm^{-1}；

(4) 测量光谱范围宽，波数范围可达 10 ~ $10^4$$cm^{-1}$，涵盖了整个红外光区；

(5) 测量的精密度、重现性好，可达 0.1%，而杂散光小于 0.01%。

5.7 实验技术

5.7.1 样品的制备

红外光谱法的试样可以是气体、液体（包括溶液）或固体，一般应符合下面三项要求：

(1) 试样中被测组分的浓度和测量厚度要合适，使吸收强度适中，一般要求使谱图中大多数吸收峰的透射比处于 14% ~75% 之间。太稀或太薄时，一些弱峰可能不出现，太浓或太厚时，可能使一些强峰的记录超出，无法确定峰位置；

(2) 试样不能含有游离水。水本身在红外光区有吸收，严重干扰试样的红外光谱，而且水会腐蚀红外吸收池的盐窗；

(3) 对于定性、结构分析，试样应是单一组分的纯物质，一般要求纯度大于 98%，否则会发生各组分光谱的重叠和混合，无法进行谱图解释。因此，对于多组分的试样，应先经过分离纯比（称为样品的精制）或采用 GC-FTIR 方法。

5.7.1.1 气体样品制样

对于气体样品，可将它直接充入已预先抽真空的气体池中进行测量，池内测量气体压

力约 50mmHg。气体池的结构如图 5-24 所示。池体直径约 40mm，长度有 100mm、200mm、500mm 等各种类型。测量微量组分气体时，为了提高灵敏度，可采用多次反射气体池，利用池内放置的反射镜使光束多次反射，可提高光程几十倍，增大组分分子吸收红外光的机会。

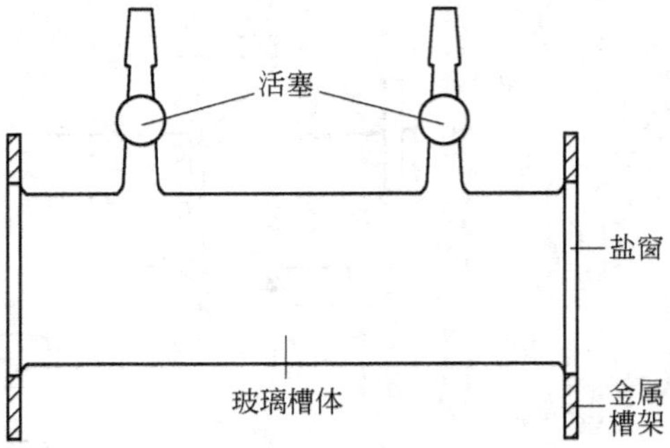

图 5-24　红外气体池的结构

5.7.1.2　液体或溶液样品制样

对液体或溶液样品可以采用液体池法和液膜法。

A　液体池法

对于沸点低，挥发性较大的液体或吸收很强的固、液体需配成溶液进行测量的试样，可采用液体池法，把液体或溶液注入池中测量。

液体池由两个盐（NaCl 或 KBr）片作为窗板，中间夹一薄层垫片板，形成一个小空间，一个盐片上有一小孔，用注射器注入样品。液体池可分为固定式池（也叫密封池，垫片的厚度固定不变）、可拆装式池（可以拆卸更换不同厚度的垫片）和可变式池（可用微调螺丝连续改变池的厚度，并从池体外的测微器观察池的厚度）三种。

B　液膜法

液膜法是定性上常用的方法，尤其是一些高沸点、黏度大不易清洗的液体样品更为常用。在两盐片之间滴入 1 ~ 2 滴液样，形成液膜，用专门夹具夹放在仪器的光路上测量。这种方法重现性较差，不宜做定量分析。

将液、固体试样制成溶液进行红外测量，重现性好，光谱的形状、结构清晰，但应注意溶剂的选择。

（1）溶剂在所测量的光谱区域中没有吸收。如 CS_2（在 600 ~ 1350cm^{-1}常用）、CCl_4（在 1350 ~ 4000cm^{-1}常用）、$CHCl_3$（在 900 ~ 4000cm^{-1}常用）；

（2）溶剂对样品无强烈的溶剂化作用，通常为非极性溶剂；

（3）溶剂对窗盐没有腐蚀作用；

（4）溶剂对样品应有足够溶解能力。

5.7.1.3　固体样品制样

固体样品可以用压片法、调糊法、薄膜法和溶液法四种。溶液法已于上面叙述。

A　压片法

压片法是测定固体试样应用最广泛的方法，对于不溶于有机溶剂或没有合适溶剂的高聚物更为常用。

压片法（也叫加压锭剂法）需用专门的模具和油压机，1 ~ 3mg 的样品与 100 ~ 200mgKBr 混合，充分磨细、混匀，放入模具，低真空下（2 ~ 5mmHg）用油压机加压（4 ~ 10T/cm^2）5 ~ 10min，得到透光圆形薄片（1 ~ 2mm 厚），在红外灯下烘干，然后置于仪器光路中测量。

必须注意如下问题：

（1）压片法一般用 KBr 作为分散剂（也称稀释剂）。主要是因为 KBr 在 400 ~

$4000cm^{-1}$区域中无吸收，且 KBr 与大多数的有机化合物的折光系数相近，可减少光散射引起的光能损失。此外 KBr 在高压下的可塑性及冷胀现象也利于制成薄片。KBr 的纯度要求要高，不含有水分；

（2）为了减少光散射，样品及 KBr 的粒度应小于 2μm，且颗粒必须均匀分散。

B 调糊法

将 2～5mg 样品磨细（粒度小于 2μm），滴入几滴重烃油（折光系数应与样品相近），研成糊状，涂于盐片上测量。调糊剂常用石蜡油，其光谱较简单，但由于其 C—H 吸收带常对样品有影响，则可用全氟烃油代替。

C 薄膜法

主要用于某些高分子聚合物的测定。把样品溶于挥发性强的有机溶剂中，然后滴加于水平的玻璃板上，或直接滴加在盐板上，待有机溶剂挥发后形成薄膜，置于光路中测量。有些高聚物可以热熔后涂制成膜或加热后压制成膜。

5.7.2 载样材料的选择

目前以中红外区（$4000\sim400cm^{-1}$）应用最广泛，一般的光学材料为氯化钠（$4000\sim600cm^{-1}$），溴化钾（$4000\sim400cm^{-1}$），这种晶体很易吸水使表面“发乌”，影响红外光的透过。为此，作用的窗片应放在干燥器内，要在湿度小的环境下操作。另外，晶体片质地脆，而且价格较贵，使用时要特别小心。对含水样品的测试应采用 KRS－5 窗片（$4000\sim250cm^{-1}$），ZnSe（$4000\sim650cm^{-1}$）和 CaF_2（$4000\sim1000cm^{-1}$）等材料。近红外区用石英和玻璃材料，远红外区用聚乙烯材料。

5.7.3 定量分析方法

一般用峰高法和峰面积法。

红外光谱定量分析中一般采用基线法，即采用新基线代替零吸收线进行补偿。选谱带两侧吸光度最小的两点 *A* 和 *B*，连成直线 *AB* 作为新的基线峰高（即峰高法），如图 5-25 所示。

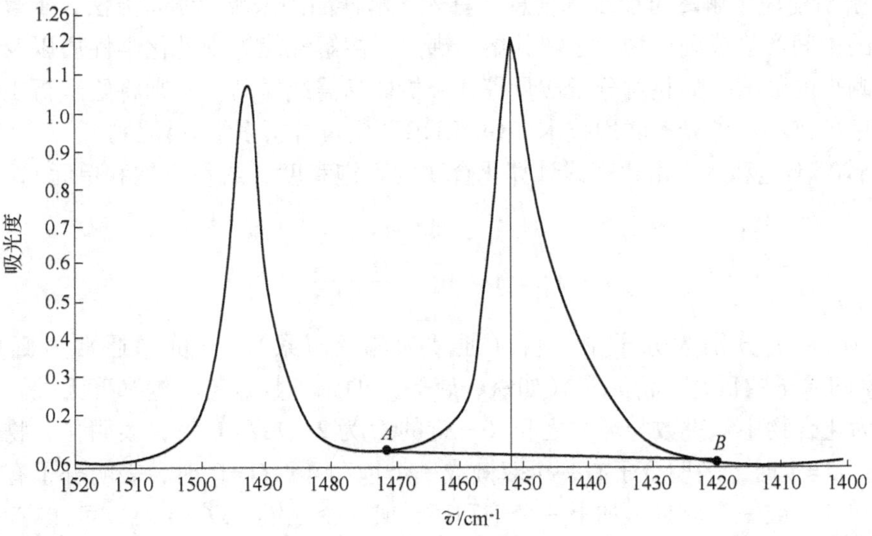

图 5-25 峰高法示意图

求峰面积与峰高法一样采用基线法，用新基线代替零吸收线进行补偿。如图 5-26 所示，大基线选择 AB，峰面积从 a 到 b。

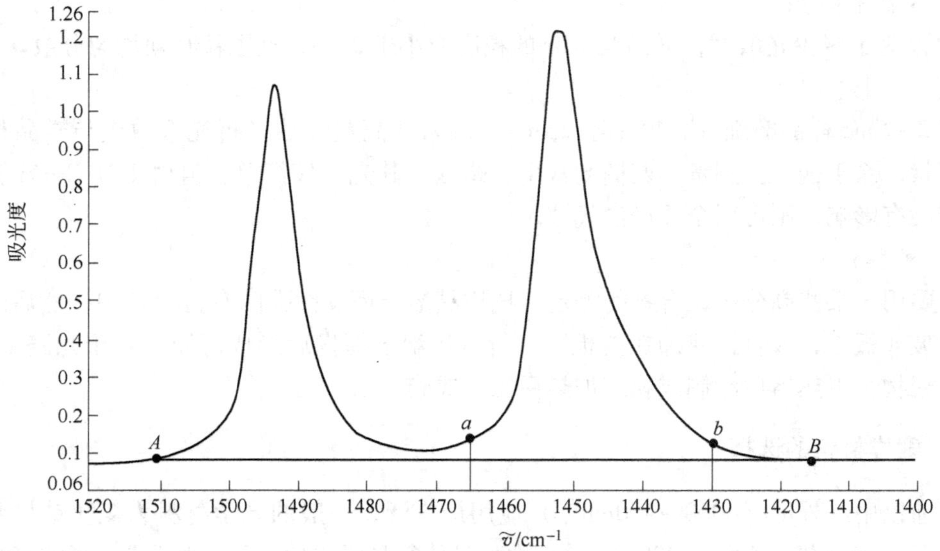

图 5-26　峰面积法示意图

5.8　红外吸收光谱的应用

5.8.1　红外光谱图解析步骤

用红外光谱图确定化合物的结构时，一般要求使用纯化合物的正确谱图，所以在谱图解析之前，首先要排除不属于样品的杂质峰、溶剂的峰和“鬼”峰等。采用何种谱图解析程序并无严格的规定，可依个人习惯或具体谱图的特点及分析目的而异，一般的原则如下。

（1）解析前应了解尽可能多的信息。首先了解样品的来源及制备方法，了解其原料及可能产生的中间产物或副产物，了解其熔、沸点、溶解性能等物理化学性质以及用其他分析手段所测得的数据，如相对分子质量等。分析样品需纯样品，否则将给解析工作带来困难，若采用色谱和红外光谱联用技术（GC-FTIR）则可分析多组分样品。

（2）计算不饱和度。由化学式计算化合物的不饱和度（或称不饱和单元），计算公式如下：

$$\Omega = 1 + n_4 + \frac{n_3 - n_1}{2} \tag{5-8}$$

式中，n_1、n_3和 n_4 分别为分子中一价（通常为氢及卤素）、三价（通常为氮）和四价（碳）元素的原子数目，二价元素（如氧、硫等）的原子数目与不饱和度无关。不饱和度 Ω 的数值为化合物中双键数与环数之和（三键的 Ω 为 2）；$\Omega=0$ 时，表明化合物为无环饱和化合物；$\Omega=1$ 时，表明分子有一个双键或一个饱和环；$\Omega=2$ 时，表明分子有两个双键或两个饱和环，或一个双键再加上一个饱和环，或一个三键；$\Omega=4$ 时，可能有一个苯环，以此类推。

由不饱和度分析，分子中可能存在一个双键或一个三键。

（3）确定所含的化学键或官能团。在解析红外光谱时，首先要注意到吸收峰的位置、强度和峰形，进而可初步判断所含的基团或化学键。以羰基为例，羰基的吸收一般为最强峰或次强峰，如果在 1680～1780cm^{-1}有吸收峰，但其强度低，这表明该化合物并不存在羰基，而是该样品中存在少量的羰基化合物，它以杂质形式存在。吸收峰的形状也决定于官能团的种类，从峰形可以辅助判断官能团。以缔合羟基、缔合伯氨基及炔氢为例，它们的吸收峰位只略有差别，但主要差别在于峰形：缔合羟基峰宽、圆滑而钝；缔合伯氨基吸收峰有一个小小的分叉；炔氢则显示尖锐的峰形。一般来说谱图中与某些特征官能团对应的吸收峰不出现，就可以断定该官能团不存在，但应注意有些振动形式是红外无活性的（例如对称结构的双键和三键的伸缩振动吸收峰很弱或不出现）。另外，并不是谱图中所有的吸收峰都能指出它的明确归属，因为有些谱带是由振动耦合产生的组合频，有些则是多个基团振动吸收的叠加。

（4）根据频率位移考虑邻接基团及其连接方式。由于邻接原子的性质、连接方式（即连在什么位置）对基团的特征频率有影响，会使基团的特征频率发生位移。如形成氢键、共轭体系、诱导作用等都使基团的特征频率发生位移，因此，可根据频率位移考虑邻接基团的性质（是否是电负性基团取代）确定连接方式，进而推断分子结构。

（5）与标准谱图对照。对于所推断的分子结构必须与标准谱图对照（注意所作的图与标准谱图的条件必须一致，如样品的状态及制样方法等）。谱图上峰的个数、位置、形状及强弱次序必须与标准谱图一致，才能使所推断化合物的结构与标准物全同。

（6）配合其他分析方法综合解析。对于一些较复杂的样品，往往单凭一张红外光谱图是不可能得出结论的，必须多种分析手段如核磁、质谱、色谱等配合才能得出正确的结论。

5.8.2 红外光谱的定性分析

用红外光谱进行官能团或化合物定性分析的最大优点是特征性强。一方面由于不同官能团或化合物都具有各自不同的红外光谱图，其谱峰、位置、强度和形状只与官能团或化合物的种类有关。分子中的某些基团或化学键在不同化合物中所对应的谱带波数基本上是固定的或只在小波段范围内变化，因此许多有机官能团（例如甲基、亚甲基、羰基等）在红外光谱中都没用特征吸收，通过红外光谱测定，人们就可以断定未知样品中存在哪些有机官能团，这为最终确定未知物的化学结构奠定了基础。分子在低波数区（通常为 1300～900cm^{-1}）的许多简正振动往往涉及分子中全部原子，不同的分子的振动方式彼此不同，这使得红外光谱具有像指纹一样高度的特征性。根据化合物的谱图可以像辨别人的指纹一样确定官能团或化合物，所以有人把用红外光谱进行定性分析称为指纹分析。另一方面，由于红外光谱测试方便，不受样品相对分子质量、形态（气体、液体、固体和溶液均可）和溶解性能等方面的限制，测试用量较少（常规分析约 20mg，微量分析 0.02～5mg，气体约为 10～20mL），所以在官能团或化合物结构鉴定，特别是化合物的指认或从几种可能结构中确定一种结构方面有广泛的应用。

（1）标准红外光谱图的应用。可以通过两种方式利用红外标准谱图进行查对：一种是查阅标准谱图的谱带索引，寻找与样品光谱吸收带相同的标准谱图；另一种是先进行光谱解释，判断样品的可能结构，然后再由化合物分类索引查找标准谱图进行对照核实。最常见的红外标准图有萨特勒（Sadtler）标准光谱集、分子光谱文献“DMS”穿孔卡片、API红外光谱图集和 Sigma Fourier 红外光谱图库；此外还有一些仪器厂商开发的联机检索谱图库。

1）萨特勒（Sadtler）标准光谱集。由美国费城 Sadtler 研究所编制，其特点是：

① 谱图最丰富，有棱镜和光栅两种谱图。至 1985 年已收集编制了 69 000 张棱镜谱，至 1980 年已收集编制了 59 000 张光栅谱；

② 备有多种索引，有化合物名称、分类、官能团字母、分子式、相对分子质量、波长等索引；

③ 同时出版多种光谱图等，除了红外的棱镜、光栅谱集外，还有紫外和核磁共振氢谱、碳谱共五种光谱图集。

2）分子光谱文献“DMS”穿孔卡片。“DMS”为 Documentation of Molecular Spectroscopy 的缩写。由英国和西德联合编制，谱图上列出了化合物名称、分子式、结构式及各种物理常数，不同类化合物用不同颜色表示。

3）API 红外光谱图集。由美国石油研究所（API）44 研究室编制。谱图较为单一，主要是烃类化合物，也收集少量卤代烃、硫杂烷、硫醇及噻吩类化合物的光谱。也附有专门的索引，便于查找。

4）Sigma Fourier 红外光谱图库。由 Keller R J 编制，Sigma Chemical CO. 于 1986 年出版，已汇集了 10 400 张各类有机化合物的 FTIR 谱图，并附有索引。

（2）已知化合物和官能团的结构鉴定。将合成已知化合物的红外光谱图与标准谱图进行对照，是红外光谱用于化合物结构分析的重要应用之一。与标准谱图对照时应采用与标准谱图相同的条件测试样品，如果两张谱图各吸收峰的位置和形状完全相同，峰的相对强度也一样，就可以认为合成化合物的结构与标准物全同。如果样品比标准谱图的峰还多几个峰，那就可能是杂质的峰，可根据杂质峰的波数推断是何种官能团，并根据反应过程推断可能带入的杂质或生成某种副产物。如果两张谱图不一样，或峰位置不一致，则说明两者不为同一化合物。如用计算机谱图检索，则采用相似度来判别。使用文献上的谱图或红外光谱数据对照时，应当注意试样的物态、结晶状态、溶剂、测定条件以及所用仪器类型等方面的异同。

（3）异构体的鉴定。红外光谱对结构的差异非常灵敏，因此用红外光谱来鉴别异构体十分简便。例如聚丁二烯有顺式-1，4 结构，反式-1，4 结构和 1，2 结构三种异构体。它们的化学性质相似，因此用化学法来鉴别三种异构体比较困难，但是这三种异构体具有不同的红外光谱，尤其是指纹区的光谱有很大差异。

顺式 1，3-聚丁二烯特征吸收峰为 $738cm^{-1}$，其归属于═C—H 面外变形振动 γ(═C—H)。

反式 1，3-聚丁二烯特征吸收峰为 $967cm^{-1}$，其归属于═C—H 面外变形振动 γ(═C—H)。

1，2 结构聚丁二烯特征吸收峰为 $910cm^{-1}$ 和 $990cm^{-1}$，它们同为不饱和碳氢面外变形振动 γ(═C—H)。其中 $910cm^{-1}$ 归属于═CH_2 面外变形振动；$990cm^{-1}$ 归属于═CH 面外变形振动。

根据一张聚丁二烯的红外光谱图可以得知是高顺式结构、高反式结构、高 1，2 结构、还是三种异构体比例相仿的聚丁二烯，并且可以定出它们的各自的含量。

(4) 未知化合物结构分析。测定未知物的结构，是红外光谱法定性分析的一个重要途径。如果未知物不是新化合物，可以通过两种方式利用标准谱图进行查对：

1) 查阅标准谱图的谱带索引，与寻找试样光谱吸收带相同的标准谱图；

2) 进行光谱解析，判断试样的可能结构，然后在由化学分类索引查找标准谱图对照核实。

在定性分析过程中，除了获得清晰可靠的图谱外，最重要的是对谱图作出正确的解析。

所谓谱图解析就是根据实验所测绘的红外光谱图的吸收峰位置、强度和形状，利用基团振动频率与分子结构的关系，确定吸收带的归属，确认分子中所含的基团或键，进而推定分子的结构。简单地说，就是根据红外光谱所提供的信息，正确地把化合物的结构“翻译”出来。往往还需结合其他实验资料，如相对分子质量、物理常数、紫外光谱、核磁共振波谱及质谱才能正确判断其结构。

1) 准备工作。在进行未知物光谱解析之前，必须对样品有透彻的了解，例如样品的来源、外观，根据样品存在的形态，选择适当的制样方法；注意观察样品的颜色、气味等，它们往往是判断未知物结构的佐证。还应注意样品的纯度以及样品的元素分析及其他物理常数的测定结果。元素分析是推断未知样品结构的另一依据。样品的相对分子质量、沸点、熔点、折光率等物理常数，可作光谱解释的旁证，并有助于缩小化合物的范围。

2) 确定未知物的不饱和度。由元素分析的结果可求出化合物的经验式，由相对分子质量可求出其化学式，并求出不饱和度。从不饱和度可推出化合物可能的范围。

3) 官能团分析。根据官能团的初步分析可以排除一部分结构的可能性，肯定某些可能存在的结构，并初步可以推断化合物的类别。

4) 图谱解析。图谱解析主要是靠长期的实践、经验的累积，至今仍没有一个特定的方法。一般程序是先官能团区，后指纹区；先强峰后弱峰；先否定后肯定。

首先在官能团区（4000 ~ 1300cm^{-1}）搜寻官能团的特征伸缩振动，再根据指纹区的吸收情况，进一步确认该基团的存在以及其他集团的结合方式。如果是芳香族化合物，应定出苯环取代位置。最后再结合样品的其他分析资料，综合判断分析结果，提出最可能的结构式，然后用已知样或标准图谱对照，核对判断的结果是否正确。如果样品为新化合物，则需要结合紫外、质谱、核磁等数据，才能决定所提出的结构是否正确。

5.8.3 红外光谱的定量分析

红外光谱定量分析是通过对特征吸收谱带强度的测量来求出组分的含量。其理论依据仍然是比尔-朗伯定律：$A=-\lg(I/I_0)=\lg(1/T)=\varepsilon cl$。当一束单色光通过溶液时，溶质分子就要吸收一部分光能，那么透过光的强度就要减弱。减弱多少是和溶液的浓度（c）有关，还和液层的厚度（l）有关。用红外光谱做定量分析，实际上与大家所熟悉的比色法是一样的。进行定量分析时要选定一个波长，由于红外光谱的谱带较多，选择的余地大，所以能方便地对单一组分和多组分进行定量分析。此外，由于红外光谱法不受样品状态的限制，能定量测定气体、液体和固体样品，其中采用试样溶液进行定量最为普遍。但红外光谱法定量灵敏度较低，尚不适用于微量组分的测定。

5.8.3.1　选择吸收带的原则

选择吸收带的原则如下：

（1）一般选组分的特征吸收峰，并且该峰应该是一个不受干扰和其他峰不相重叠的孤立的峰。例如分析酸、酯、醛、酮时，应该选择与羰基振动有关的特征吸收带；

（2）所选的吸收带的吸收强度应与被测物质的浓度有线性关系；

（3）若所选的特征峰附近有干扰峰时，也可以另选一个其他的峰，但此峰必须是浓度变化时其强度变化灵敏的峰，这样定量分析误差较小。

5.8.3.2　吸光度的测定

吸光度的测定方法如下。

（1）一点法。该法不考虑背景吸收，直接从谱图读取选定的波数的透过率，再由公式 $A=-\lg(I/I_0)=\lg(1/T)$ 计算吸光度。实际上这种背景可以忽略的情况较少，因此多用基线法。

（2）基线法。所谓基线法就是用基线来表示该吸收峰不存在时的背景吸收。一般情况可以通过吸收峰两侧最大透过率处作切线，作为该谱线的基线（图 5-27（a）），则分析波数处的垂线与基线的交点，与最高吸收峰顶点的距离为峰高，其吸光度 $A=\lg(1/T)-\lg(1/T_0)$。基线的取法应当根据具体情况具体分析，取得的基线是否合理对分析结果的准确性、重复性等都有影响，一般基线可有如下几种取法，见图 5-27。

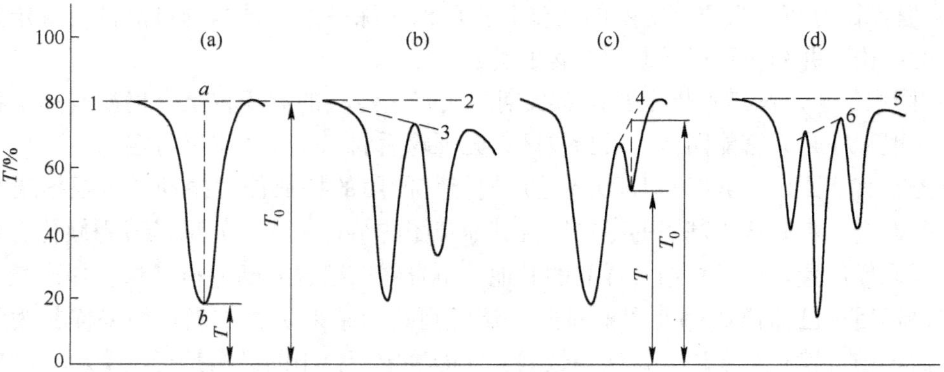

图 5-27　基线的各种取法

T—b 处的透过率；T_0—a 处的透过率

图 5-27 说明如下。

1）若分析峰是一个不受干扰的孤立的峰，则按图 5-27 中方式 1 取基线。其峰高 ab 为 $A=\lg(T/T_0)$；

2）若分析峰受相邻峰的干扰，则可作单点切线，如图 5-27 方式 2，也可按图 5-27 方式 3 作切线，只要切点位置比较稳定，即浓度改变时切点的位置变化不大就行；

3）基线也可以不是直线，因吸收峰是对称的，其外推线很可能是相邻分析峰合适的基线，如方式 4，其峰高 $A=\lg(T_0/T)$；

4）若干扰峰与分析峰紧靠在一起，当浓度变化时干扰峰的封肩位置变化不太厉害

(即干扰峰的影响实际上是恒定的)，则可采取图5-27方式5取基线，当然图5-27方式6也可以。

5.8.3.3 定量分析方法

红外光谱定量分析有吸光度法和吸光度面积法。吸光度法即峰高法，主要包括吸光度比值法、工作曲线法和解联立方程法。对于简单组分一般采用吸光度比值法；对于重复性的定量分析工作，宜采用工作曲线法；对于复杂组分的定量分析，由于多元组分吸收峰互相干扰，所以要选出各组分用于定量的特征峰比较困难，但可以根据吸光度加和性的原理用联立方程的办法来解决。峰高法定量快速简便，但受到仪器分辨率影响较大，测得的吸收系数值，不能通用于不同类型的仪器。

吸光度面积法即峰面积法是测量整个吸收峰的面积，由峰面积求得的表观吸收系数可通用于不同类型的仪器。分辨率对吸光度值有很大影响，分辨率改变引起吸光度改变达20%，而吸光度面积改变仅为3%。峰面积法比较麻烦，若基线画得不正确，产生的误差比峰高法还大，若采用积分仪则比较方便。

当采用KBr压片法、研糊法和液膜法进行定量分析时，由于样品的厚度难以精确控制，此时可采用内标法进行定量分析。在有些情况下，要求分析多元混合物中组分的相对含量，可以应用比例法。例如聚丁二烯的微观结构的定量测定。

(1) 选择特征峰作为分析波长。顺式-1，3-聚丁二烯为738cm^{-1}，反式-1，3-聚丁二烯为967cm^{-1}，1，2-聚丁二烯为910cm^{-1}。

当背景吸收干扰不太大又可以精确扣除时，可采用基线扣除法量取各个峰的高度。

在光谱图上作基线，以扣除邻近吸收峰的背景干扰。这样只要确定每一组分的消光系数则它们的浓度就可以求得。

如何扣除邻近吸收峰的干扰呢？以反式-1，3-聚丁二烯的特征峰967cm^{-1}为例（图5-28），

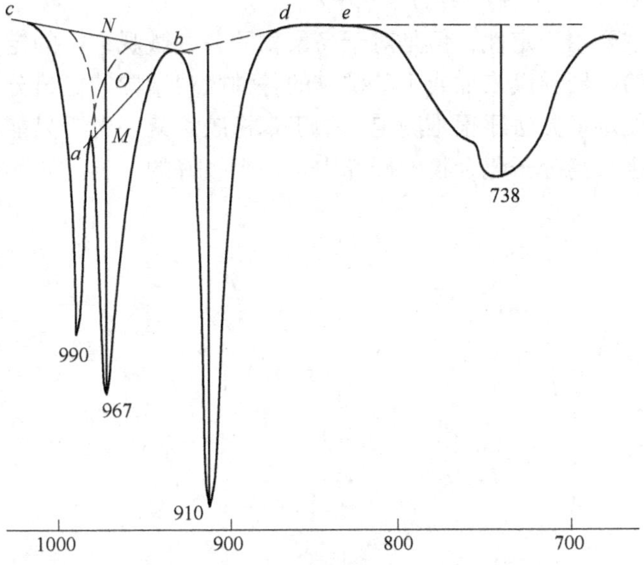

图5-28 聚丁二烯的微观结构的定量分析基线取法

由于990cm^{-1}峰对此峰有干扰必须扣除。若以 ab 为基线则量出的峰高比实际峰高小了；若以 bc 为基线，这样量出的峰高比实际峰高大了，因为这样量出的峰高是由967cm^{-1}和邻近的990cm^{-1}两者贡献的结果。反式-1，3-聚丁二烯的基线取法可以由967cm^{-1}峰的顶点向横坐标作一垂线，与 ab、bc 交于 M、N 点，求 M、N 的中点 O，由967cm^{-1}峰的顶点到 O 的距离比较合理地代表了967cm^{-1}峰的真实峰高（吸光度）。

1，2-聚丁二烯可以作910cm^{-1}峰的切线 bd 为基线，910cm^{-1}峰顶端向横坐标作垂线与 bd 的交点间的距离代表910cm^{-1}切线的峰高。

顺式-1，3-聚丁二烯可以由 e 点约840cm^{-1}处作738cm^{-1}峰与横坐标平行的线为基线。由738cm^{-1}顶点作一垂线与横坐标平行线的交点间的距离是738cm^{-1}峰的峰高。

（2）摩尔吸光系数的确定。摩尔吸光系数可由纯物质测得或查阅有关文献得到。聚丁二烯各微观结构的摩尔吸光系数如下。

顺式-1，4 结构：$\varepsilon_{738} = 31.4\text{L}/(\text{mol}\cdot\text{cm})$

反式-1，4 结构：$\varepsilon_{967} = 117\text{L}/(\text{mol}\cdot\text{cm})$

1，2 结构：$\varepsilon_{910} = 151\text{L}/(\text{mol}\cdot\text{cm})$

（3）直接计算。

$$A = \varepsilon cl$$

$$c = A/(\varepsilon l)\quad (l = 1\text{cm})$$

顺式-1，4 结构：$c_c = A_{738}/(\varepsilon_{738} l) = A_{738}/31.4$

反式-1，4 结构：$c_t = A_{967}/(\varepsilon_{967} l) = A_{967}/117$

1，2 结构：$c_v = A_{910}/(\varepsilon_{910} l) = A_{910}/151$

A_{738}、A_{967}、A_{910}都是已扣除背景的吸光度值，由实验测得。

求它们的百分含量。

顺式-1，4 结构：$c_c\% = c_c/(c_c + c_t + c_v) \times 100\%$

反式-1，4 结构：$c_t\% = c_t/(c_c + c_t + c_v) \times 100\%$

1，2 结构：$c_v\% = c_v/(c_c + c_t + c_v) \times 100\%$

虽然红外光谱主要用于定性，但是对于高聚物的各种微观结构的定量分析是一种很好的方法。如聚丁二烯、聚异戊二烯或丁苯橡胶的各种微观结构的定量分析采用红外光谱是很方便的，采用其他定量方法还很难测定。如丁苯橡胶用紫外光谱只能测其中聚苯乙烯的含量，所以红外光谱在高分子化合物的研究中是一个极好的工具。

6 有机质谱

6.1 质谱的基本原理

质谱法常用于有机结构分析，其突出的优点是灵敏度高，试样用量少，是唯一可以确定分子式的方法。

近年来质谱学及仪器发展使其优点更加突出，也使其效能进一步增高。尤其是质谱仪发展了与不同分离方法联用。例如与气相色谱仪联用，发展成一种用途很广的化合物结构定性和定量分析方法。而质谱仪与计算机联用，大大提高了仪器应用能力，这使对质谱的认识和运用成为有机化学中非常重要的部分。

质谱是按粒子质量大小而排列的谱图，确切地表达应该说质谱是带电原子、分子或者分子碎片通过质谱仪的分离，按照质荷比（或质量）的大小顺序排列的谱。质谱仪则是一类能使物质离子（原子或分子）离子化成离子，并通过适当稳定或者变化的电场、磁场将他们按照空间位置、时间先后或者轨道稳定与否来实现质荷比分离，检测其强度后进行物质分析的仪器。

从以上定义可以看出，要实现质谱分析，首先要使被分析物质带上电荷，然后对其进行分离，最终确定其质量。这是质谱分析的三个关键环节。

（1）分子或原子的离子化及分离。为使要分析的样品带上电荷，样品一般采用具有70eV 的电子束进行轰击，这样的能量足以促使分子或原子以其成键或非键轨道上失去电子而离子化成为带有正电荷的分子或原子。如果原来的分子中仅失去一个电子，则生成的离子被称为分子离子或母体离子。与此同时，有些分子离子会进一步断裂成为较小的离子或中性碎片。这些带上电荷的粒子被送入磁场中，依据其质量和带电荷情况在磁场中发生不同程度的偏转。在带有电荷相同的情况下，其质荷比愈大，在磁场中的偏转则愈小，质荷比愈小，在磁场中的偏转就愈大，这样分子离子或离子碎片就被分离开来，完成了分子的离子化和分离过程。

（2）离子接收、测量和记录。被分离的每一个离子束依次经过收集器的狭缝，并打在收集器板上，通过收集器板的处理，以峰大小的形式反映出每束离子相对数目的多少，为分析分子的结构提供依据。

6.1.1 仪器简介

有机质谱仪：以电子轰击或其他的方式使被测物质离子化，形成各种质荷比（m/z）的离子，然后利用电磁学原理使离子按不同的质荷比分离并测量各种离子强度的仪器。不同质谱仪原理不同，但是大体都由下列单元组成，如图 6-1 所示。

（1）进样系统。被分析试样通过进样系统进入质谱仪，使试样在不被破坏的情况下进入离子源。当质谱仪与色谱仪联用时，进样系统则由界面取代。

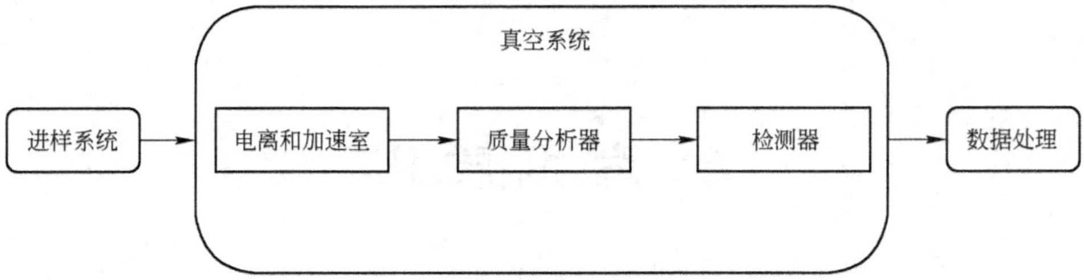

图 6-1　质谱仪所含单元示意图

（2）电离和加速室。又称为离子源，试样物质在电离室被电离，在电离室出口，对离子施加一个加速电压，使电离的试样进入质量分析器。

（3）质量分析器。它是质谱仪的核心，可以把不同质荷比的离子分开，不同类型的质量分析器有不同原理、特点、适用范围和功能。

（4）检测器。检测各种质荷比的离子，不同类型检测器，检测原理不同。

（5）数据处理系统。进行数据的采集、存储、处理、打印、检索等。

（6）真空系统。真空系统为离子源和质量分析器提供所需要的真空环境。质谱仪的类型不同，对真空度的要求不同。

有机质谱仪分为：四极杆质谱仪、离子阱质谱仪、飞行时间质谱仪和磁质谱仪等。它可以广泛用于有机化学、生物学、地球化学、核工业、材料科学、环境科学、医学卫生、食品化学、石油化工等领域以及空间技术和公安工作等特种分析方面。

6.1.2　质谱的表示方法

质谱的表示方法分为质谱图和质谱表。

6.1.2.1　质谱图

不同质荷比的离子经质量分析器将各种离子分开，而后被检测，记录下的谱图为质谱图，亦称质谱。

A　质谱图的横坐标

图 6-2 为甲苯的质谱图，横坐标表示质荷比（m/z），从左到右为质荷比增大的方向。当离子所带的电荷 $z=1$ 时，质荷比就是离子的质量，甲基离子 CH_3^+、乙酰基离子 $H_3C—C(=O^+)H$，它们的质荷比分别为 $m/z=15$ 和 $m/z=43$，就是它们的质量数。

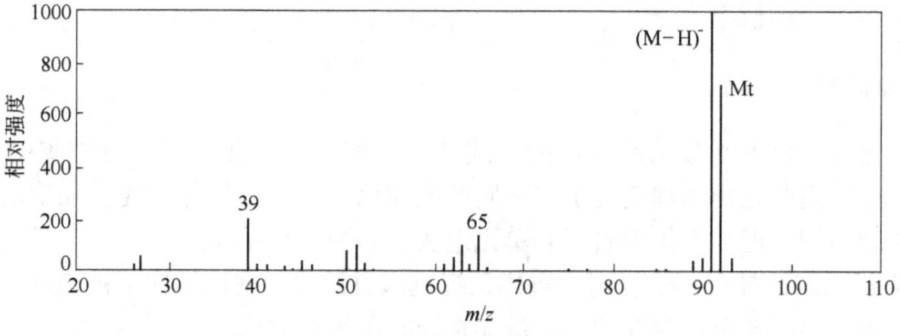

图 6-2　甲苯的质谱图

质谱中计算离子的质量都是以$^{12}C = 12.0000$为标准，其他原子质量都不是整数，而且计算质量数不用平均相对原子质量，而用其同位素质量。例如，氯原子（Cl）的平均相对原子质量为34.45，这是根据^{35}Cl和^{37}Cl。又如Br原子的质量不用80而用79和81。常见同位素的精确质量和天然丰度见表6-1。

表6-1 有机化合物中常见元素的同位素丰度

元 素	丰度/%	元 素	丰度/%	元 素	丰度/%
^{1}H	100	^{2}H	0.015		
^{12}C	100	^{13}C	1.1		
^{14}N	100	^{15}N	0.37		
^{16}O	100	^{17}O	0.04	^{18}O	0.2
^{28}Si	100	^{29}Si	4.1	^{30}Si	3.4
^{32}S	100	^{33}S	0.8	^{34}S	3.4
^{35}Cl	100			^{37}Cl	32.5
^{79}Br	100			^{81}Br	98
^{19}F	100				
^{31}P	100				
^{127}I	100				

B 质谱图的纵坐标

质谱图的纵坐标表示离子的强度——离子流强度，有两种表示方法：

（1）绝对强度。将每一个峰的离子流强度相加作为总离子流强度。

$$绝对强度(\%) = \frac{离子流强度}{总离子流强度} \times 100\%$$

表示方式：20%Σ，意思是此离子流强度占总离子流的20%，或者以$20\%\Sigma_{43}$表示，意思是此离子流强度占总离子流的20%，但是总离子流强度是以质荷比m/z小于43的离子未计算在总离子流强度之内。用绝对强度表示各个离子流强度的百分数之和应为100%。

（2）相对强度。以质谱图中最强峰的强度作为100%称为基峰（丰度最大的离子最稳定）。

表6-2给出了甲苯各个峰的相对强度。

表6-2 甲苯各个峰的相对强度

质荷比（m/z）	相对强度（RA）	质荷比（m/z）	相对强度（RA）
39	4.3	92	68（$M^{+}\cdot$）
65	11	93	3.9（M+1）
91	100（基峰）	94	0.2（M+2）

现在的质谱图都是以相对强度表示的，棒图就是用相对强度表示画出来的，换算成相对强度的工作都是由计算机完成的。

6.1.2.2　质谱表

质谱表就是把质荷比和相对强度以表格形式表示，可以有数据表示法和论文记录法。

A　数据表示法

以甲醇为例，将质荷比（*m/z*）与相对强度（*RA*）列表，见表6-3、表6-4。

表 6-3　按质荷比大小列表

m/z	15	16	17	28	29	30	31	32	33	34
RA/%	13	0.21	1.0	5.3	64	38	100	66	0.98	0.14

表 6-4　按相对强度次序排列

m/z	31	32	29	15	28	30	17	33	16	34
RA/%	100	66	64	13	5.3	3.8	1.0	0.98	0.21	0.14

B　论文记录法

论文记录法方式如下（也是以 *m/z* 与 *RA*（%）列表）

32（$M^{+}\cdot$）	(66)
31	(100)
29	(64)
15	(13)
⋮	⋮

括号中的数值表示该离子的相对强度。

表格形式虽然可以准确的表示相对强度，甚至很弱的峰也能表示出来，但是不如棒图一目了然。

6.1.3　分析样品的碎裂

产生质谱，必须先由最小能量的电子束轰击分析样品以启动离子的产生过程，即：

$$M + e \longrightarrow M^{+} + 2e$$

其中 M^{+} 即是分子离子，随着电子束能量的增加，分子离子的数目就会增大，若大大增加电子束能量，可能造成分子离子键的断裂而形成许多小的分子碎片，反而会使分子离子的数目降低。其分离过程可以假设成 ABCD 的分裂来说明：

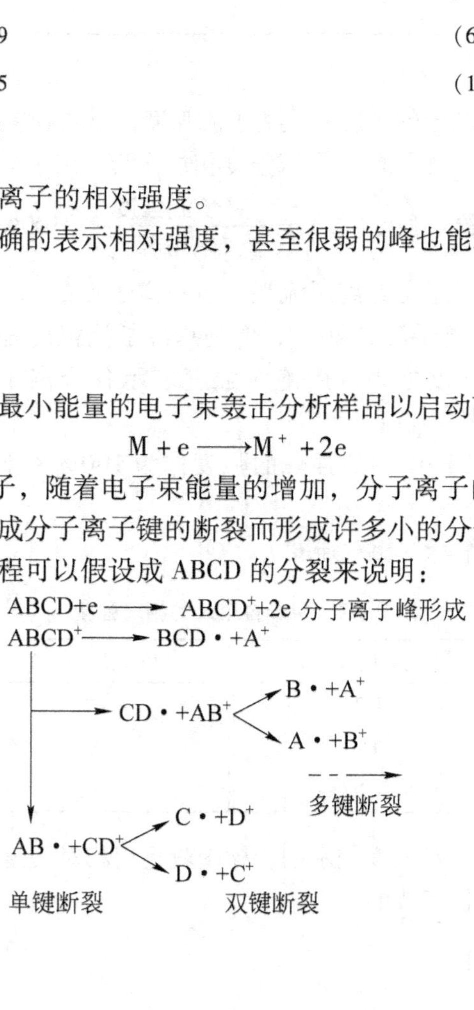

一个含有多原子的分子，可以产生许多数目不等的正离子。其分布情形由电子束的能量及分子的分裂情况而定，通常其谱图具有重现性。对于一个有机分子，其离子化能大约需要 10 ~ 15eV，但是在质谱中，分子则经常受到 70eV 能量的电子束的轰击而失去电子。通常，电子将从分子中最容易离子化的部位失去，如从具有孤对电子的 O、N、S 或卤素等原子中失去，或者从一个不饱和键上失去。假如分子中没有孤对电子或不饱和部位，则将从 σ 键上失去电子。分子离子也会由于某些化合物对电荷的离域作用而使之寿命较长，其寿命之长甚至可以导致第二、第三次被电离。此外，某些分子离子也会由于受到如此大能量的轰击而导致裂解。

分子离子 M^+ 的质量与其来源化合物的相对分子质量相同，它是确定所分析物质的一个重要参数。尤其是有机化合物，大约 80% ~ 90% 的有机化合物，其分子离子峰很容易分辨。

分子的裂解过程是指分子中的一个键被断开，一般具有三种裂解形式：

（1）均裂。一个 σ 键断开，每个碎片均保持一个电子， $X—Y \rightarrow X\cdot + Y\cdot$；

（2）异裂。一个 σ 键断开，成键电子转到一个碎片上，即 $X—Y \rightarrow X^+ + Y^-$；

（3）半异裂。离子化的 σ 键断开，即 $X^+—Y \rightarrow X^+ + Y^-$。

此时在成键轨道上的一个 σ 电子转移给了 Y。

从以上三种形式可以发现，多数有机化合物是以此三种简单的断裂过程为基础的，但均裂形式不利于质谱的检测，质谱一般利用后两种形式进行化合物的分析。

例如，丙烷的断裂过程：

分子离子 $CH_3CH_2CH_3 \longrightarrow [CH_3CH_2CH_3]^+$

半异裂 $[CH_3CH_2 +\cdot CH_3] \longrightarrow [CH_3CH_2]^+ +\cdot CH_3$

半异裂 $[CH_3CH_2 \cdot + CH_3] \longrightarrow CH_3CH_2\cdot + CH_3{}^+$

异　裂 $CH_3CH_2CH_3 \longrightarrow CH_3CH_2{}^+ + :CH_3$

均　裂 $CH_3CH_2CH_3 \longrightarrow CH_3CH_2\cdot +\cdot CH_3$

下面介绍几种常用的离子化方法：

（1）电子轰击离子化（EI）。是最常用的一种离子化方法，其特点是可使分子引起相当大的碎裂，但是所得分子离子峰往往并不很强甚至不能识别。EI 质谱中包括分子离子、碎片离子、同位素离子、亚稳离子、重排离子和多电荷离子等。分子较大碎裂对试样的鉴定和结构解析是十分有利的，但对混合组分的分析和纯度检查是不利的。

（2）化学离子化（CI）。是极为有用的一种，由于其谱形简单，能提供较强的准分子离子峰和很少的碎片峰，因此，用于混合组分的分析和纯度检查是十分有利的。

（3）场致离子化（FI）。非常适用于易变分子的离子化，如碳水化合物、氨基酸、多肽、抗生素和苯丙胺类药物均宜采用。此法也能产生较强的分子离子峰和准分子离子峰。

（4）场解吸离子化（FD）。扩大了质谱的使用范围，此法可用于极性大、难气化以及对热不稳定的化合物，因而在生物活性组分、药物及其代谢产物或分解产物的研究分析工作中是一种非常重要而且十分有效的分析工具。

（5）快原子轰击（FAB）。是将样品溶解于低挥发性的液体基质中，用高速的中性粒子，如氩、氙等原子来轰击而解吸，因之称为快原子轰击离子化。其特点是：可直接进行分析，不用做成衍生物；可适用于较大分子的质谱分析，而 EI、CI、FI、FD 等方法只能用于中、小分子有机化合物的测定。

6.2 分子离子和同位素离子

6.2.1 分子离子

分子离子是样品中分子失去电子而产生的，其 m/z 就是该化合物的相对分子质量。而质谱中的其他离子都源于分子离子。分子离子具有特别重要的意义，分子离子的确定为确定相对分子质量提供了可靠的信息。根据分子离子和碎片离子的关系可以判断化合物的类型及可能含有的基团。由分子离子及同位素峰的相对丰度或由高分辨质谱仪测得的精确相对分子质量，可以推导化合物的元素组成和分子式。

6.2.1.1 分子离子的产生

分子失去一个价电子而生成的离子称为分子离子，通常用 $M^{+}\cdot$ 表示。M 右上角的“+”表示分子离子带一个电子电量的正电荷，“·”表示它有一个不成对电子，是个游离基。由于有机化合物中电子都是成对存在的，即有偶数个电子，分子电离失去一个电子后就有了一个不成对电子。可见分子离子既是一个正离子，又是一个游离基，这样的离子称为奇电子离子。分子离子是质谱中最重要和最有价值的离子。首先因为它的质荷比值等于相对分子质量，一旦在质谱图中确定了分子离子峰，便可以得知该化合物的相对分子质量。用质谱法测得的分子量是物质准确的相对分子质量，而不像经典的相对分子质量测定方法，如冰点下降法、沸点上升法等测得的近似值；其次，分子离子是质谱中所有碎片离子的先驱，其质量和元素组成限定了所有的碎片离子。但是并不是每一个有机物的 EI 中都有分子离子峰。因为某一些类型的有机物分子离子的稳定性很差，它们的分子离子几乎全部断裂成碎片离子。

在质谱图中，分子离子峰的强度和化合物的结构有关。环状化合物比较稳定，不易碎裂，因而分子离子峰较强。支链化合物较易碎裂，分子离子峰就弱，某些稳定性差的化合物甚至看不到分子离子峰。一般规律是，化合物分子稳定性差，分子离子峰就弱，某些酸、醇及支链烃的分子离子峰较弱甚至不出现，相反，芳香化合物往往有较强的分子离子峰。分子离子峰强弱的大致顺序是：芳环 > 共轭烯烃 > 烯烃 > 酮 > 支链烃 > 醚 > 酯 > 胺 > 酸 > 醇 > 高分支烃。

6.2.1.2 分子离子峰的判别

前面说过分子离子的质荷比就是化合物的相对分子质量，因此在解析 EI 谱时首先要确定分子离子峰。通常通过以下三个方法来判断分子离子峰。

（1）分子离子峰一定是质谱中质量数最大的峰，它应处在质谱的最右端。

（2）分子离子峰应具有合理的质量丢失，即在比分子离子小 4 ~ 14 及 20 ~ 25 个质量单位处，不应该有离子峰出现。否则，所判断的质量数最大峰就不是分子离子峰，因为一个有机化合物分子不可能失去 4 ~ 14 个氢而不断链，如果断链，失去的最小碎片应该为 CH_3（为 15 个质量单位）。同样，也不可能失去 20 ~ 25 个质量单位。

（3）分子离子为奇电子离子，其质量数应该符合氮规则。氮规则是指在有机化合物分子中含有奇数个氮时，其相对分子质量应为奇数。含有偶数个（包括0个）氮时，其相对分子质量数应为偶数。这是因为组成有机化合物的元素中，具有奇数价的原子具有奇数质量，具有偶数价的原子具有偶数质量，因此，分子中含有奇数个氮，其相对分子质量是奇数，含有偶数个氮，其相对分子质量一定是偶数。

如果某离子峰完全符合上述三项判断原则，那么这个离子峰可能是分子离子峰；如果三项原则中有一项不符合，这个离子峰肯定不是分子离子峰。应该特别注意的是，有些化合物容易出现 M－1 峰或 M＋1 峰。

下面举例说明分子离子峰的判别方法。

试判断图 6-3 两张谱图中质荷比最大的离子是否为分子离子，已知两个化合物均不含氮原子。

（1）图 6-3a 是不符合质量丢失原则的示例。可以看到，谱图中质荷比最大的离子是 $m/z=114$，为偶数，符合氮规则；但与 $m/z=114$ 最靠近的离子 $m/z=101$，他们的差值为 13，落在不合理范围内，所以 $m/z=114$ 肯定不是分子离子峰。

（2）图 6-3b 是己醇（分子量为 102）的质谱图。可以看到，在谱图中质荷比最大的离子是 $m/z=84$，符合氮规则；最靠近它的是 $m/z=69$ 离子，他们的质量差为 15，也符合分子离子的判别标准，但实际上 $m/z=84$ 不是分子离子，其中 $m/z=84$ 是分子离子失去一分子水生成的奇电子碎片离子（$[M—H_2O]^{+\cdot}$）。

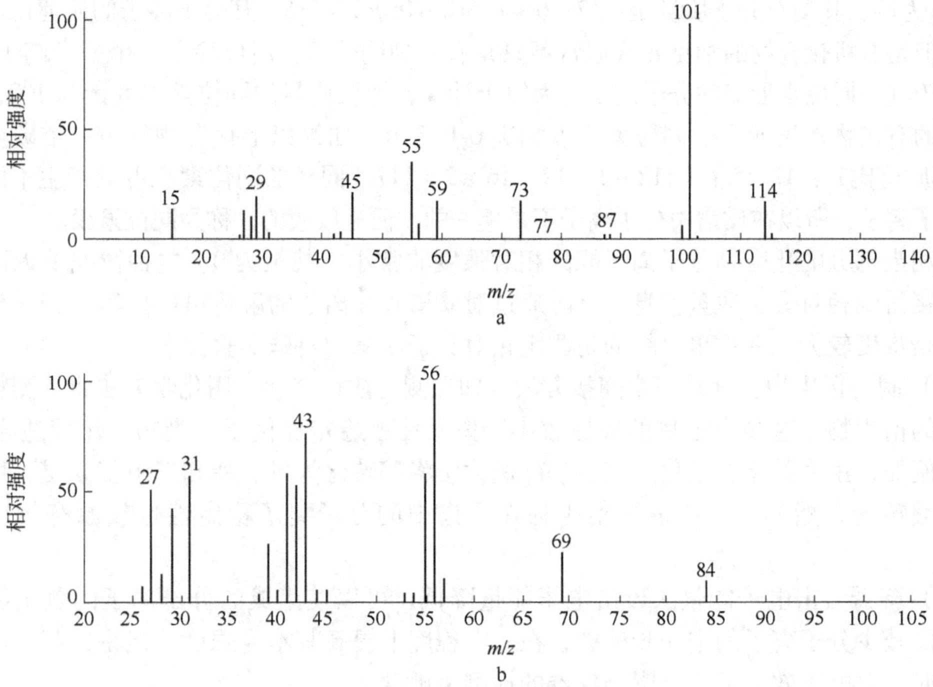

图 6-3　分子离子峰的判别方法

a—不符合质量丢失原则示例；b—己醇质谱图

从以上两个例子可以看到，当我们得出某一个离子不是分子离子峰时，结论是肯定的，但是，当我们判断某一离子是分子离子峰时，却在前面加上“可能”两个字。这说明上述三个判别分子离子峰的标准实际上是必要不充分条件。一些典型化合物分子离子峰的相对强度见表 6-5。

表 6-5　一些典型化合物分子离子峰的相对强度

化合物名称	M⁺ · 相对强度/%	化合物名称	M⁺ · 相对强度/%
萘、喹啉	100	正壬烷	6
四氢萘	90	3-乙基庚烷	1
甲基己基硫醚	45	二丁胺	11
3-壬烯	20	辛胺	0.5
3-辛酮	8	庚酸	0.5
2-辛酮	3	辛醇	0.1
二丁醚	2	二乙醇缩乙醛	0

对分子离子峰的判断到底正确与否，还需要与质谱碎片离子解析结合起来考虑。

6.2.1.3　相对分子质量的测定

质谱的一个很重要的应用是确定化合物的相对分子质量，从而得出分子式。化合物的相对分子质量在质谱中应当可以从分子离子的质荷比得到。

计算相对分子质量的方法是采用每个元素最普通的同位素（6.2.2 节）质量来计算。以 $C_6H_{12}O_2$为例，其相对分子质量是：$12\times6+1\times12+16\times2=116$，其分子离子的质荷比也是这个数。但是有机化合物的常见元素通常不只是有一种同位素，所以除了一个分子离子以外，还有由于其他同位素形成的分子离子。为便于计算，把低质量的同位素丰度计为 100，按此法计算的有机物常见元素的同位素丰度如表 6-1 所示。如果以上化合物其中一个碳可能是 ^{13}C，其质荷比是：$12\times5+1\times12+1\times12+16\times2=117$。同样的同位素也可以产生不同质荷比的分子离子，所以在质谱中分子离子不是单一的，而是成簇的，称为同位素簇。

有相当部分的化合物分子离子峰的相对强度非常小，甚至为 0。这种情况下无法从质谱图直接得到相对分子质量信息。有时通过对质谱碎片离子的解析可以推测出相对分子质量，但是难度较大。在这里介绍的是测定相对分子质量的特殊实验技术。

（1）制备衍生物。这是一个间接方法，即在测定质谱之前，用化学方法将待测物转变为适当的衍生物。这些衍生物的极性较小，挥发性或稳定性优于待测物，比较适合于 EI 质谱。例如，用甲基化、酰化、三甲基硅烷化法将醇转化为醚、酯和三甲基硅醚；用酯化法将羧酸转变为酯等。一般情况衍生物在质谱中的分子离子稳定性也较原有物质有所改善。

（2）降低轰击电子能量。轰击电子能量降低，可以使生成的分子离子的剩余能量减少，从而减少分子离子的进一步碎裂，在一定程度上提高其本身强度。但是，轰击电子能量降低时，总电离效率下降，影响仪器的检测灵敏度。

（3）使用“软电离”技术。如化学电离（CI）、场解吸电离（FD）、快原子轰击电离（FAB）等。在条件允许时，这是最有效的办法，因为这些软电离技术提供给被测物的能量远远低于电子轰击电离，谱图中的分子离子峰强度很高，易于辨认。有的软电离技术还可以使液相或固相分子不经汽化直接电离，解决了难汽化和热不稳定化合物的电离问题，扩展了质谱的应用范围。

6.2.2　同位素离子

6.2.2.1　元素丰度

元素丰度即元素的相对含量。丰度的大小一般以百分数表示。人造同位素的丰度为零。周期表上所列的相对原子质量实际上是各种同位素按丰度加权的平均值，这是因为各种同位素在自然界中往往分布得比较均匀，取平均值计算比较准确。

在组成有机化合物的常见元素中，许多元素有一个以上丰度显著的稳定同位素。例如，^{12}C 和 ^{13}C，他们的丰度比约为 100∶1.1，^{1}H 和 ^{2}H 的丰度比约为 100∶0.015 等。表6-1 列出了有机化合物常见元素的同位素及其丰度。我们通常所说的纯物质仅指“化学纯”，不考虑其组成元素的同位素，假如考虑同位素，则“化学纯”的物质变成了“混合物”。例如，纯甲烷实际上是由 $^{12}C^{1}H_4$、$^{13}C^{1}H_4$、$^{12}C^{2}H^{1}H_3$、$^{12}C^{2}H^{1}H$ 等“同位素纯”的甲烷以一定比例组成的“混合物”。由于使用质谱测定质荷比大小，因此能够区分各种同位素组成的离子。如组成为 $^{12}C^{1}H_4$ 的离子 m/z 为 16，而组成为 $^{13}C^{1}H_4$ 的离子 m/z 为 17 等。

在质谱中我们规定以元素最大丰度的同位素质量计算分子离子和碎片离子的质荷比。其他同位素组成的离子称为同位素离子。在上述甲烷的例子中，$^{12}C^{1}H_4$（$m/z=16$）离子是分子离子，$^{13}C^{1}H_4$（$m/z=17$）离子是同位素离子，$^{12}C^{2}H^{1}H_3$ 等其余离子也是同位素离子，但是因为它们的丰度非常低，在谱图上很难出现，故可以忽略不计。从表 6-5 上可以看到，在组成有机化合物的那些常见元素中，最大丰度的同位素正好都是质量最小的，所以在质谱图中，同位素离子峰都出现在分子离子或碎片离子峰的高质量一侧，比较容易辨认。同位素离子的丰度是与组成该离子的元素种类及原子数目有关。仍以甲烷为例，分子中只有一个 C 原子，由于 ^{13}C 的天然丰度只有 ^{12}C 的 1.1%，因此，$m/z=17$ 的离子强度仅为 $m/z=16$ 的 1.1%。所以可以通过测定同位素离子峰与分子离子峰的相对强度来推算分子离子的元素组成。

6.2.2.2　离子丰度的影响因素

一般情况下，质谱图中较强的碎片离子峰由较稳定的离子所产生或与形成较稳定产物（离子和中性碎片）的反应相对应。影响离子丰度的因素主要包括：

（1）产物离子的稳定性。通常，质谱产生的离子稳定性越高，其丰度越大。例如，由于电荷能够分散于共轭体系，在相关化合物的质谱反应中，形成酰鎓离子 $CH_3—C^+$（←→ $CH_3—C≡O^+$）和烯丙基正离子 $CH_2=CH—C^+H_2$（←→ $H_2C^+—CH=CH_2$）是一个主要倾向。例如：

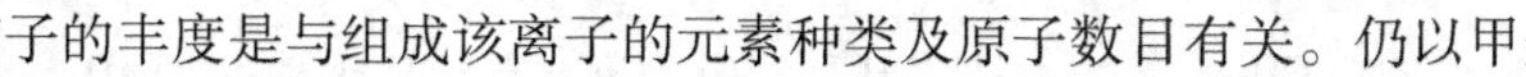

m/z =43(100%)

（2）Stevenson 规则。奇电子离子（OE）的断裂能产生两组离子和游离基产物

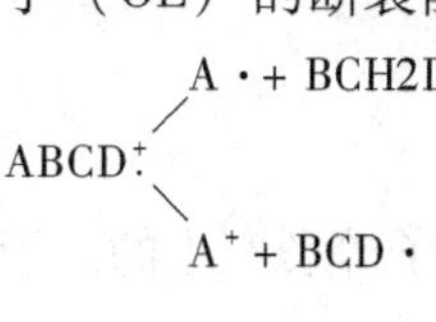

形成 BCD^+ 或者 A^+ 离子的几率与这两种离子对应的自由基 BCD · 或 A · 的电离能（I）有关。当电离能 I（BCD · ）$>I$（A · ）时，形成 A^+ 离子的几率较高；反之则形成 BCD^+ 离子的几率较高。即容易保留不成对电子而以自由基形式存在的碎片具有较高的电离能，而 I 值较低的自由基则容易形成碎片离子。以上则称为 Stevenson 规则。例如：

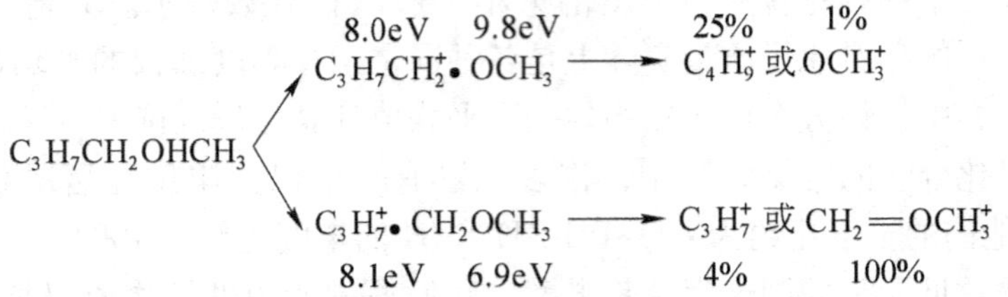

（3）质子亲和能（PA）。偶电子离子（EE^+）在裂解反应中，能量上有利于形成质子亲和能较低的中性产物。例如：

$$^+OC_2H_5 = CH_2 \longrightarrow C_2H_5^+ + O = CH_2 \quad (6\text{-}1)$$

$$PA = 7.9\text{eV}$$

$$^+OC_2H_5 = CHCH_3 \longrightarrow C_2H_5^+ + O = CHCH_3 \quad (6\text{-}2)$$

$$PA = 8.3\text{eV}$$

因为 PA 值，$O=CH_2 < O=CHCH_3$，所以式 6-1 裂解失去甲醛的倾向一定比式 6-2 裂解失去乙醛的倾向大，即式 6-1 反应的质谱图上 $C_2H_5^+$ 的离子丰度会更大些。

（4）最大烷基丢失。值得注意的是，在反应中心首先失去最大的烷基游离基是一个普遍倾向。

例如：

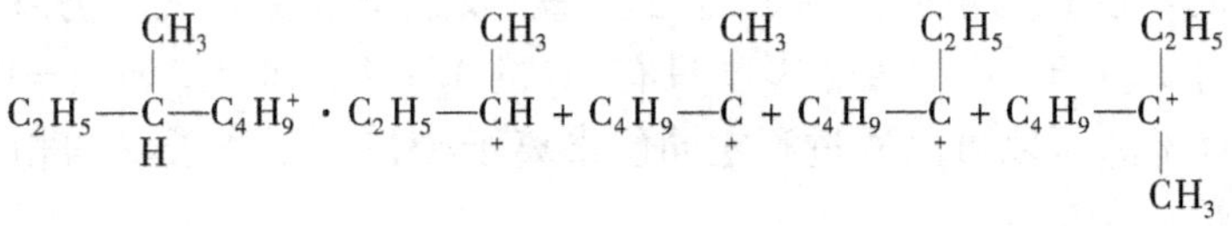

A　　B　　C　　D

离子丰度：A > B > C > D。

这种低稳定度离子反而比高稳定度离子丰度大的情况表明，超共轭效应使得较大烷基自由基更稳定的因素可能在上述裂解反应中起主导作用。

（5）中性产物的稳定性。若裂解反应产物包括较稳定的中性游离基如烯丙基游离基或叔丁基游离基或稳定的小分子如 H_2、CH_4、H_2O、C_2H_4、CO、NO、CH_3OH、H_2S、HCl、$H_2C=C=O$ 和 CO_2 等，该反应产生的离子丰度随之增大。例如：

$$CH_3(CH_2)_3CH_2^+\dot{O}H \longrightarrow CH_3(CH_2)_2CH_3CH_2^{\dot{+}} + H_2O$$

$$m/z = 70$$

由于上式生成稳定中性 H_2O 分子的反应极易进行，1-戊醇的质谱图中看不到 $m/z = 88$ 分子离子峰，而脱 H_2O 的离子峰 $m/z = 70$，则丰度较大。1-戊醇的质谱图见图 6-4。

6.3　质谱中的碎片离子

碎片离子是分子离子或准分子离子碎裂产生的。当然，碎片离子仍然可以进一步碎裂

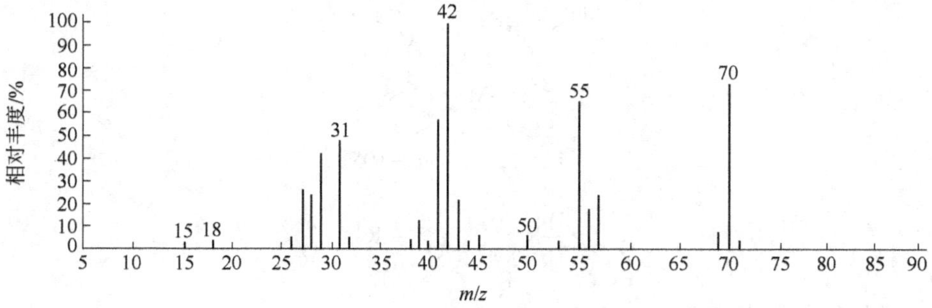

图 6-4 1-戊醇的质谱图

形成更小的离子。

6.3.1 单裂反应

分子失去一个电子形成的分子离子 $M^{+}\cdot$ 是奇电子离子，其断裂反应可能是失去一个偶电子的中性分子或奇电子的中性自由基，如下式所示。

$$M^{+}\cdot \longrightarrow OE^{+}\cdot + N$$

$$M^{+}\cdot \longrightarrow OE^{+}\cdot + N\cdot$$

奇电子有两个活泼的反应中心，即电荷中心和自由基中心，而偶电子离子只有电荷中心。分子离子的断裂和产物离子的进一步碎裂都是由这些中心引发的。由于将配对电子拆开需要较高的能量，离子断裂时发生键均裂的活化能也相对较高，因此奇电子离子和偶电子离子均优先丢失偶电子碎片。当然分子离子也可能失去一个自由基而生成偶电子离子。自由基的生化热比结构近似的中性分子高，这就意味着断裂反应生成的偶电子离子的生成热较低。一般情况下，断裂反应只是在活性中心的邻近发生，因此对于由活性中心引发的断裂反应，确定活性中心在离子中的位置是非常重要的。分子在电离时将优先失去杂原子上的非成键电子，其次是 π 电子，较难失去的是 σ 电子。

6.3.1.1 游离基引发的断裂（a 断裂）

游离基对分子断裂的引发是由于电子的强烈成对倾向造成的。由游离基提供一个奇电子与邻接原子形成一个新键，与此同时，这个原子的另一个键（a 键）断裂，这种断裂通常称为 a 断裂。双键的 a 断裂引起烯丙基位键的断裂，从双键起是 β 键断裂，而在 a 键处又生成一个新键，俗称 β 键断裂。

a 断裂主要有下列几种情况：

（1）含饱和杂原子。

$$R^1 - CH_2 - CH_2 - \dot{Y}^{+} - R^2 \longrightarrow R^1 - CH^{\cdot} + H_2C = Y - R^2$$

以乙醇的断裂为例进一步说明。

$$CH_3—CH_2 - \dot{\overset{+}{O}}H_2 \longrightarrow CH_3^{\cdot} + CH = \overset{+}{O}H$$

$$m/z = 31$$

因为 a 断裂比较容易发生，因此，在乙醇的 EI 谱图中，$m/z = 31$ 的峰比较强。

（2）含有不饱和杂原子。以丙酮为例来说明断裂机理：

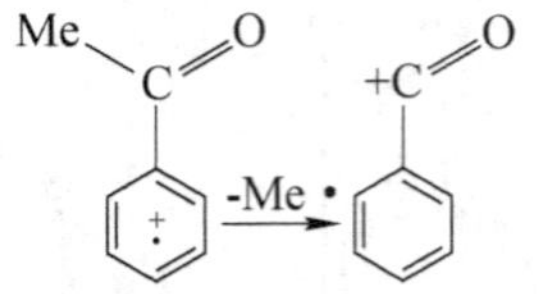

m/z=120　　m/z=105

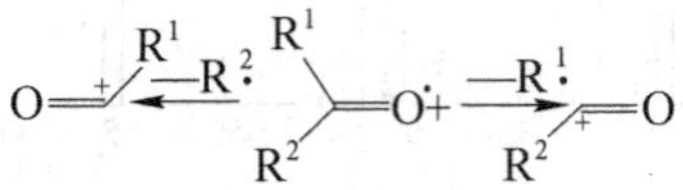

（3）烯烃（烯丙基断裂）。

$$R-\overset{H_2}{C}-CH_2-\overset{\cdot+}{C}H_2 \xrightarrow{\alpha} R^{\cdot}+CH_2=CH-\overset{+}{C}H_2$$

a　　　　m/z=41

烯丙基断裂生成稳定的烯丙基离子（$m/z=41$）

（4）烷基苯（苄基断裂）。

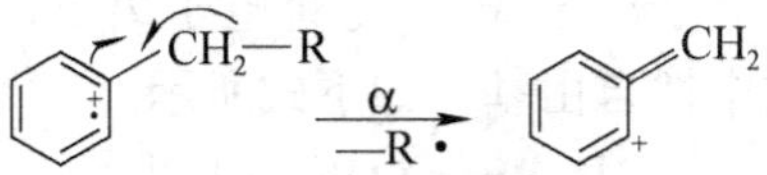

断裂后形成很强的苄基离子（$m/z=91$），$m/z=91$ 离子是烷基苯类化合物的特征离子。

以上几种断裂都是由游离基引发的。游离基电子与转移的电子形成新键，同时伴随着相邻键的断裂，形成相应的离子。断裂发生的位置都是与电荷定位原子相邻的第一个和第二个碳原子之间的键，这个键称为 a 键，因此，这类自由基引发的断裂统称为 a 断裂。

6.3.1.2　正电荷引发的断裂（诱导断裂或者 i 断裂）

诱导断裂是由正电荷诱导、吸引一对电子而发生的断裂，其结果是正电荷的转移。诱导断裂常用 i 来表示，双箭头表示双电子转移。

$$R-\overset{\cdot+}{Y}-R' \xrightarrow{i} R^{+}+\cdot Y-R'$$

一般情况下，电负性强的元素诱导力强。在某些情况下，诱导断裂和 a 断裂同时存在，由于 i 断裂需要电荷转移，因此，i 断裂不如 a 断裂容易进行。表现在质谱中，相应 a 断裂的离子峰强，i 断裂产生的离子峰较弱。例如乙醚的断裂：

$$C_2H_5-\overset{\cdot+}{O}-C_2H_5 \xrightarrow{i} C_2H_5^{+}+{}^{\cdot}OC_2H_5$$

$$H_3C-CH_2-\overset{\cdot+}{O}-C_2H_5 \xrightarrow{\alpha} CH_3^{\cdot}+H_2C=\overset{+}{O}-C_2H_5$$

i 断裂和 a 断裂同时存在，a 断裂的概率大于 i 断裂。但是由于 a 断裂生成的 $m/z=59$ 还有进一步的断裂，因此，在乙醚的质谱中，$m/z=59$ 并不比 $m/z=29$ 强。

6.3.1.3　σ 断裂

如果化合物分子中具有 σ 键，如烃类化合物，则会发生 σ 键断裂。σ 键断裂需要的能量大，当化合物中没有 π 电子和 n 电子时。碳正离子的稳定性顺序为叔 > 仲 > 伯，因此，碳氢化合物最容易在分支处发生键的断裂，且失去最大烷基的断裂最容易发生。例如：

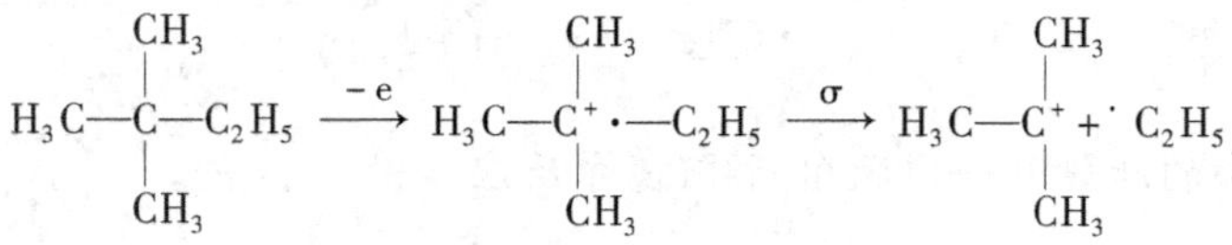

6.3.2 重排离子效应

有些离子不是由简单断裂产生的，而是发生了原子或基团的重排，这样产生的离子称为重排离子。

6.3.2.1 McLafferty 重排（麦氏重排）

化合物中含有 C ═X（X 为 O、N、S、C）基团，而且与这个基团相连的链上有 γ 氢原子，这种化合物的分子离子碎裂时，此 γ 氢原子可以转移到 X 原子上去，同时发生 β 键断裂。例如：

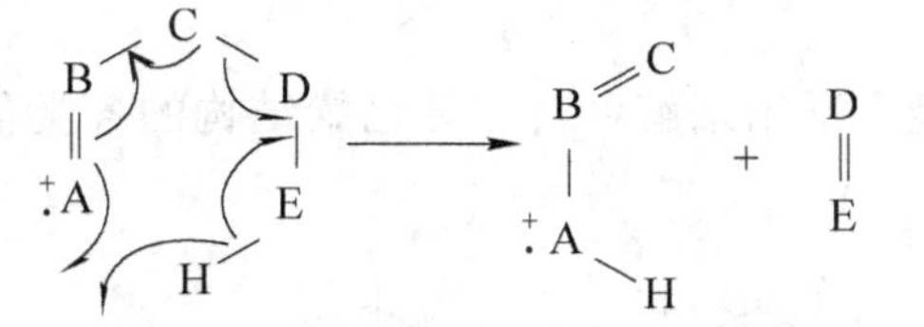

这种断裂方式是 McLafferty 在 1956 年首先发现的，因此称为 McLafferty 重排，对于含有像羰基这样不饱和官能团的化合物，γ 氢是通过六环过渡态转移的。凡是具有 γ 氢的醛、酮、酯、酸及烷基苯、长链烯等，都可以发生麦氏重排。例如：

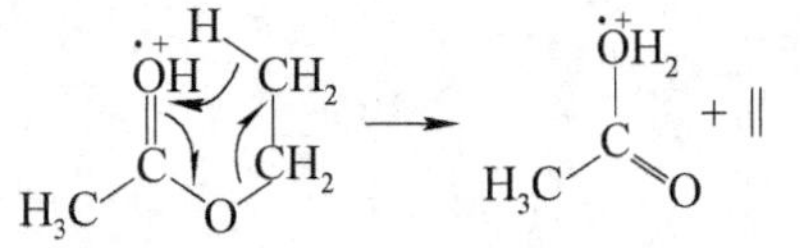

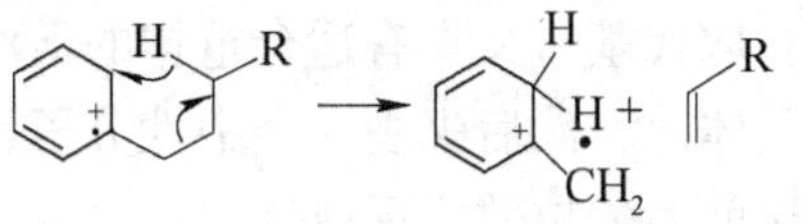

麦氏重排的特点是同时有两个以上的键断裂并丢失一个中性小分子，生成的重排离子质量数为偶数。除了麦氏重排外，重排的种类还很多，经过四元环、五元环都可以发生重排。重排既可以是自由基引发的，也可以是电荷引发的。由自由基引发的重排：

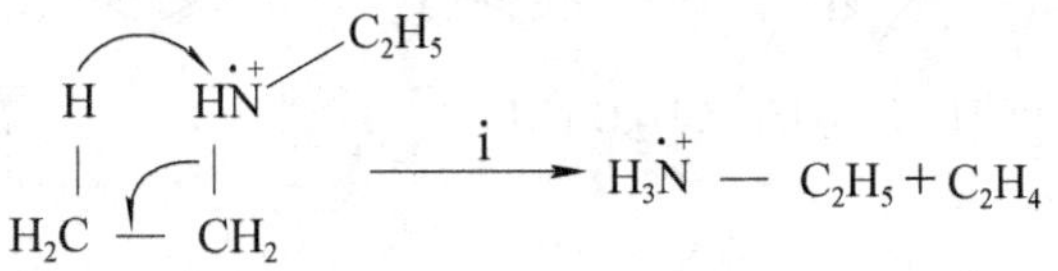

由电荷引发的重排：

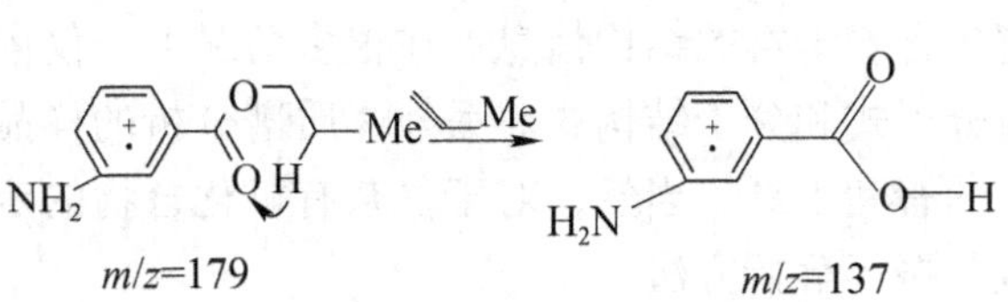

m/z=179　　　　m/z=137

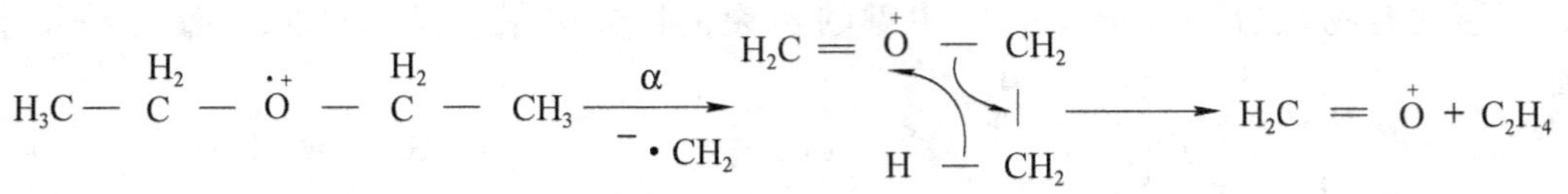

6.3.2.2　环烯的断裂——逆狄尔斯-阿德尔反应

利用有机化合物中的狄尔斯-阿德尔反应，可以由丁二烯和乙烯制备环己烯：

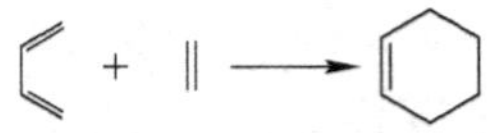

在质谱的分子离子断裂反应中，环己烯可以生成丁二烯和乙烯，正好与上述反应相反，所以称为逆狄尔斯-阿德尔反应，简称 RAD。

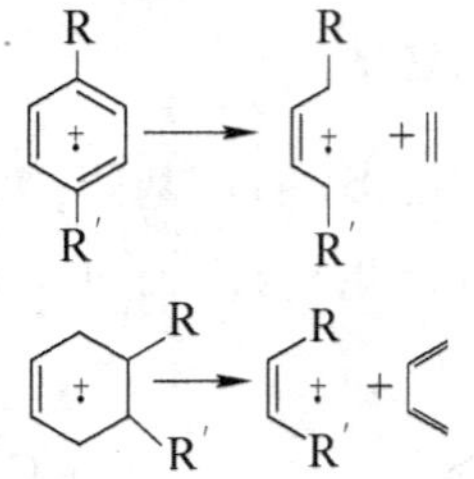

现在，RAD 反应已经广泛用来解释含有环己烯结构的各类化合物。例如萜烯化合物的裂解：

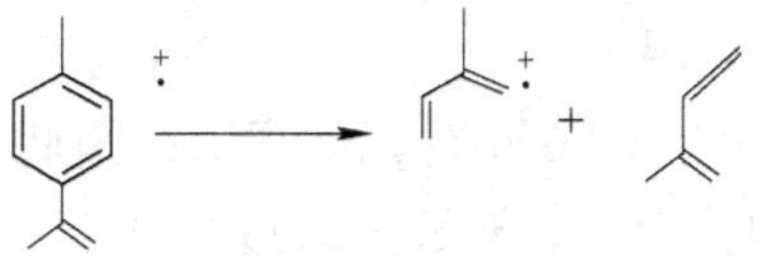

这类裂解反应的特点是环己烯的双键打开，同时引发两个 a 键断开，形成两个新的双键，电荷处在带双键的碎片上。

6.3.3　邻位效应反应

芳环相邻的两个位置上有取代基，又具有适合重排的活泼氢时，该活泼氢一般通过六元环过渡态，迁移到一个氢受体上，然后失去一个中性分子，如 H_2O、ROH 和 NH_3 等，形成一定稳定的奇电子离子，这就是邻位效应反应。

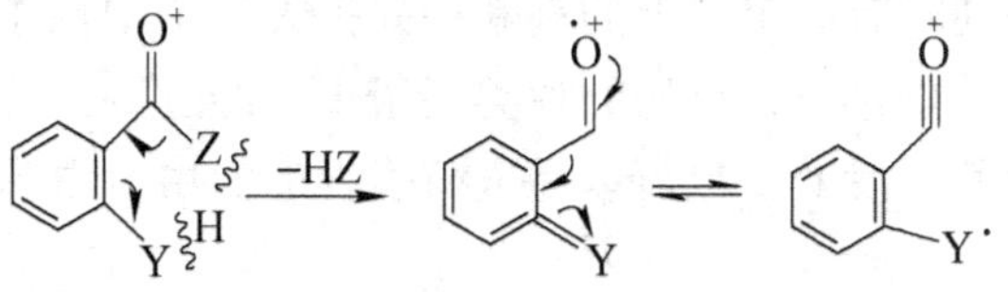

Z=OH,OR,NH;Y=CH_2,O,NH

6.4　质谱解析

一张化合物的质谱包含着丰富的结构信息。在很多情况下，仅依靠质谱就可以确定化合物的相对分子质量、分子式和分子结构式。另外，质谱分析的样品用量极微，因此，质谱法是进行有机物鉴定的有利工具，当然，对于复杂有机化合物的定性，还要借助于红外光谱、紫外光谱、核磁共振等解析方法。

质谱图解析的一般方法如下。

（1）由分子离子峰获取相对分子质量及元素组成信息：质谱测定最主要的目的之一是取得被测物的相对分子质量信息。因此，根据分子离子峰的 m/z 值确定相对分子质量通常是谱图分析的第一步骤。分子离子必须是谱图中质量最大的离子峰，谱图中的其他离子必须能由分子离子通过合理地丢失中性碎片而产生。特别值得注意的是：EI 质谱图中质量最大的离子有可能并不是分子离子，这是因为分子离子不稳定的样品，质谱图上往往不显示分子离子峰；另外，特殊情况下，质谱反应中有可能会生成质量比分子离子更大的离子。

如果质谱图中质量最大的离子与其附近的碎片离子之间质量差为 3、4、5 至 14 或 21、22 至 25，则可以肯定这个最大质量的离子不是分子离子。

除了相对分子质量外，分子离子提供的信息还包括：

1）是否含有奇数氮原子。有机物分子中，含奇数个 N 原子的化合物相对分子质量为奇数。所以，分子离子的质量为奇数。所以，当分子离子的质量为奇数时，则可以断定分子中含有奇数个 N 原子（氮规则）。

2）含有杂原子的情况。氯、溴元素的同位素丰度较强。含有氯、溴的分子离子峰特征明显，在质谱图上易于辨认。通过同位素的峰形，还可以了解这两种元素在分子中的原子数目。根据谱图离子的同位素峰及丰度，也可以分析被测样品是否存在其他元素，如 Si、S、P 等。

3）对于化学结构不是很复杂的普通有机物，根据其分子离子的质量和可能的元素组成，可以计算分子的不饱和度（U）及推测分子式。

（2）根据分子离子峰和附近碎片离子峰的 m/z 差值推测被测物的类别：根据质谱图中分子离子峰与附近碎片离子峰的 m/z 差值，可以推测分子离子失去的中性碎片以及被测物分子的结构类型。表 6-6 列出了一些由分子离子丢失中性碎片而产生的碎片离子、中性碎片以及可能的化合物类型之间的关系。

表 6-6 碎片离子、丢失的中性碎片以及可能的化合物类型之间的关系

碎片离子	失去的中性碎片	可能的化合物类型
2M-1	H ·	醛（某些酯、胺）
M-2	H_2	—
M-14	—	同系物
M-15	CH_3 ·	高度分支的碳链，在分支处甲基裂解，醛、酮、酯
M-16	CH_3 · +H	高度分支的碳链，在分支处甲基裂解
M-16	O	硝基物、亚砜、吡啶、N-氧化物、环氧、醌等
M-16	NH_2	$ArSO_2NH_2$，—$CONH_2$
M-17	OH	醇 ROH、羧酸 ROOH
M-17	NH_3	—
M-18	H_2O、NH_4	醇、醛、酮、胺等
M-19	F	氟化物
M-20	HF	氟化物
M-26	C_2H_2	芳烃

续表 6-6

碎片离子	失去的中性碎片	可能的化合物类型
M-26	C≡N	腈
M-27	$CH_2═CH$	酯、R_2CHOH
M-27	HCN	氮杂物
M-28	CO、N_2	醌、甲酸酯等
M-28	C_2H_2	芳烃、乙醚、乙酯、正丙基酮 $(R\overset{O^{+\cdot}}{\overset{\|}{C}}—CH_2C_2H_5)^{+\cdot} \longrightarrow (R—\overset{OH}{\overset{\|}{C}}—CH_2) + C_2H_4$ 环烷烃、烯烃
M-29	C_2H_5	高度分支的碳链，在分支处乙基裂解、环烷烃
M-29	CHO	醛
M-30	C_2H_6	高度分支的碳链，在分支裂解
M-30	CH_2O	芳香甲醚
M-30	NO	$Ar—NO_2$
M-30	NH_2CH_2	伯胺类
M-31	OCH_3	甲酯、甲醚
M-31	CH_2OH	醇
M-31	CH_3NH_2	胺
M-32	CH_3OH	甲酯
M-32	S	—
M-33	$H_2O + CH_3$	—
M-33	CH_2F	氟化物
M-33	HS	硫醇
M-34	H_2S	硫醇
M-35	Cl	氯化物（注意 ^{37}Cl 同位素峰）
M-36	HCl	氯化物
M-37	H_2Cl	氯化物
M-39	C_3H_3	丙烯酯
M-40	C_3H_4	芳香化合物
M-41	C_3H_5	丙烯（烯丙基裂解）、丙烯酯、醇
M-42	C_3H_6	丁基酮、芳香醚、正丁基芳烃、烯、丁基环烷
M-42	CH_2CO	甲基酮，芳香乙酸酯、$ArNHCOCH_3$
M-43	C_3H_7	高度分支碳链处有丙基、丙基酮、醛、酯、正丁基芳烃
M-43	NHCO	环酰胺
M-43	CH_3CO	甲基酮
M-44	CO_2	酯（碳架重排）、酐
M-44	C_3H_8	高度分支的碳链

续表 6-6

碎片离子	失去的中性碎片	可能的化合物类型
M-44	$CONH_2$	酰胺
M-44	CH_2CHOH	醛
M-45	COOH	羧酸
M-45	C_2H_5O	乙基醚、乙基酯
M-46	C_2H_5OH	乙酯
M-46	NO_2	Ar—NO_2
M-47	C_2H_4F	氟化物
M-48	SO	芳香亚砜
M-49	CH_2Cl	氯化物（注意^{37}Cl同位素峰）
M-50	CF_2	氟化物
M-53	C_4H_5	丁烯腈
M-55	CH_7	丁酯、烯 Ar—n—C_5H_{11}、ArO—n—C_4H_9 Ar—i—C_5H_{11}、ArO—i—C_4H_9戊基
M-56	C_4H_8	酮、戊酯
M-57	C_4H_9	丁基酮、高度分支碳链
M-57	C_2H_5CO	乙基酮
M-58	C_4H_{10}	高度分支碳链
M-59	C_3H_7O	丙基醚、丙基酯
M-59	$COOCH_3$	R—$COOCH_3$
M-60	CH_3COOH	乙酸酯
M-63	C_2H_4Cl	氯化物
M-67	C_5H_7	戊烯酯
M-69	C_5H_9	酯、烯
M-71	C_5H_{11}	高度分支碳链、醛、酮、酯
M-72	C_5H_{12}	高度分支碳链
M-73	$COOC_2H_5$	酯
M-74	$C_3H_6O_2$	一元羧酸甲酯
M-77	C_6H_5	芳香化合物
M-79	Br	溴化物（注意^{81}Br同位素峰）
M-127	I	碘化物

（3）根据碎片离子的质量及所符合的化学通式，推测离子可能对应的特征结构片段或官能团。表 6-7 列出了有机化合物质谱中的常见碎片离子。表 6-8 列出了有机化合物质谱中一些特征离子、对应的化学通式及可能的官能团。

表 6-7　有机化合物质谱中的常见碎片离子

m/z	碎片离子	*m/z*	碎片离子
14	CH_2	15	CH_3
16	O	17	OH
18	H_2O、NH_4	19	F
20	HF	26	$C{\equiv}N$
27	C_2H_3	28	C_2H_4、CO、N_2
29	C_2H_5、CHO	30	CH_2NH_2、NO
31	CH_2OH、OCH_3	33	HS
34	H_2S	35	Cl
36	HCl	39	C_3H_3
40	$CH_2C{\equiv}N$	41	$C_3H_5(CH_2C{\equiv}N+H)$
42	C_3H_6	43	C_3H_7、$CH_3{=}O$
44	CO_2、(CH_2CHO+H)、$CH_2CH_2NH_2$	45	CH_3CHOH、CH_2CH_2OH、CH_2OCH_3、COOH、$(CH_3CH{-}O+H)$
46	NO_2	47	CH_2SH、CH_3S
48	CH_3S+H	50	C_4H_2
51	C_4H_3	54	$CH_2CH_2C{\equiv}N$
55	C_4H_7	56	C_4H_8
57	C_3H_9	58	(CH_3COCH_2+H)、$C_2H_5CNNH_2$、$(CH_3)_2NCH_2$、$C_2H_5CH_2NH$
59	$(CH_3)_2COH$、$CH_2OC_2H_5$、$COOCH_3(NH_2COCH_2+H)$	60	$(CH_2COOH+H)$、CH_2ONO
61	$(COOCH_3+2H)$、CH_2CH_2SH、CH_2SCH_3	68	$(CH_2)_3C{\equiv}N$
69	C_5H_9、CF_3、C_3H_5CO	70	C_5H_{10}、(C_3H_5CO+H)
71	C_5H_{11}、$C_3H_7{=}O$	72	$(C_2H_5COCH_2+H)$、$C_3H_7CNNH_2$
73	$COOC_2H_5$、$C_3H_7OCH_2$	74	(CH_2COOCH_3+H)
75	$(COOC_2H_5+2H)$、$CH_2SC_2H_5$	77	C_6H_5
78	(C_6H_5+H)	79	(C_6H_5+2H)、Br
80	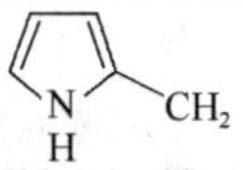 (CH_3SS+H),HBr	81	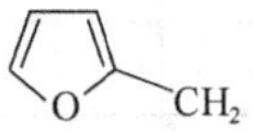
82	$(CH_2)_4C{\equiv}N$	83	C_6H_{11}
85	C_6H_{13}	86	$(C_3H_7COCH_2+H)$、$C_4H_9CHNH_2$
87	$COOC_3H_7$	88	$(CH_2COOC_2H_5+H)$

续表 6-7

m/z	碎片离子	m/z	碎片离子
89	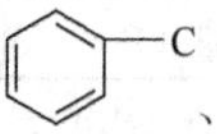、($COOC_3H_7$ +2H)	90	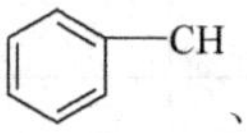、CH_3CHONO_2
91	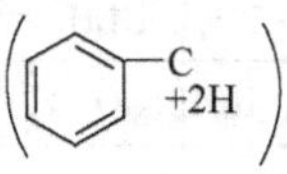、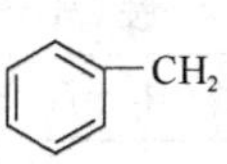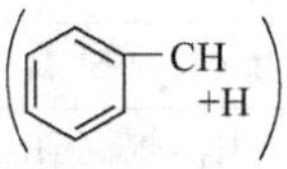	92	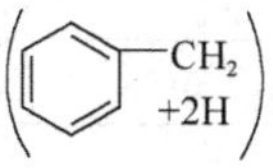、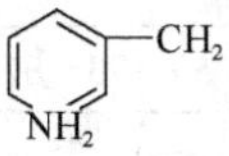
94	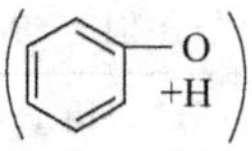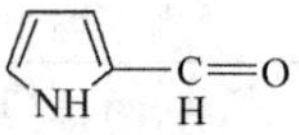	95	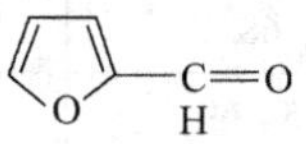
96	$(CH_2)_5C{\equiv}N$	97	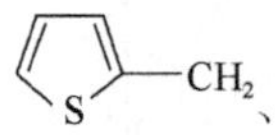、C_7H_{13}
98	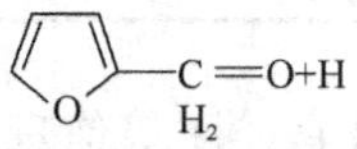	99	C_7H_{15}
100	($C_4H_9COCH_2$ + H)、$C_5H_{11}CHNH_2$	101	$COOC_4H_9$
102	($CH_2COOC_3H_7$ + H)	103	($COOC_4H_9$ +2H)
104	$C_2H_5CHONO_2$	105	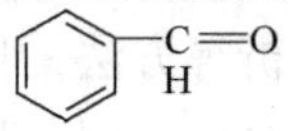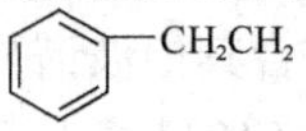、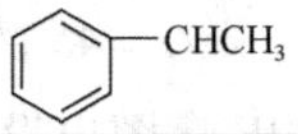
107	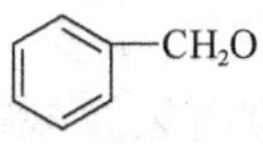	108	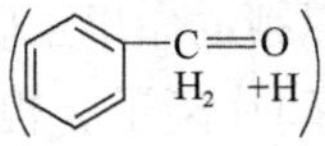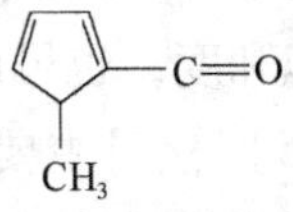
111	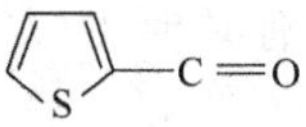	119	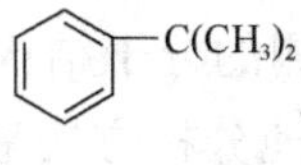、CF_3CF_2 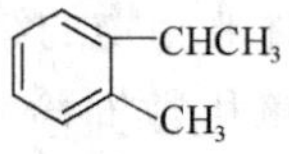、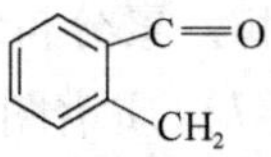
121	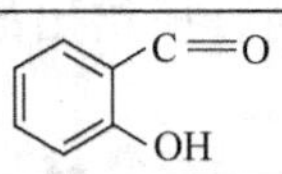	123	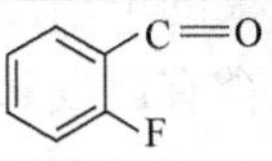
127	I	128	HI
131	C_3F_5	139	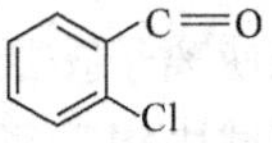
149	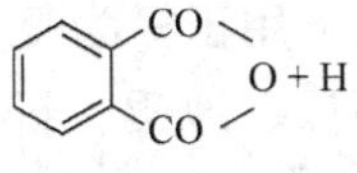		

表 6-8　有机化合物质谱中一些特征离子、对应的化学通式及可能的官能团

特征离子 m/z	化学通式	官能团
15、29、43、57	$C_nH_{2n+1}^+$	烷基 R^+
29、43、57、71	$C_nH_{2n-1}O^+$	醛、酮 HCO^+、RCO^+
30、44、58、72	$C_nH_{2n+2}N^+$	胺 $CH_2{=}N^+H_2$、$RCH{=}N^+H_2$
31、45、59、73	$C_nH_{2n+1}O^+$	醇、醚 $CH_2{=}O^+H$、$RCH{=}O^+H$、$RCH_2O{=}CH_2$
45、59、73、87	$C_nH_{2n-1}O_2^+$	酸、酯 CO^+OH、CO^+OR
47、61、75	$C_nH_{2n+1}S^+$	硫醇、硫化物 $CH_2{=}S^+H$、$RCH{=}S^+H$
49、63、77	$C_nH_{2n}Cl^+$	氯代物 $CH_2{=}X^+$、$RCH{=}X^+$
40、54、68	$C_nH_{2n-2}N^+$	腈 $CH_2{=}CN^+$、$RCH{=}CN^+$
27、41、55、69	$C_nH_{2n-1}^+$	烯基、环烷 $CH_2{=}CH^+$、$RCH{=}CH^+$
77、91、105、119	C_nH_m ($m \geqslant n$) C_nH_{n-1}	芳基 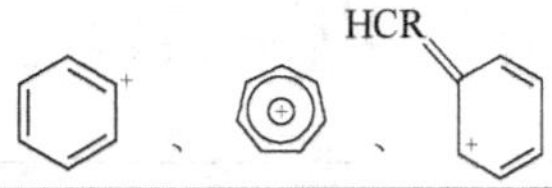

(4) 结合相对分子质量、不饱和度和碎片离子结构及官能团等信息，合并可能的结构单元，搭建完整的分子结构。

在前几步对谱图分析的基础上，将可能的结构单元全部列出，再根据不饱和度、元素分析并结合其他波谱分析等方法，肯定合理或排除不合理的结构。例如：$m/z=29$ 的离子峰可能对应 CHO^+ 或者 $C_2H_5^+$，若样品的 IR 谱图不是 C ═O 特征吸收峰，则可以肯定 $m/z=29$ 为 $C_2H_5^+$。又如：$m/z=45$ 的离子峰可能对应 CO^+OH 或 $C_2H_5O^+$。如果样品的^{1}HNMR 谱图无羧酸离子峰，IR 谱图也没有羧酸特征吸收峰，则可以肯定 $m/z=45$ 为 $C_2H_5O^+$。此外，由计算不饱和度，也可以帮助做出正确的判断。

(5) 核对主要碎片离子。检查推测的分子是否能按照质谱裂解规律产生主要的碎片离子。如果谱图中重要的碎片离子不能由所推测的分子按照合理的裂解反应过程产生，则需要重新考虑所推测的分子结构。

(6) 结合其他分析方法最终确定化合物的结构。如果有必要可以结合 NMR、IR、UV 谱图和元素分析结果对被测物的结构做出确定。

(7) 质谱图的计算机数据检索。当质谱测定条件较好，谱图中又具有相应的化合物谱图时，检索结果的可信度较高，当检索结果并不十分理想时，所给出的未知物对推测正确的分子结构也会有启发和帮助。

6.5　质谱技术的应用

质谱法能使离子按质荷比分离，以实现物质的快速、连续的微量分析。它不仅在许多科技、工业领域中得到了应用，而且有日益扩大应用范围的趋势。质谱和色谱的联用进一步扩大了质谱应用范围，使质谱法能在不事先分离的情况下用于极为复杂物质的分析。有机质谱法广泛应用于化学、药物、食品、化工、农业、环保、地质、石油、医学生物、公安等领域。

6.5.1 在石油、石油化工方面的应用

质谱法应用于化学工业和石油工业，不仅用于产品分析测试，也应用于生产过程控制。由于质谱技术和电子计算机技术的进步，现在可利用带数据处理装置的质谱仪进行气体、汽油、石蜡等石油产品的分析。在分析气体和易挥发烃类样品时，1 小时可用质谱法分析 40 个样品，平均每个样品计算时间为 12s。

（1）石油成分分析。在石油、化工生产中利用质谱法分析测试时通过研究质谱图，找出规律可以解决许多实际问题。例如，有人研究石蜡中存在等特征的质谱峰。烷基苯中通常有质荷比的峰，发展了适用于碳氢组分分析方法。

采用新的分子电离方法，改进分析技术，简化质谱可得到更有用的信息。利用低电离电压技术质谱可测定石油中不饱和成分和石油中氮氧化合物。采用负离子质谱法可分析醇、醛、酮、酯等有机物。石油由于在很窄沸点范围内共存很多异构物，过去用制备色谱分离，再用红外光谱和质谱鉴定所收集馏分，多次收集取样容易导致组分的损失和杂质混入。而采用色谱-质谱联用技术可以对石油馏分直接进行分析。分析某石油样品（60～150℃）的 82 个组分。

（2）馏分分析。石油馏分的烃类组成是石油化工和加工工艺研究的重要基础数据。各种烃的质谱都有其特征的峰。因此近年来，质谱法已应用于轻质和重质石油馏分的烃类组成分析上。直馏汽油或低烯烃含量的汽油，用质谱法可以直接测定出链烃、单环烷、双环烷、烷基苯、茚满及萘类六种烃的含量。直馏煤油或柴油，先用吸附色谱分离成饱和烃和芳烃两部分，然后分别进行质谱分析可得到烷烃、单环烷、双环烷、三环烷、烷基苯、茚满、茚、萘、萘类、三环芳烃等多种烃的含量。煤油或柴油馏分的正构烷烃脱氢产物，利用质谱法可直接测定出链烷、烯、双烯和烷基苯四种烃的含量。润滑油馏分或作为催化裂化原料的蜡油，也需先用色谱分离成饱和烃和芳烃两部分，再用质谱进行分析。共可分析出 20 种烃类的含量。

（3）高温煤焦油的色-质联用技术。利用石英毛细管柱色质联用分析高温煤焦油的环己烷-乙醚抽提物。鉴定出 200 余个组分，其中稠环芳烃 144 个；含氮、氧、硫的芳烃 39 个、7 个和 8 个。首次检测到相对分子质量为 240 的 4 个含—CH_2—的异构体和相对分子质量高达 316～322 的芳烃。采用氢氟酸破坏分子筛催化剂骨架并利用毛细管气相色谱-离子阱质谱检测器分析技术，对失活分子筛催化剂中的可溶性焦炭进行分析。测定发现共有 31 种有机物，主要是稠环芳烃。由此对研究催化剂失活问题提供了依据。

此外，色-质联用技术还应用于分析催化裂化轻柴油中的双芳烃和多环芳烃；分析裂解汽油的组成；高压液相色谱-质谱联用则可以分析煤液化油中的成分。

6.5.2 在表面活性剂分析方面的应用

色谱-质谱联用进行结构解析主要以阳离子表面活性剂为主。有人利用热分解气相色谱和热分解气相色谱-质谱研究了季铵盐表面活性剂亲油基的分布和分解产物的定性分析方法。将烷基-苄基三甲基铵盐、苄基苯基二甲基铵盐等送入气相色谱仪，由分解产物确定季铵盐结构。利用直接插入探针及飞跃时间质谱仪分析十二烷基苯酚的聚氧乙烯加成

物。或用95%磷酸在215℃下加热脱磺酸的办法测定烷基苯磺酸的办法测定烷基苯磺酸的质谱。这种技术还进行过生产洗涤剂原料烷基苯的质谱分析，准确度1%。

6.5.2.1　化妆品主要成分校核

质谱法用来校核化妆品成分中有疑问的结构。头发喷雾剂中各种烷基醇胺在用气相色谱测定前先进行乙酰化，某些烷基醇胺有几个羟基和氨基。氨基是否被乙酰化了，通过质谱分析可以测定，也可以测定转化为乙酸根的羟基数目。

6.5.2.2　DCI研究非离子表面活性剂

DCI是近年来发展起来的一种新型软电离技术。应用DCI质谱、电子轰击质谱（EIMS）和红外光谱（IR）对一种非离子表面活性剂进行研究，确定其为烷基酚聚氧乙烯醚，还确定了分子中氧乙烯数目和烷基链长，得到相对分子质量分布图和平均相对分子质量，讨论了碎片归属，并经亚稳法测定得烃基枝化信息。

利用快电子轰击质谱法分析磺化琥珀酸二烷基酯钠盐表面活性剂。先将其水解转化为相应的醇，然后，进行电子轰击质谱法测定，这样可以得到烷基特征结构。

此外利用色谱-质谱联用技术测定了工业烷基苯中茚满、萘满、二苯烷等杂质的含量。

6.5.3　在农药方面的应用

质谱法特别是色谱-质谱联用技术可研究农药作用机理、农药残留等问题，为有效安全使用农药，制定农药残留量标准，保障人类健康防止环境污染提供科学依据。

（1）农药残留的研究。质谱法除了对某些农药结构剖析之外，它和色谱法的联用可用于农药及其残留量分析。例如，测定牛乳黄油中六六六农药的残留量。

（2）农药有效成分的质谱研究。有机质谱对脒基硫脲降解物化学结构进行测定，以用于该种氨肥的推广。质谱法对敌菌灵等多种除草剂进行了结构定性和定量分析，促进了除草剂在土壤和作物中残留和代谢的进一步研究。新除草剂异丙隆，是取代脲化合物，可防治旱田一年生杂草。通过高分辨质谱和亚稳扫描技术研究它，及其他的邻位异构体。得出异丙隆裂解途径，还利用“邻位效应”解析了邻对位异构体谱图的差别，为鉴别提供依据。利用色-质联用技术研究了杀虫剂乐果产品中主要杂质，并研究了乐果质谱特性，结果发现乐果原粉中主要杂质是合成时产生的少量磷硫酯类化合物。利用色-质联用技术研究了新型高效低毒农药——杀螟松，探索了试验条件，分离此农药各组分，通过图解析，标样对照，计算机检索标准图对照，确定该农药中多数杂质。利用质谱对有机磷农药进行了研究。通过亚稳定态测定，高分辨精确质量计算，研究了国内15种含磷农药质谱和不同类化合物质谱特征。均三氮苯是除草剂中最重要的一类。利用电子轰击源（EI）、化学源（CI）方法研究了均三氮苯类的质谱（敌菌灵、西草净、草净津、扑灭津等）通过高分辨数据和亚稳跃迁解释其裂解方式。为这类除草剂定性、定量分析提供了条件，也有助于除草剂在土壤、作物的残毒和代谢的研究。

6.5.4　在食品天然物提取物挥发油分析方面的应用

在食品饮料、农副产品提取物分析上，质谱（特别是色-质联用）技术应用越来越广泛。

6.5.4.1　酒成分分析

为改善酒的芳香和风味，鉴定酒中成分是十分必要的。但酒的成分十分复杂，包括各种氧化物和杂原子化合物，且多数含量甚微。这种分析带来很大困难。若采用色谱-质谱联用技术，不用繁琐的化学方法预处理，只需将样品用溶剂溶解、浓缩便可进行分析。如董酒香气成分分析。先从酒中分出香味物质，再利用色谱-质谱分析。可得到酒香物的定性定量结果。分离出香味物质，共检出 128 种化合物，鉴定其中 65 个化学组分，有机酸含量最高。酯类共有 34 种，其余醇、酚共 106mg/100mL。利用色谱-质谱联用技术和电子轰击（EI）和化学（CI）方法对啤酒中 11 种氨基酸衍生物进行分析鉴定，为气相色谱法分析氨基酸提供了定性依据。

6.5.4.2　各种挥发油成分分析

（1）利用色谱-质谱分析进行中国雪参挥发油成分分析。中国雪参挥发油从雪参根中提出，用色谱-质谱技术进行了其成分分析，共分离出 132 种化合物，鉴定了其中 49 种。

（2）肉豆蔻挥发油化学成分色谱-质谱分析。该物为肉豆蔻科植物的种仁，含挥发油 3%～9%，肉豆蔻脂肪油 30%～40%，可利用于香料、药品。GC-5A 毛细管气相色谱，对挥发油进行分离，结合质谱对其化学成分进行鉴定，共鉴别出 19 种化合物，其中含量最高的是肉豆蔻醚（17.13%），其次是侧构烯、蒎烯、松油醇等。

（3）大蒜挥发油成分分析。用水蒸气法从大蒜中提取出一种挥发油，用色谱-质谱联用技术测定其中五种成分结构。含量最大的物质抗霉菌和细菌能力最强，且性质稳定，经过质谱、核磁共振、红外光谱、元素分析，确定其结构为：二烯丙基三硫醚后通过人工合成证实了此结论。利用高压液相色谱-质谱联用技术鉴定精炼植物油副产物生育酚同系物拓宽质谱仪应用范围，可对难挥发样品分离分析。若改进接口可使高压液相色谱-质谱应用范围进一步扩大。

（4）对新疆雪莲花浸膏化学成分进行毛细管柱色谱-质谱研究。初步鉴定出 51 种化合物，根据质谱裂解规律及标准图定性，为进一步研究组分医用价值提供可靠数据。

（5）白桦树皮有止泻功能。其氯仿萃取物用 Na_2CO_3 处理，在乙醇中结晶，可得到熔点为 251℃的白色结晶。此物用高分辨质谱可测其相对分子质量为 442.38±0.01，可能分子式为 $C_{30}H_{50}O_2$。

（6）利用同时蒸馏-萃取（SED）提取出干香菇挥发性风味成分，再由旋转带式蒸馏器浓缩样品，经色谱-质谱鉴定出 91 种组分，包括硫醚、硫醇、含硫成环化合物、噻唑、呋喃、吡嗪等杂环化合物，及醇、酮、醛、酯等。

（7）采用色谱-质谱联用仪结合快速层析技术和化学衍生法对葡萄籽油中脂肪酸和非皂化物成分进行定性分析，鉴定了 8 种脂肪酸甲酯、4 种缩醇乙酰化物和 11 种烃。为开发利用新食品油资源提供参考数据。

（8）鱼油与其他植物油明显不同的是含有更多不饱和脂肪酸（UFA）特别是 w-3 型多不饱和脂肪酸（PUFAs）。用邻氨基苯酚为远端官能团化学修饰试剂，并用电子轰击质谱（EIMS）和碰撞诱导分解-质量分离离子动能谱（CID-MIKE）进行双键定位，可以对鱼油中不饱和脂肪酸进行定性分析。

（9）油脂分析。利用毛细管色谱-质谱对合成脂肪酸混合物组分进行分析鉴定，成功地进行了异构的 α 分枝脂肪酸甲酯的色谱分离和对其质谱碎片断裂特点的研究。

利用场解吸质谱（FDMS）分析天然油脂。直接测定天然油脂中混合脂肪酸甘油酯相对分子质量，通过数据分析方法计算出不同碳原子数脂肪酸分布、比例和平均双键数。

7 核磁共振氢谱

核磁共振（nuclear magnetic resonance，NMR）是近几十年发展起来的新技术，它与元素分析、紫外光谱、质谱等方法配合，已成为化合物结构测定的有力工具。目前核磁共振已经深入到化学学科的各个领域，广泛应用于有机化学、生物化学、药物化学、络合物化学、无机化学、高分子化学、环境化学、食品化学及化学相关的各个学科，并对这些学科的发展起着极大的推动作用。

核磁共振的现象是由美国斯坦福大学的 F. Block 和哈佛大学的 E. M. Purcell 于 1945 年共同发现的，为此，他们荣获了 1952 年的 Nobel 物理奖。1951 年 Arnold 等人发现了乙醇的核磁共振信号是由 3 个峰组成的，并对应于分子中的 CH_3、CH_2和 OH_3组质子，揭示了 NMR 信号与分子结构的关系。1953 年美国 Varian 公司首先试制了 NMR 波谱仪，开始应用于化学领域并逐步推广。此后的几十年，NMR 技术的发展很快，理论上不断完善，仪器和方法不断创新，特别是高强超导磁场的应用，大大提高了仪器的灵敏度和分辨率，使复杂化合物的 NMR 谱图得以简化，容易解析。脉冲傅里叶变换技术的应用，使一些灵敏度小的原子核，如^{13}C、^{15}N 等的 NMR 信号能够被测定。随着计算机技术的应用，多脉冲激发方法的采用及由此产生的二维谱、多维谱等许多技术，使许多复杂的化合物的结构测定迎刃而解，使 NMR 成为化学研究中最有用的方法之一。

通过核磁共振谱可以得到与化合物分子结构相关的信息，如从化学位移可以判断各组磁性核的类型，在氢谱中可以判断烷基氢、烯氢、芳氢、羟基氢、氨基氢、醛基氢等；在碳谱中可以判别饱和碳、烯碳、芳环碳、羰基碳等；通过分析耦合常数和峰形可以判断各组磁性核的化学环境及与其相连的基团的归属；通过积分高度或峰面积可以测定各组氢核的相当数量；通过双共振技术（如 NOE 效应）可判断二维磁核的空间相对距离等。

核磁共振测定过程中不破坏样品，一份样品可测多种数据；不但可以测定纯物质，也可测定彼此信号不相重叠的混合物样品；不但可以测定有机物，现在许多无机物的分子结构也能用核磁共振技术进行测定。

7.1 核磁共振波谱基本原理

核磁共振是重要的物理现象。核磁共振技术在物理、化学、生物、医学和临床诊断、计量科学、石油分析与勘探等许多领域得到重要应用。

原子核具有一定的质量，如果它能绕穿过核心的某一自旋轴作自旋运动，那么将产生自旋角动量 $\boldsymbol{P}$。$\boldsymbol{P}$ 是矢量，其方向按右手螺旋法则而定，其大小由下式确定：

$$P = \sqrt{I(I+1)}\,\frac{h}{2\pi} \qquad (7\text{-}1)$$

式中，h 为普朗克常数；I 为原子核的自旋量子数。

自旋角动量 $\boldsymbol{P}$ 不为零的原子核具有相应的磁矩 μ，而且

$$\mu = \gamma \cdot p \tag{7-2}$$

其中，γ 称为原子核的磁旋比（magnettogyric ratio），或旋磁比（gyromagnetic ratio），它是原子核的特征常数，是表征原子核的重要物理量之一。当存在外磁场 B 时，核磁矩和外磁场的相互作用使磁能级发生塞曼分裂，对于塞曼分裂将在以下章节进行介绍。

7.1.1 自旋核在磁场中的行为

7.1.1.1 原子核的磁矩

具有自旋运动的原子核都具有一定的自旋量子数（I），$I=\frac{1}{2}n$，$n=0$，1，2，3，…（n 取整数）。

有些核会在磁场中发生吸收射频辐射的现象，说明该核具有一定的能级，对这种现象有两种描述方法：量子力学法和经典力学法。

A 量子力学模型

假设一个核围绕经核心指定轴进行自旋，其自旋角动量为 $\boldsymbol{P}$，而自旋角动量的状态数由该核的自旋量子 I 数决定，共有 $2I+1$ 个，取值为 I，$I-1$，…，$-I$，而角动量的能级差为 $h/2\pi$ 的整数或半整数倍。再无外磁场存在时，各状态的能量相同。

I 的取值一般分为如下三种情况：

（1）当质子数和中子数的总和为偶数时，I 是零或整数（0，1，2，3，4，…）；

（2）当质子数和中子数的总和为奇数时，I 是半整数（1/2，3/2，5/2，7/2，…）；

（3）当质子数和中子数两者都是偶数时，I 是零（如 ^{12}C、^{16}O、^{32}S 等）

原子核是带正电的粒子。对于自旋量子数不为零的核来说，当其自旋时由于形成环形电流，故而产生一个小磁场。这个小磁场可用核磁矩 $\boldsymbol{\mu}$ 来表示。$\boldsymbol{\mu}$ 是矢量，由式 7-1 和 7-2 可知其大小为：

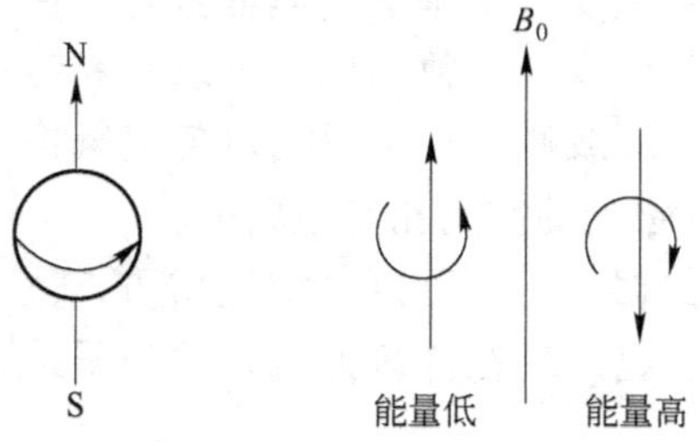

图 7-1 质子自旋电荷产生的磁偶极

$$\boldsymbol{\mu} = \gamma p = \gamma\sqrt{I(I+1)}\frac{h}{2\pi} \tag{7-3}$$

式中，$\boldsymbol{\mu}$ 是核的磁偶极距。在外磁场 B_0 中，$\boldsymbol{\mu}$ 取向分为两种，一种与外磁场平行，另一种与外磁场方向相反（图 7-1）。

核自旋量子数 I 为 1/2 的常见核有 ^{1}H、^{13}C、^{19}F 及 ^{31}P 等，这些核有两种自旋状态（$m=1/2$ 和 $m=-1/2$），而其他核也相应地具有不同的自旋量子数（$I=0\sim11/2$）。表 7-1 列出了一些核的自旋量子数及磁旋比值。

表 7-1 常见核的自旋量子数及磁旋比值

核	自旋量子数	磁旋比 /T^{-1}·S^{-1}	共振频率 /MHz	核	自旋量子数	磁旋比 /T^{-1}·S^{-1}	共振频率 /MHz
^{1}H	$\frac{1}{2}$	2.68×10^{8}	200.00	^{23}Na	$\frac{3}{2}$	2.36×10^{7}	52.902
^{2}H	1	2.06×10^{7}	30.701	^{27}Al	$\frac{5}{2}$	1.40×10^{7}	52.114

续表 7-1

核	自旋量子数	磁旋比 /$T^{-1}\cdot S^{-1}$	共振频率 /MHz	核	自旋量子数	磁旋比 /$T^{-1}\cdot S^{-1}$	共振频率 /MHz
^{1}B	$\frac{3}{2}$	7.80×10^{8}	63.167	^{31}P	$\frac{1}{2}$	1.08×10^{8}	80.961
^{13}C	$\frac{1}{2}$	5.73×10^{7}	50.288	^{39}K	$\frac{3}{2}$	3.17×10^{6}	9.333
^{14}N	1	9.68×10^{6}	13.447	^{79}Br	$\frac{3}{2}$	2.24×10^{7}	50.107
^{19}F	$\frac{1}{2}$	2.52×10^{8}	187.154	^{81}Br	$\frac{3}{2}$	2.41×10^{7}	53.102

B　经典力学模型

经典力学模型认为，对于一个具有非零自旋量子数的核，由于核带正电荷，所以其自旋会产生磁场。当这个自旋核置于磁场中时，核自旋产生的磁场与外加磁场相互作用，就会产生回旋，称为拉莫尔进动（Larmor procession）。进动的频率与自旋质点角速度及外加磁场的关系可以用 Larmor 方程表示，即

$$\omega_0 = 2\pi\nu_0 = \gamma B_0 \tag{7-4}$$

$$\nu_0 = \frac{\gamma}{2\pi}B_0 \tag{7-5}$$

ν_0 也称 Larmor 频率，在磁场中的进动核有两个相反的取向可以通过吸收或者放出能量而发生翻转。

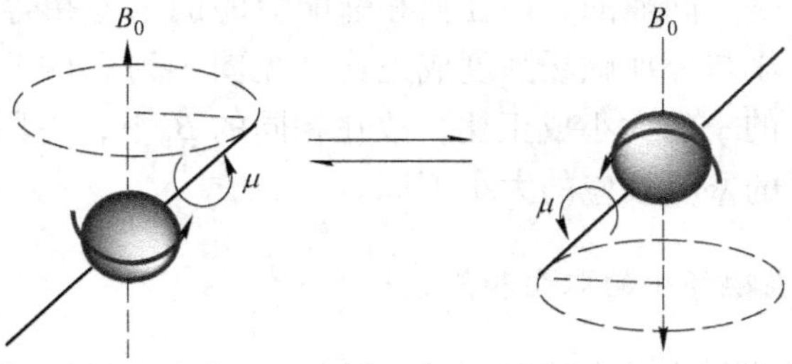

图 7-2　氢核的 Larmor 进动

不管是量子力学模型还是经典力学模型都说明了有些核在磁场存在下有不同的能级分布，可以吸收一定频率的辐射发生变化。

C　塞曼效应

a　空间量子化

对于 I 不为零的核来说，如果不受到外来磁场的干扰，其自旋轴的取向是任意的。当它们处于外加磁场中时（磁场强度为 B_0），根据前述量子力学理论，它们的自旋的取向不再是任意的，而只有 $2I+1$ 种，这叫做核自旋的空间量子化。每一种取向可用一个磁量子数 m 表示，$m=I$，$I-1$，$I-2$，…，$-I+1$，$-I$。

核自旋取向不同，P 和 μ 与 B_0 的夹角也就不同，分别用 P_m 和 μ_m 表示。P_m 和 μ_m 在 B_0

上的分量由下式确定：

$$p_m = m\frac{h}{2\pi} \tag{7-6}$$

$$\mu_m = m\gamma\frac{h}{2\pi} \tag{7-7}$$

P_m和μ_m与B_0之间的夹角θ_m可由下式求出：

$$\cos\theta_m = \frac{m}{\sqrt{I(I+1)}} \tag{7-8}$$

b　塞曼效应

核磁矩μ_m与核外加磁场B_0的相互作用能由下式确定：

$$E_m = -\mu_m \cdot B_0 = -\mu_m \cdot B_0\cos\theta_m = -\frac{m\gamma hB_0}{2\pi} \tag{7-9}$$

由上式可知，由于不同取向的核磁矩与B_0的夹角不同，故与B_0的相互作用也就不同。这也就是说，外加磁场使核自旋能级发生分裂。对于γ大于零的核来说，m大于零的自旋状态，能级降低了；m小于零的自旋状态，能级升高了。我们把外加磁场一起的核自旋能级的分裂，称为塞曼（Zeeman）效应。

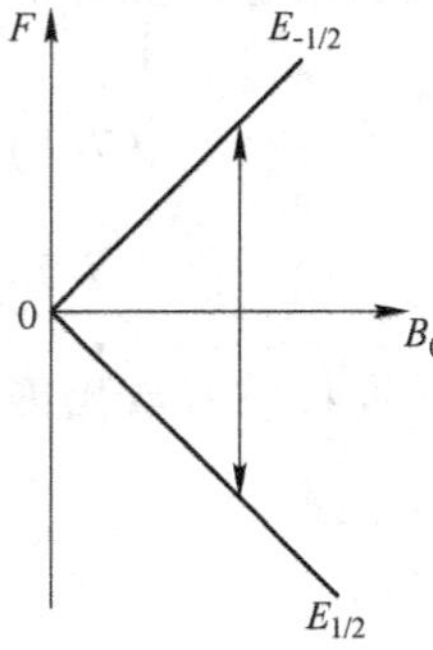

图 7-3　$I=1/2$ 核的塞曼效应与B_0关系

相邻自旋状态的能级差ΔE_m可用下式求出：

$$\Delta E_m = E_{m-1} - E_m = \frac{m\gamma hB_0}{2\pi} - \frac{(m-1)\gamma hB_0}{2\pi} = \frac{\gamma hB_0}{2\pi} \tag{7-10}$$

由上式不难看出（1）塞曼效应是由外加磁场引起的，一旦外加磁场消失，ΔE_m即为零，各种能级状态相同；（2）塞曼效应是等间隔的，即任何相邻能级的能量差相等；（3）塞曼效应的大小与外加磁场强度成正比（见图 7-3）；（4）塞曼效应的大小与核的γ的大小成正比，故在相同的B_0下，不同的同位素，其核自旋的塞曼效应的大小不同。

7.1.1.2　自旋核在磁场中的取向和能级

具有磁矩的核在外磁场中的自旋取向是量子化的，可用磁量子数m来表示核自旋不同的空间取向，其数值可取：$m=I$，$I-1$，$I-2$，…，$-I$，共有$2I+1$个取向。例如，对^1H核来说，$I=1/2$，则有$m=+1/2$和$m=-1/2$两种取向。$m=+1/2$取向是顺磁场排列，代表低能态，而$m=-1/2$则是反磁场排列，代表高能态。在没有外加磁场存在的条件下，核的能级不会产生分裂，而在有外加磁场时，则会产生分裂（如图 7-4a 所示）。其两个能级分别为$E_{1/2}=-\frac{\gamma h}{4\pi}B_0$，$E_{-1/2}=\frac{\gamma h}{4\pi}B_0$，能级差为$\Delta E=\frac{\gamma h}{2\pi}B_0$，与其他光谱法一样，此核可以吸收一定的辐射发生跃迁，相应能量$\Delta E=h\nu_0$，故

$$h\nu_0 = \frac{\gamma h}{2\pi}B_0, \nu_0 = \frac{\gamma}{2\pi}B_0 \tag{7-11}$$

在ν_0符合上式时，磁场中核可以产生吸收信号。

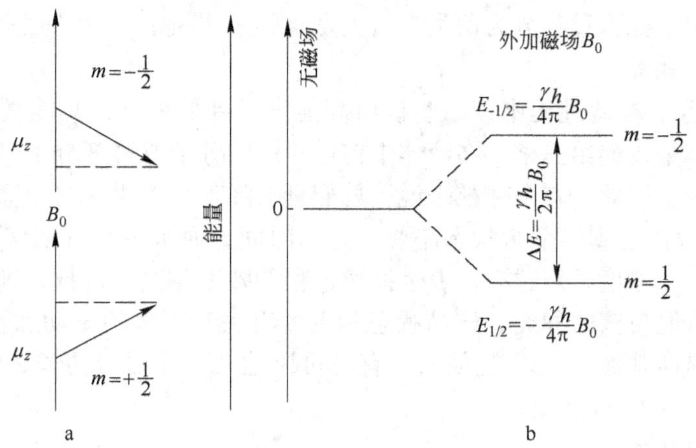

图 7-4　I 为 1/2 的核在磁场中的行为

7.1.2　饱和与弛豫

前面讨论的是单个自旋核在磁场中的行为，而实际测定中，观察到的是大量自旋核组成的体系。一组^1H核在磁场作用下能级被一分为二，如果这些核平均分布在高低能态，也就是说，由低能态吸收能量跃迁到高能态和高能态释放出能量回到低能态的速度相等时，就不会有静吸收，也测不出核磁共振的信号。但事实上，在热力学温度 0K 时，全部^1H核都处于低能态（取顺磁方向），而在常温下，由于热运动一部分的^1H核处于高能态（取反磁方向），在一定温度下，处于高低能态的核数会达到一个热平衡。

对于^1H核，若在 300K，200MHz 的仪器中测定，则低能态的^1H核数仅比高能态的核数多百万分之一左右。对于其他核磁比 γ 值较小的核，比值还会更小，因此核磁共振是一种不灵敏的方法。

如果低能态的核跃迁到高能态后，不能有效地释放出能量回到低能态，则低能态的核数会越来越少，高能态的核数会越来越多，进而达到饱和，不再有静吸收，也就测量不到 NMR 信号。事实上，只要选定好测定条件，NMR 信号是可以连续测定的，高能态的核可以通过自旋弛豫过程回到低能态，以保持低能态的核数占微弱多数的状态。

7.1.2.1　饱和

与在紫外可见光谱及红外光谱中一样，核磁共振波谱也是靠低能级吸收一定的能量而跃迁到高能态产生吸收的；不同的是前两种方法中低能态为基态，处于基态的原子或分子数目比处于激发态的数目大得多。但在核磁共振波谱中，处于高能级之间数目在一定条件时相差微乎其微，由于低能态跃迁几率一致，而净效应则可以产生吸收。但若用足够强的辐射照射质子，则较低能态的过量核减少会带来信号减弱甚至消失，这种现象称为饱和（saturated）。

7.1.2.2　弛豫

处于高能态的核可以通过某些途径把其多余的能量传递给周围介质而重新回到低能态，这个过程叫弛豫。

在核磁共振中，弛豫过程分为两类，一类是自旋-晶格弛豫，另一类是自旋-自旋弛豫。

A 自旋-晶格弛豫

自旋-晶格弛豫。在此过程中，一些核由高能态回到低能态，其能量转移到周围其他粒子中，如在固体中传递给晶格，在液体中传递给周围分子或溶剂分子等。弛豫结果使高能态的核数目减少，因此，就全体核来说，总能量下降了，也叫纵向弛豫。一个体系通过自旋-晶格弛豫过程而达到热平衡状态需要一定的时间，通常用半衰期 T_1 表示。T_1 是处于高能态核寿命的一个量度，T_1 越小，表示弛豫过程的效率越高，T_1 越大则效率越低，容易达到饱和。T_1 的数值与核的种类、样品状态和温度有关。固体的振动和转动频率比较小，不能产生有效的纵向弛豫，所以 T_1 很大，有时可以达几个小时或更长，气体及液体 T_1 则很小，一般在 $10^{-2}\sim100$s 之间。

B 自旋-自旋弛豫

所谓自旋-自旋弛豫就是一个核的能量被转移到另一个核，而各种取向的核的总数并未改变的过程，故也叫横向弛豫。因为，当同一类的两个相邻核，具有相同的进动频率而处于不同的自旋状态时，每一个核的磁场就能相互作用而引起能态的相互变换，处于高能态的回到低能态，而处于低能态的被激发到高能态。显然，横向弛豫与体系保持共振吸收条件无关。横向弛豫过程用半衰期 T_2 表征。固体和黏稠液体因为核的相互位置比较固定，有利于核磁间的能量转移，所以，T_2 一般很小，气体及液体样品的 T_2 为 1s 左右。

弛豫时间虽有 T_1 和 T_2 之分，但对每一核来说，它在某一高能级所停留的平均时间只取决于 T_1 和 T_2 中较小的一个。

弛豫时间对谱线宽度的影响很大，按照测不准原理

$$\Delta E\Delta t \approx h \tag{7-12}$$

因为

$$\Delta E = h\Delta\nu \tag{7-13}$$

所以

$$\Delta\nu = \frac{1}{\Delta t} \tag{7-14}$$

谱线宽度与弛豫时间成反比。固体样品 T_2 很小，所以谱线非常宽，因此，要得到高分辨率的谱图，须先配成溶液。

由弛豫引起的谱线加宽是自然线宽，不能由仪器的改进而变窄。

7.1.3 玻耳兹曼分布

当无外磁场存在时，氢核的两种自旋状态的分布几率是相等的，即在大量氢核中 m 为 $\pm1/2$ 的核的数目是相等的；但是，当磁场存在时，核就倾向于取 $m=+1/2$ 的状态，即与磁场同向。这样，处于低能级的核数就占优势，但是，因为室温时热能比核磁能级差要高几个数量级，因此热运动要破坏这种倾向，当达到热平衡时，两种状态的氢核数服从玻耳兹曼分布

$$\frac{n_1}{n_2} = \exp(-\Delta E/kT) \tag{7-15}$$

式中，n_1 和 n_2 分别代表处于高能态核低能态的氢核数；k 是玻耳兹曼常数；T 是绝对温度。

已知两种状态的能级差 $\Delta E = 2\mu_{\mathrm{H}}H_0$

则

$$\frac{n_1}{n_2} = \exp(-2\mu_H B_0) \tag{7-16}$$

因为 $-2\mu_H B_0 = kT$，所以

$$\frac{n_1}{n_2} \approx 1 - \frac{2\mu_H B_0}{kT} \tag{7-17}$$

例如，在 $T=300K$，$B=10000G$ 时，氢核两种能量状态的数目比为$\frac{\Delta E}{kT}=5.8\times10^{-6}\frac{n_1}{n_2}=0.999993$，即在室温下，处于低能态的核比高能态的核只多百万分之七。这种情况好像许多指南针放在强烈振动的桌子上，桌子的振动会使指南针脱离与地球磁场定向排列的倾向，总体来看，只有少数的指南针指向北方。

然而核磁共振就是依靠这部分稍微过量的低能态的核吸收辐射能量产生共振讯号的。对于每一个核来说，由低能态到高能态或由高能态到低能态的几率是一样的，但因低能级的核数略多，所以总体来看仍有净吸收信号。由此可见，核磁共振的灵敏度是比较低的。

7.2 化学位移

当自旋原子核处于一定强度的磁场中，根据上一节的介绍，可由公式（7-4）计算出该核的共振频率，例如，在磁场强度为 1.409T 时，氢核的共振频率为 60MHz。一个化合物中往往有多种不同的质子，如果它们的共振频率都相同，则核磁共振技术对研究化合物的结构将没有作用。而事实上不是这样的，在恒定的磁场中，同一类核的共振峰的位置不是一定值，而是随核的化学环境不同而有所差别，但差异很小，一般质子的共振磁场的差别在 $10\times10^{-4}\%$ 左右。这个微小的差别是由于质子外围电子及附近基团的影响产生的屏蔽作用所引起的。这种由于分子中各组质子所处的化学环境不同，而在不同的磁场所产生的共振吸收的现象称为化学位移。

7.2.1 化学位移

7.2.1.1 *磁屏蔽与化学位移*

核外电子云在外磁场的作用下，倾向于在垂直磁场的平面里做环流运动，从而产生一个与外磁场反向的感应磁场，因而核所受的磁场强度被减弱。屏蔽磁场强度与外磁场强度成正比，即 B_e为

$$B_e = B_0\sigma \tag{7-18}$$

σ 是原子核的屏蔽常数（其值为 10^{-5}数量级）。因此，核的实受磁场强度 $B_{实}$为

$$B_{实} = B_0 - B_0\sigma = B_0(1-\sigma) \tag{7-19}$$

则共振频率为

$$\nu = \frac{\gamma B_0(1-\sigma)}{2\pi} \tag{7-20}$$

若固定射频频率，由于核的磁屏蔽效应，则必须增加外磁场强度才能达到共振条件。若固定外磁场强度，则需要降低射频频率才能达到共振条件。

图 7-5 为乙醇的核磁共振峰，甲基氢核的 σ 最大，在高场出峰，其次是 —CH_2—OH ，氢核磁屏蔽较小，在低场出峰。

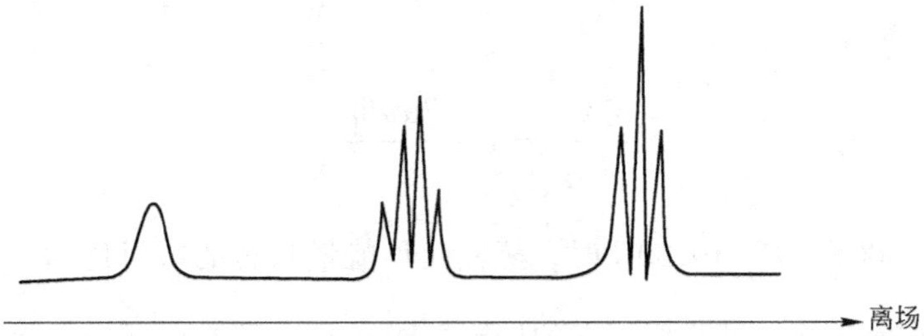

图 7-5 乙醇的 NMR 谱图

7.2.1.2 化学位移的标准

化学位移是很小的数值，一般在 10×10^{-8} 范围以内，例如用 60MHz 的射频使孤立的氢核共振所需要的磁场强度为 14092.1 高斯。对于分子体系中的氢核来说，σ_{H_0} 不超过 0.1 高斯，有的质子其 σ_{H_0} 可小到 0.025 高斯，也即磁场的改变大约只有 $0.025/14092.1\approx 2\times10^{-4}\%$。但它是研究化学结构的一个非常重要的现象。

此外，化学位移与磁场强度有关，因此为了提高化学位移的数值的准确度和统一标定化学位移的数据，化学位移采用相对值。

从理论上讲，某核的化学位移应以它的裸核为基准进行比较。在实际应用中采用统一参考物质做标准。样品与标准物质的共振频率的相对差就定义为该核的化学位移，用符号 δ 表示

$$\delta = \frac{\nu_{样} - \nu_{标}}{\nu_{标}} \tag{7-21}$$

由于 $\nu_{样}$ 和 $\nu_{标}$ 数值很大，其相对差很小，δ 值一般是 $10^{-4}\%$ 级。为了方便，将分母的 $\nu_{标}$ 就用扫场是固定的射频频率 ν_0 来代替，把 δ 值乘以 10^6，即

$$\delta = \frac{\nu_{样} - \nu_{标}}{\nu_{标}} \times 10^6 \tag{7-22}$$

表 7-2 给出用 60MHz 的核磁共振进行测定时，频率位移与化学位移的对应值。

表 7-2 60MHz 的频率位移与化学位移的对应值

频率/MHz	化学位移 δ/%	频率位移 ν/%	频率/MHz	化学位移 δ/%	频率位移 ν/%
0	0	10×10^{-4}	180	3×10^{-4}	7×10^{-4}
60	1×10^{-4}	9×10^{-4}	240	5×10^{-4}	6×10^{-4}
120	2×10^{-4}	8×10^{-4}	300	5×10^{-4}	5×10^{-4}

7.2.2 标准参考样品

由于化学位移数值很小，质子的化学位移只有所有磁场的百万分之几，所以要准确测定其绝对值比较困难。因而通常用相对值来表示化学位移，即以某一标准物质（如四甲基

硅烷，TMS）的共振峰为原点，令其化学位移为零，其他质子的化学位移是相对于 TMS 而言的。氢核磁共振所采用的标准物质是四甲基硅烷（简称 TMS）

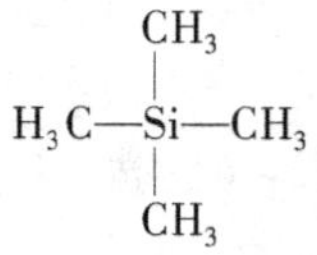

TMS 氢核所受的磁屏蔽效应比绝大多数氢核都要大，也即其共振频率最小，规定 TMS 的化学位移 $\delta=0$，其他氢核的化学位移一般都在 TMS 一侧。用 TMS 作为标准物质有以下优势：

（1）12 个 H 处于完全相同的化学环境，共振吸收时只产生一个峰；

（2）屏蔽效应强烈，化学位移比较大，与一般的有机化合物中的质子峰不重叠；

（3）TMS 化学性质不活泼，易溶于有机溶剂中，沸点较低，回收容易。

7.2.3 影响化学位移的各种因素

7.2.3.1 核外电子云密度的影响

磁屏蔽作用来源于外磁场作用下的环电子流运动，因此核周围电子云密度越大则对核产生的屏蔽作用越强，而与氢核相连的原子或基团的电负性的强弱直接影响电子云密度大小。例如卤代甲烷的化学位移随取代基电负性的增强而增大（表 7-3）。

表 7-3 卤代甲烷的化学位移

取代基	F	Cl	Br	I	H
电负性	3.0	3.0	2.8	2.5	2.1
δ/%	3.26×10^{-4}	3.05×10^{-4}	2.68×10^{-4}	2.16×10^{-4}	0.4×10^{-4}

7.2.3.2 相连碳原子的 s-p 杂化方式

与氢相连的碳原子从 sp^3（碳碳单链）到 sp^2（碳碳双键），s 电子的成分从 25% 增加至 33%，键电子更靠近碳原子，因而对相连的氢原子有去屏蔽作用，即共振位置移向低场。至于炔氢谱峰相对烯氢处于较高场，芳环氢谱峰相对于烯氢处于较低场，则因另有较重要的影响因素所致。

7.2.3.3 环状共轭体系的环电流效应

乙烯的 δ 值为 $4.23\times10^{-4}\%$，苯的 δ 值为 $6.3\times10^{-4}\%$，而它们的碳原子都是 sp^2 杂化。有人曾计算过，若无别的影响，仅从 sp^2 杂化考虑，苯的 δ 值应该大约为 $4.7\times10^{-4}\%$。实际上，苯环上氢的 δ 值明显地移向了低场，这是因为存在着环电流效应。

芳环的大 π 键电子云，在外磁场 B_0 的作用下，会在芳环平面的上方和下方产生垂直于 B_0 的环状电流，其感应磁场的方向与 B_0 相仿，因此，在芳环的上方和下方出现屏蔽区，而在芳环平面上出现去屏蔽区（如图 7-6 所示），因为苯环的质子出现在苯环的去屏蔽区，所以其共振信号出现在低场（$\delta=6.27\times10^{-4}\%$）。如果化合物分子中有质子出现在苯环屏蔽区，则其共振信号向高场位移，如 17-轮烯中，轮内 6 个质子处于大共轭体系的屏蔽区，共振峰在很高场，$\delta = -2.99 \times 10^{-4}\%$，而轮外的 12 个质子处在大共轭体系的去屏蔽区，$\delta = 9.28 \times 10^{-4}\%$。

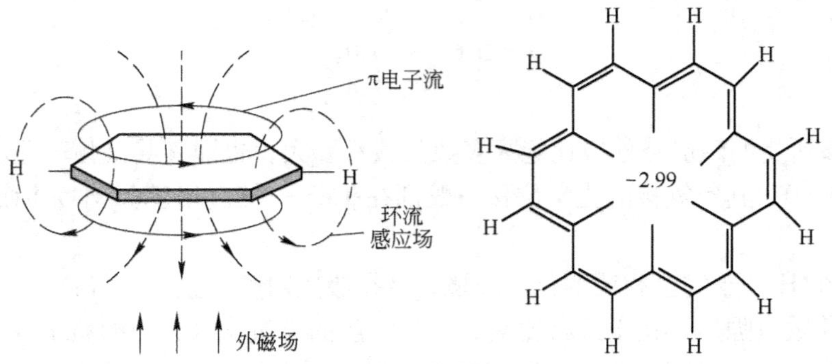

18-轮烯

图 7-6 芳环大 π 键屏蔽效应

7.2.3.4 各向异性效应

首先考虑试样为双原子分子 AB。外磁场 B_0 作用于 A 原子，在该处诱导出一个磁矩 μ_A。

$$\mu_A = \chi_A B_0 \tag{7-23}$$

式中，χ_A 为 A 原子的磁化率。以 A—B 键为 x 轴方向，并由此定出 y, z 轴方向，μ_A 可分解为三个分量：$\mu_A(x)$，$\mu_A(y)$，$\mu_A(z)$。虽然处于液态试样中的 AB 分子在不断地翻滚，但理论计算指出，若 μ_A 的三个分量数值不等。A 会对 B 的屏蔽常数产生影响。这种讨论可以推广到多原子分子。对于任一指定的原子，连接该原子的化学键因具有磁各向异性，会对该原子的屏蔽常数产生影响（也就是影响了该原子的化学位移）。

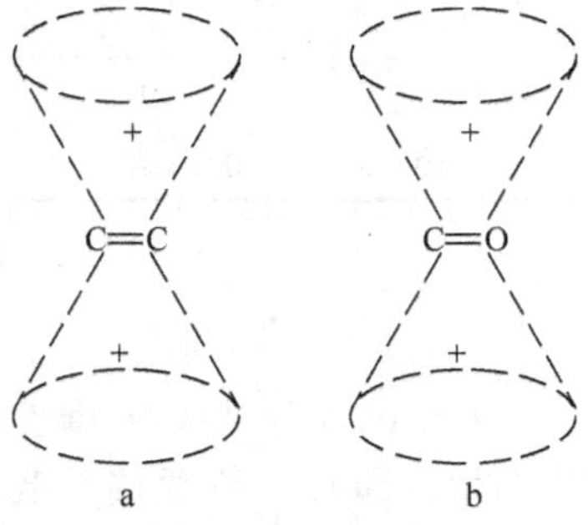

图 7-7 双键的屏蔽效应
a—烯键；b—羰基

（1）双键。双键的 π 电子云是垂直于双键平面的，因此在双键平面上方、核下方的质子，处于其电子云屏蔽区，而双键平面内的质子处于去屏蔽区（如图 7-7 所示）。例如，乙烯氢 $\delta = 4.25 \times 10^{-4}\%$，醛基氢 $\delta = 9 \sim 10 \times 10^{-4}\%$，与烷基相比，明显处于低场。

比较 α-蒎烯和蒎烷甲基的化学位移，在 α-蒎烯中，CH_3—(图 7-7a) 除受双键电负性影响外，还受双键各向异性效应作用，使屏蔽效应显著减少，δ 值明显大于蒎烷。CH_3—(b) 靠近双键屏蔽区，其 δ 值比蒎烷相应的 CH_3—(图 7-7b) 小 $0.16 \times 10^{-4}\%$。

（2）叁键。炔键的 π 电子云绕其叁键呈圆筒形，在外磁场的作用下，形成环电子流产生的感应磁场沿键轴方向为屏蔽区。炔键质子在屏蔽区，乙炔氢（$\delta_H = 1.80 \times 10^{-4}\%$）明显比乙烯氢（$\delta_H = 4.25 \times 10^{-4}\%$）处于高场。但由于炔碳杂化轨道 s 成分高，碳氢键电子云更靠近碳原子，质子周围电子云密度低，因此炔氢比烷基质子的 δ 值大。

7.2.3.5　取代基的诱导效应

取代基的电负性大，该基团的核外电子云密度降低，产生去屏蔽作用而发生低场位移。当相连的原子从 Si、H、C、N、O 到 F 以及从 I、Br、Cl 到 F 时，电负性逐渐增大，使该基团的共振信号逐渐向低场位移。许多吸电取代基，如 NO_2、CN、C ═O、OH、OR、NH_2 等均能使相邻基团的质子信号移向低场。而供电取代基则增大相邻质子的电子云密度，使其向高场位移，甚至出现负的位移值。

7.2.3.6　氢键效应

羟基和氨基等活泼的化学位移强烈地受到氢键的影响，使其产生低场位移。凡是能影响氢键形成的因素，如溶剂的性质、pH 值、浓度和温度等均影响活泼氢的化学位移。当分子中几种活泼氢共存时，可能由于质子间的快速交换或成盐而只出现一个宽峰。

7.2.3.7　化学位移与分子结构的关系

化学位移是确定分子结构的一个重要信息，主要用于基团鉴定。基团具有一定的特征性，处于同一类基团中的氢核其化学位移相似，因而其共振峰在一定范围内出现，即各种基团的化学位移具有一定的特征性。例如甲基氢核的化学位移一般在 $(0.8\sim1.5)\times10^{-4}\%$，羧基在 $(9\sim13)\times10^{-4}\%$。自从高分辨率核磁共振仪问世以来，人们测定了大量化合物的质子化学位移数据，建立了分子结构与化学位移的经验关系。

A　饱和碳上质子的化学位移

a　甲基

在核磁共振氢谱中，甲基的吸收峰比较特殊，容易辨认。一般根据邻接基团的不同，甲基的化学位移在 $(0.7\sim4)\times10^{-4}\%$，表 7-4 列出一些常见甲基的化学位移。

表 7-4　甲基的化学位移

甲基类型	δ/%	甲基类型	δ/%
$H_3C—Si≡$	$0\sim0.57\times10^{-4}$	$H_3C—S—$	$2.02\times10^{-4}\sim2.58\times10^{-4}$
$H_3C—CH$	$0.77\times10^{-4}\sim0.88\times10^{-4}$	$H_3C—Ar$	$2.14\times10^{-4}\sim2.76\times10^{-4}$
$H_3C—C═C$	$1.50\times10^{-4}\sim2.14\times10^{-4}$	$H_3C—N<$	$2.12\times10^{-4}\sim3.10\times10^{-4}$
$H_3C—C═O$	$1.95\times10^{-4}\sim2.68\times10^{-4}$	$H_3C—O—$	$3.24\times10^{-4}\sim3.02\times10^{-4}$
$H_3C—C≡C$	$1.83\times10^{-4}\sim2.11\times10^{-4}$	$H_3C—X$	$2.16\times10^{-4}\sim3.26\times10^{-4}$

b　亚甲基和次甲基

一般亚甲基和次甲基的吸收峰不像甲基峰特征那样明显，往往呈现很多复杂的峰形，有时甚至和别的峰相重叠，不易辨认。

亚甲基（ $X—CH_2—Y—$ ）的化学位移可以用 Shoolery 经验公式加以计算

$$\delta = 0.23 + \Sigma\sigma \tag{7-24}$$

式中，0.23 为常数，甲烷的化学位移值；σ 为与亚甲基相连的取代基的屏蔽常数（见表 7-5）。

根据公式和表中数据就可以计算出亚甲基的 δ 值。例如：

CH_2Cl_2　　$\delta_H = (0.23 + 2.53 \times 2) \times 10^{-4}\% = 5.29 \times 10^{-4}\%$　　实测 $5.30 \times 10^{-4}\%$

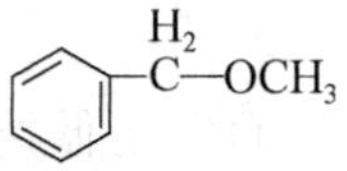
$\delta_H = (0.23 + 1.83 + 2.36) \times 10^{-4}\% = 4.42 \times 10^{-4}\%$　　实测 $4.41 \times 10^{-4}\%$

次甲基的 δ 值也可以用 Shoolery 经验公式计算，但计算值与实际测量值的误差较大。

表 7-5　Shoolery 公式中各种取代基的屏蔽常数（R 为氢或烷基）

取代基	$\delta/\%$	取代基	$\delta/\%$
CH_3	0.47×10^{-4}	I	1.82×10^{-4}
CR＝CR_2	1.32×10^{-4}	C_6H_5	1.83×10^{-4}
C≡CR	1.44×10^{-4}	Br	2.33×10^{-4}
COOR	1.55×10^{-4}	OR	2.36×10^{-4}
NR_2	1.57×10^{-4}	Cl	2.53×10^{-4}
$CONR_2$	1.59×10^{-4}	OH	2.56×10^{-4}
SR	1.64×10^{-4}	O（CO）R	3.01×10^{-4}
CN	1.70×10^{-4}	NO_2	3.36×10^{-4}
CO—R	1.70×10^{-4}	F	3.00×10^{-4}

例如 $CHCl_3$　$\delta_H = (0.23 + 2.53 \times 3) \times 10^{-4}\% = 7.82 \times 10^{-4}\%$　（实测值 $6.27 \times 10^{-4}\%$）

$(CH_3O)_2CHCOOCH_3$　$\delta_H = (0.23 + 2.36 \times 2 + 1.55) \times 10^{-4}\% = 6.50 \times 10^{-4}\%$　（实测值 $5.61 \times 10^{-4}\%$）

B　不饱和碳上质子的化学位移

a　炔氢

叁键的各向异性屏蔽作用，是炔氢的化学位移出现在（1.6 ~ 3.4）$\times 10^{-4}\%$ 范围内（表 7-6），且常与其他类型的氢重叠。

表 7-6　炔氢的化学位移

化合物	$\delta/\%$	化合物	$\delta/\%$
H—C≡C—H	1.80×10^{-4}	C≡C—C≡C—H	$1.75 \times 10^{-4} \sim 2.42 \times 10^{-4}$
R—C≡C—H	$1.73 \times 10^{-4} \sim 1.88 \times 10^{-4}$	H_3C—C≡C—C≡C—C≡CH	1.87×10^{-4}
Ar—C≡C—H	$2.71 \times 10^{-4} \sim 3.34 \times 10^{-4}$	＞C—C≡C—H	$2.20 \times 10^{-4} \sim 2.27 \times 10^{-4}$
C＝C—C≡C—H	$2.60 \times 10^{-4} \sim 3.10 \times 10^{-4}$	RO—C≡C—H	约 1.30×10^{-4}
—C(＝O)—C≡C—H	$2.13 \times 10^{-4} \sim 3.28 \times 10^{-4}$	H_3C—NH—C(＝O)—H_2C—C≡C—H	2.55×10^{-4}

b　烯氢

烯氢的化学位移可用 Tobey 和 Simon 等提出的经验公式来计算

$$\delta = 5.25 + Z_{同} + Z_{顺} + Z_{反} \tag{7-25}$$

式中，5.25 为常数，乙烯的化学位移值；Z 为同碳、顺式及反式取代基对烯氢化学位移的影响参数（表 7-7）。

表 7-7 烯氢化学位移的取代基参数

取代基	$Z_{同}$	$Z_{顺}$	$Z_{反}$	取代基	$Z_{同}$	$Z_{顺}$	$Z_{反}$
H	0	0	0	—CHO	1.02	0.95	1.17
R	0.45	-0.22	-0.28	—CO—NH_2	1.37	0.98	0.46
R（环）	0.69	-0.25	-0.28	—COCl	1.11	1.46	1.01
—CH_2—O—CH_2I	0.64	-0.01	-0.02	—OR（R 饱和）	1.22	-1.07	-1.21
—CH_2—S—	0.71	-0.13	-0.22	—OR（RG 共轭）	1.21	-0.60	-1.00
—CH_2X（X = F、Cl、Br）	0.70	0.11	-0.04	—OCOR	2.11	-0.35	-0.64
—CH_2—N＝	0.58	-0.10	-0.08	—F	1.54	-0.40	-1.02
—CH_2CO	0.69	-0.08	-0.06	—Cl	1.08	0.18	0.13
—CH_2—CN	0.69	-0.08	-0.06	—Br	1.07	0.45	0.55
—CH_2—Ar	1.05	-0.29	-0.32	—I	1.14	0.81	0.88
—C＝C—	1.00	-0.09	-0.23	—NR（R 饱和）	0.80	-1.26	-1.21
—C＝C—（共轭）	1.24	0.02	-0.05	—NR（R 共轭）	1.17	-0.53	-0.99
—CN	0.27	0.75	0.55	—NCOR	2.08	-0.57	-0.72
—C≡C	0.47	0.38	0.12	Ar	1.36	0.36	-0.07
—C═O	1.10	1.12	0.87	—SCN	0.80	1.17	1.11
—C＝O（共轭）	1.06	0.91	0.74	—SR	1.11	-0.29	-0.13
—COOH	0.97	1.41	0.71	—SOR	1.27	0.67	0.41
—COOH（共轭）	0.80	0.98	0.32	—SO_2R	1.55	1.16	0.93
—COOR	0.80	1.18	0.55	—CF_3	0.66	0.61	0.31
—COOR（共轭）	0.78	1.01	0.46	—CHF_2	0.66	0.32	0.21

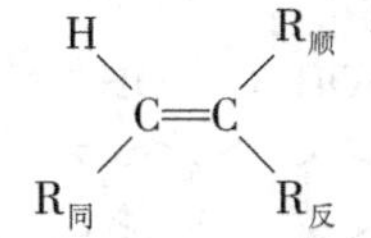

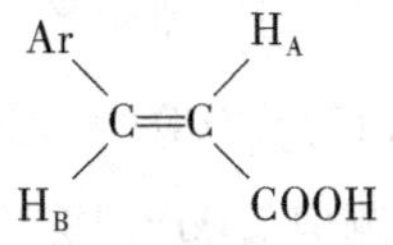

例如：

$$\delta_{H_A} = (5.25 + 0.97 + 0.36 + 0) \times 10^{-4}\% = 6.58 \times 10^{-4}\% \quad （实测值 5.46 \times 10^{-4}\%）$$

$$\delta_{H_B} = (5.25 + 1.36 + 1.41 + 0) \times 10^{-4}\% = 8.02 \times 10^{-4}\% \quad （实测值 5.46 \times 10^{-4}\%）$$

c 醛基氢

醛基氢由于受到羰基的去屏蔽作用，化学位移出现在较低场，大致范围是：脂肪醛 $(9 \sim 10) \times 10^{-4}\%$，芳香醛 $(9.5 \sim 10.5) \times 10^{-4}\%$。

C 芳香氢的化学位移

芳环的各向异性效应使芳环氢受到去屏蔽影响，其化学位移在较低场。苯的化学位移为 $6.27 \times 10^{-4}\%$。当苯环上的氢被取代以后，取代基的诱导效应又会使苯环的邻、间、对位的电子云密度发生改变，使其化学位移向高场或低场移动。例如，硝基苯中硝基的吸电子作用使苯环氢向低场位移，而且邻、对位的位移幅度要大于间位。芳环氢的化学位移可按式 7-26 进行计算

$$\delta = 7.27 + \sum S_i \tag{7-26}$$

式中，7.27 为常数，苯的化学位移；S_i为取代基对芳环氢的影响（表 7-8）。

表 7-8　取代基对苯环氢的化学位移参数

取代基	化学位移参数		
—CH_3	−0.17	−0.09	−0.18
—CH_2CH_3	−0.15	−0.06	−0.18
—NO_2	0.95	0.17	0.33
—Cl	0.02	−0.06	−0.04
—Br	0.22	−0.13	−0.33
—I	0.40	−0.26	−0.33
—CHO	0.58	0.21	0.27
—OH	−0.50	−0.14	−0.40
—NH_2	−0.75	−0.24	−0.63
—CN	0.27	0.11	0.30
—COOH	0.80	0.14	0.20
—$COOCH_3$	0.74	0.07	0.20
—$COCH_3$	0.64	0.09	0.30
—OCH_3	−0.43	−0.09	−0.37
—$OCOCH_3$	−0.21	−0.09	−0.13
—$N(CH_3)_2$	−0.60	−0.10	−0.62
—SCH_3	0.37	0.20	0.10
—$CH{=}CH_2$	0.06	−0.03	−0.10

以下列化合物为例计算芳环氢的 δ 值：

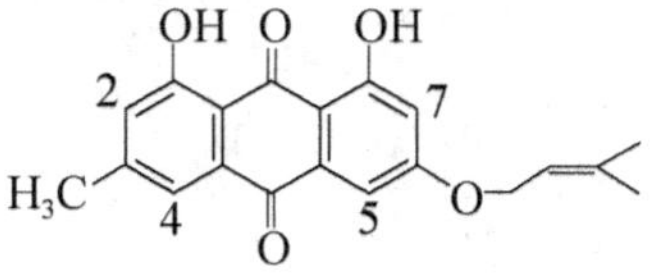

$$\delta_{H_2} = [7.27 + (-0.50) + (-0.17) + 0.09 + 0.30] \times 10^{-4}\% = 6.99 \times 10^{-4}\%$$

（实测值 $7.00 \times 10^{-4}\%$）

$$\delta_{H_4} = [7.27 + (-0.17) + 0.64 + 0.09 + (-0.40)] \times 10^{-4}\% = 7.43 \times 10^{-4}\%$$

（实测值 $7.50 \times 10^{-4}\%$）

$$\delta_{H_5} = [7.27 + 0.64 + 0.09 + (-0.43) + (-0.40)] \times 10^{-4}\% = 7.17 \times 10^{-4}\%$$

（实测值 $7.30 \times 10^{-4}\%$）

$$\delta_{H_7} = [7.27 + (-0.50) + (-0.43) + 0.09 + 0.30] \times 10^{-4}\% = 6.73 \times 10^{-4}\%$$

（实测值 $6.60 \times 10^{-4}\%$）

稠环芳氢因大 π 键去屏蔽效应增大，芳环氢向低场位移，如萘和蒽的化学位移均比苯大，见图 7-8 和图 7-9。

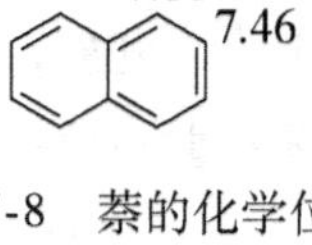

图 7-8　萘的化学位移

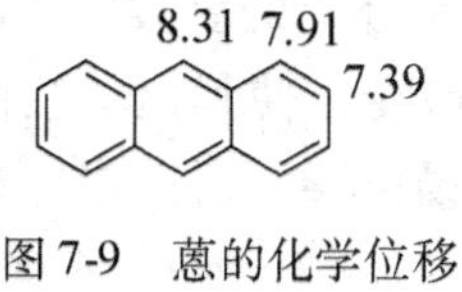

图 7-9　蒽的化学位移

D　杂环的化学位移

杂环芳氢的化学位移受溶剂的影响较大，一般α位的杂环芳氢的吸收峰在较低场，例如：

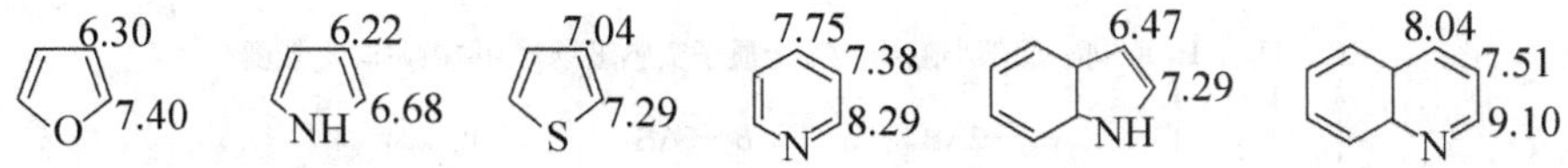

呋喃　　吡咯　　噻吩　　吡啶　　吲哚　　喹啉

图 7-10　杂环芳氢的化学位移

7.3　自旋-自旋耦合和耦合裂分

从前面介绍的内容来看，似乎核磁共振谱是由一个一个单峰所组成的，每个单峰对应一种化学环境的质子。但事实并非如此，大多数有机化合物的 NMR 谱图中都有一些多重峰。原因是前面只讨论了磁性核的化学环境，而未考虑分子总邻近磁性核之间的相互作用。这种核之间的相互作用称为自旋-自旋耦合（spin-spin coupling）。

自旋核的核磁矩可以通过成键电子影响邻近磁核是引起自旋-自旋耦合的根本原因。磁性核在磁场中有不同的取向，产生不同的局部磁场，从而加强或减弱外磁场的作用，使其周围的磁核感受到两种或数种不同强度的磁场的作用，故在两个或数个不同位置上产生共振吸收峰。这种由于自旋-自旋耦合引起谱线峰裂分的现象称为自旋-自旋裂分（spin-spin splitting）。

7.3.1　自旋-自旋耦合的机理

如图 7-11 所示，乙醇分子在低分辨率仪器上测得的 NMR 谱有三个峰，而如果在高分辨率的 NMR 仪上测量，可以观察到，$—CH_3$峰分裂为 3 重小峰，$—CH_2—$峰分裂为 4 重小峰。

这是由于氢核之间的相互作用所致。每一个质子都可以被视为一个磁偶极子，相当于一个小磁体，可以产生一个局部小磁场（自旋磁场）。在外磁场中，氢核的自旋有两种取向$\left(\frac{1}{2},\ \frac{1}{2}\right)$，两种取向的几率相同，其分量与 B_0同向时加强了 B_0，反向时削弱了 B_0。另一方面处于相同化学环境的各氢核之间也存在各组取向的组合（同向或异向），产生了组合的局部磁场，此局部磁场对 B_0施加影响，使邻近的氢核感到的磁场有微小的变化，因此吸收的频率也发生微小的变化而裂分。以乙醇为例加以说明，乙醇分子以图 7-12 标示：

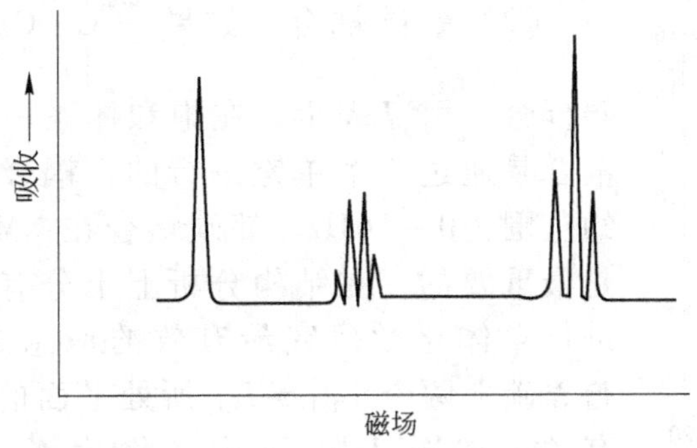

图 7-11　高分辨率测得的乙醇的 NMR 谱

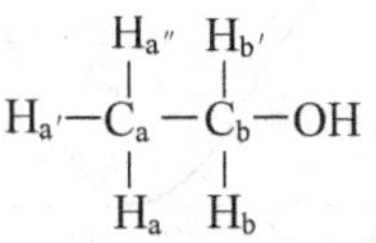

图 7-12　乙醇分子示意图

C_a上的三个质子H_a、$H_{a'}$、$H_{a''}$及C_b上的两个质子H_b、$H_{b'}$是两组各自化学环境完全相同的质子。先分析C_b上的质子对C_a上的质子的影响，如图7-13所示。

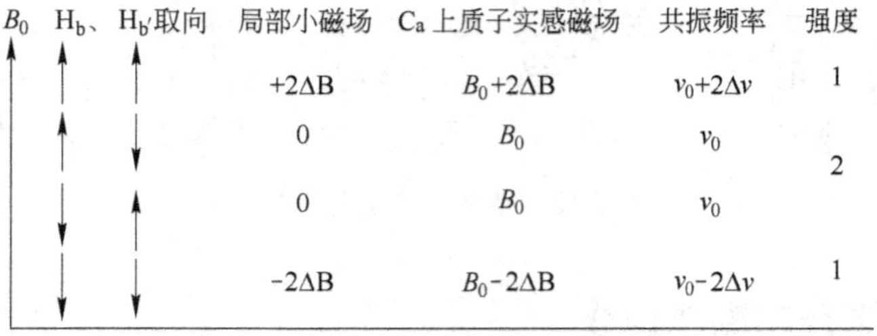

图7-13　自旋耦合核分裂原理示意图

可见，由于C_b是两个质子的耦合作图，使C_a上的质子共振吸收峰分裂为三重峰，中间分裂是两个等价磁场的叠加，其强度是两侧峰的2倍，所以三重峰的强度比为1∶2∶1。再分析C_a上的三个质子对C_b上两个质子的耦合作用，C_a有8种取向组合情况，其中有两种是各自单独的组合情况（即↓↓↓和↑↑↑），有两组各自包含着三种同等的组合情况，即三个等价局部磁场（↓↓↑，↑↓↑，↓↑↑和↑↓↓，↓↑↓，↓↓↑），所以质子共振峰上的三个质子耦合产生4重分裂峰，分裂峰的强度比为1∶3∶3∶1。

7.3.2　耦合常数

自旋耦合产生共振峰的分裂后，两裂分峰之间的距离称为耦合常数，用J表示。J的大小表明自旋核之间耦合程度的强弱。与化学位移的频率差不同，J不因外磁场的变化而变化，受外界条件（如温度、浓度及溶剂等）的影响也比较小，它只是化合物分子结构的一种属性。上面已指出，耦合的强弱与耦合核之间的距离有关，根据耦合核之间相距的键数分为同碳（偕碳）耦合、邻碳耦合和远程耦合三类。

（1）同碳耦合。如果C上氢核的耦合为同碳耦合，用^2J表示（左上角的数字为两$J_{HF1}=J_{HF2}$相距的单键数）。同碳耦合常数变化范围非常大，其值与结构密切相关。如乙烯中同碳耦合$J=2.3$Hz，而甲醛中$J=42$Hz。同碳耦合一般观察不到裂分现象，要测定其裂分常数，需采用同位素取代等特殊方法。

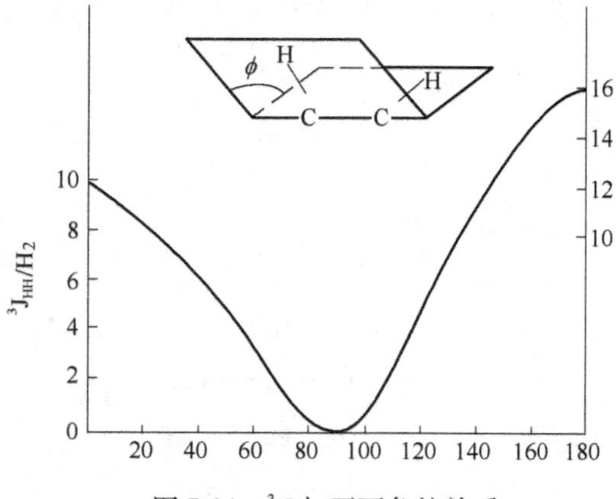

图7-14　^3J与两面角的关系

（2）邻碳耦合。如果

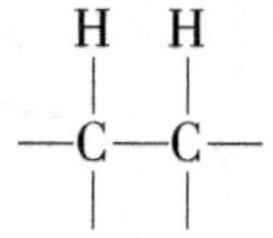

为邻碳耦合，用^3J表示。在饱和体系中的邻碳耦合是通过三个单键进行的，耦合常数大约范围为0～16Hz。邻碳耦合在NMR谱中是最重要的，在结构分析上十分有用，是进行立体化学研究最有效的信息之一。^3J与邻碳上两个$J_{HF1}=J_{HF2}$所处平面的夹角ϕ有关，如图7-14所示（称为Karplus曲线）。可见

ϕ 为 150°～180°， ^3J 最大；

ϕ 为 0°～30°， ^3J 也很大；

ϕ 为 60°～90°， ^3J 最小；

ϕ 为 90°， ^3J 约为 0.3Hz。

碳原子的取代基电负性增加时，^3J 减小，如 $CH_3—CH_3$ 及 $CH_3—CH_2Cl$ 的 $^3J_{HH}$ 为 7.0 和 6.0。对于“H—C═C—H”型的邻碳耦合，由于质子处于同一平面，两面角中只能是 0°（顺式）或 180°（反式），而 $^3J_{HH}$（180°）＞ $^3J_{HH}$（0°），所以 $^3J_{HH}$（顺式）＞ $^3J_{HH}$（反式）。

（3）远程耦合。相隔四个或四个以上键的质子耦合，称为远程耦合。远程耦合常数较小，一般小于 1Hz，通常观察不到，若中间插有 π 键，或在一些具有特殊空间结构的分子中，才能观察到。根据耦合常数的大小，可以判断相互耦合的氢核的键的连接关系，帮助推断化合物的结构。但目前尚无完整的理论来说明和推算，而人们已积累了大量耦合常数与结构关系的经验数据，供使用时查阅。

表 7-9 质子自旋-自旋耦合常数

类 型	J_{ab}/Hz	类 型	J_{ab}/Hz
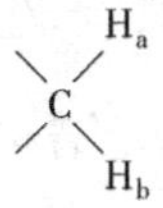	10～15	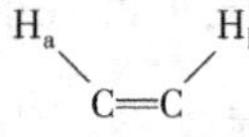 （环）	5 元环 3～4 6 元环 6～9 7 元环 10～13
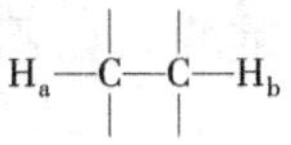	6～8	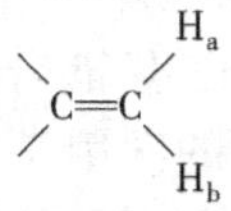	0～2
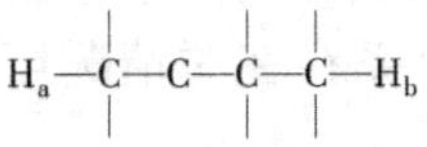	0	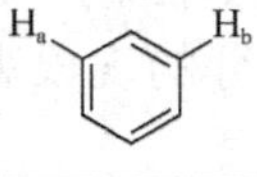	邻位 6～10 间位 1～3 对位 0～1
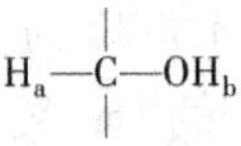 （无交换）	4～6	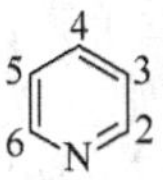	J2—35—6 J3—51—2 J3—47—9 J2—50—1 J2—41—2 J2—60—1
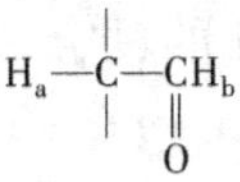	2～3	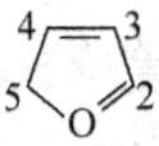	J2—31.5—2 J3—43—4 J2—40—1 J2—51—2
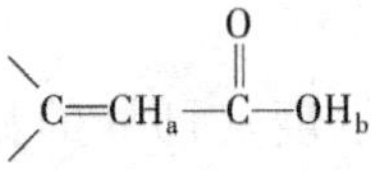	5～7		
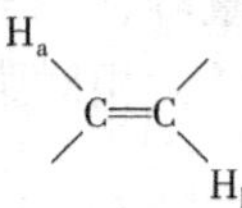	15～18	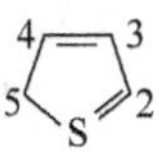	J2—35—6 J3—43.5—5 J2—41.5 J2—53.5
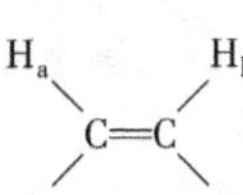	6～12		

续表 7-9

类　型	J_{ab}/Hz	类　型	J_{ab}/Hz
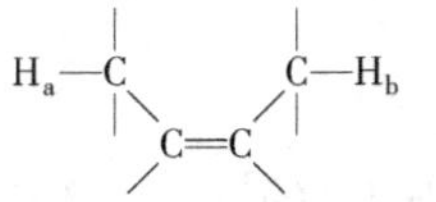	1 ~ 2	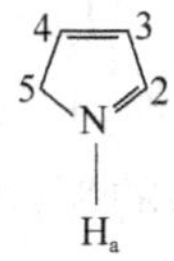	Ja—22—3 Ja—32—3 J2—32—3 J3—43—4 J2—41—2 J2—52
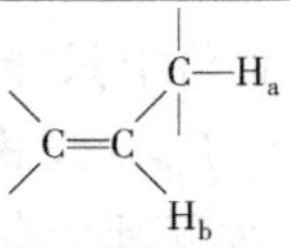	4 ~ 10		
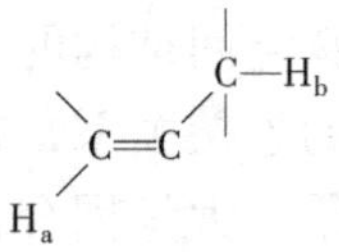	0 ~ 2	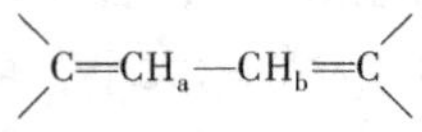	9 ~ 12

7.3.3 一级图谱的耦合裂分规律

当耦合核的$\frac{\Delta\nu}{J} > 10$时，说明自旋核之间的相互作用是一种弱耦合作用，产生简单的裂分行为，称为一级裂分自旋体系，为 AM、A_mM_n、AMX、$A_mM_nX_o$…，其光谱称为一级图谱。一级图谱有以下的特征规律：

（1）磁等价核之间尽管也有耦合作用，但不产生裂分，不出现多重峰。如乙醇中—CH_3的质子，只能裂分相邻的次甲基，而不裂分磁等价的核本身；

（2）耦合作用及裂分常数随耦合核之间距离的增大而降低，一般当距离大于单键键长三倍时，很少有耦合、裂分的现象观察时，即耦合消失（有共振体系存在时情况可能不同）；

（3）耦合裂分产生多重峰时，多重峰的数目为（$2nI+1$）。N为临近基因上等价耦合核的数目，I为耦合核的自旋量子数。对于质子核来说，$I=1/2$，新的多^{1}H 重峰的数目为（$n+1$），称为（$n+1$）规则。为乙醇中—CH_3上的^{1}H 被—CH_2—上的^{1}H 裂分时，—CH_2—中 2^{1}H 等价，故—CH_3上的^{1}H 出现（2+1）＝3 重峰；—CH_2—上的^{1}H 被—CH_3上三个等价^{1}H 裂分，多重峰数目（3+1）＝4；

（4）如果 B 原子所连接的^{1}H 同时受相邻近 A、C 两原子所连接的^{1}H 的耦合，当 A、C 两原子上的^{1}H 全都是等价时，则 B 原子上^{1}H 的裂分多重峰数目为（$nA+nC+1$）。当 A、C 原子上的^{1}H 是分别两组等价核时，则 B 原子^{1}H 的裂分多重峰数目为（$nA+1$）（$nC+1$）nA、nC分别与 A、C 原子连接的^{1}H 数目；

（5）裂分峰的位置的化学位移为中心，左右对称。裂分峰的相对强度（即峰的相对积分面积）的比例二项式（$a+b$）^{n}展开式的系数，为$n=1$时，裂分为双重峰，相对强度为1∶1。$N=2$时，裂分为三重峰，相对强度为1∶2∶1。$n=3$时，为多重峰，相对强度为1∶3∶3∶1等。例如碘丙烷，按照一级图谱的规律可以预测其^{1}H-NMR 谱为以下特征：C_a的三个^{1}H，C_b上的两个^{1}H及C_c上的两个^{1}H是分别三组磁等价的核。C_a上的^{1}H受C_b上的两个^{1}H的耦合，而与C_c上的^{1}H距离大于三个键，耦合谱失，所以—CH_3上的^{1}H被C_b上的两个^{1}H裂分为三重峰，强度比为1∶2∶1。因为甲基质子受屏蔽作用比较大，所以δ较小，约1.02，峰出现在高场（低频）；C_c上的两个^{1}H被C_b上的两个^{1}H裂分为三重峰，强度比为1∶2∶1。因为受到I原子的诱导效应，屏蔽作用减弱，所以峰出现在低场（高频），δ较大约3.2；C_b上的两个^{1}H同时受到C_a上的三个^{1}H及C_c上的两个^{1}H的耦合，而它们是两组不等价的核，故C_b上的^{1}H被裂分为（3+1）（2+1）=12重峰，在一般分辨率的NMR仅是观察到6重峰，强度比为：1∶5∶10∶10∶5∶1，在分辨率高的仪器上可观察到12重峰，其受到的屏蔽效应大于C_c上的^{1}H，而小于C_a上的δ约2.5。

7.3.4 高级图谱及简化

有机化合物的NMR谱多数不是一级图谱。$\frac{\Delta\nu}{J}<10$，是复杂图谱，也叫高级图谱，其表现特征：

（1）不按（$n+1$）规律裂分，而由于有附加裂分而超过（$n+1$）数目；

（2）裂分峰的相对强度不符合二项式展开形式的系数；耦合常数一般不等于分裂峰的峰间距，多重峰的中心位置不等于$C_7H_{12}O_4$，难以从谱图中求得$C_7H_{12}O_4$和J。由于这种耦合是属于强耦合，且一般$C_7H_{12}O_4$相差不大，这时耦合作用往往与跃迁能级混合，引起谱带位置、强度的变化，表现为复杂的光谱。这种耦合体系为AB、AMBN、ABX、ABC、AA1BB1……多旋体系。对于这种体系，量子力学已建立了一套完整的计算、解析方法，又总结出一些简化方法，可以算出体系的理论谱带（数目、强度）及$C_7H_{12}O_4$、J等。高级图谱往往难以进行谱图解析，须经简化后以一级图谱技术进行解析，简化方法如下。

（1）加大磁场强度。加大磁场强度后，$\Delta\nu$变大，而J不变，因此$\frac{\Delta\nu}{J}$变大，直到$\frac{\Delta\nu}{J}\geqslant$ 10时，变为一级图谱，即可解析。这就是为什么人们一直在设法设计制造出尽可能大磁场强度的NMR仪的原因。

（2）去耦法（双照法）。通过向核磁共振中引入多个射频场的有可能产生出一个或多个干扰场，而得到双共振（或多共振）图谱。在进行自旋去耦中，第二个（和第三个，第四个……）射频场的频率直接对准与待测核耦合的核的共振频率，且辐射强度大，使其在两个自旋能态之间迅速来回跃迁，结果两种取向平均化了，待测核只能感受到耦合的自旋平均态，能级不发生分裂，从而大大简化了图谱。测定核H_a的共振，而核$H_3$5之后耦合作用而使光谱复杂，则可以在正常频率扫描时，再加上一个磁的射频来放射，其频率为核H_3的共振吸收频率，这样核H_b在$\pm\frac{1}{2}$取向间迅速来跃迁而使取向平均化，为同一个非磁性核，而使核H_a的图谱大为简化。

图7-15为巴豆磁的NMR谱，耦合作用使烯烃原子的共振峰十分复杂（图7-15a），而通过对—CH_3质子的去耦之后，图谱大为简化（图7-15b）。

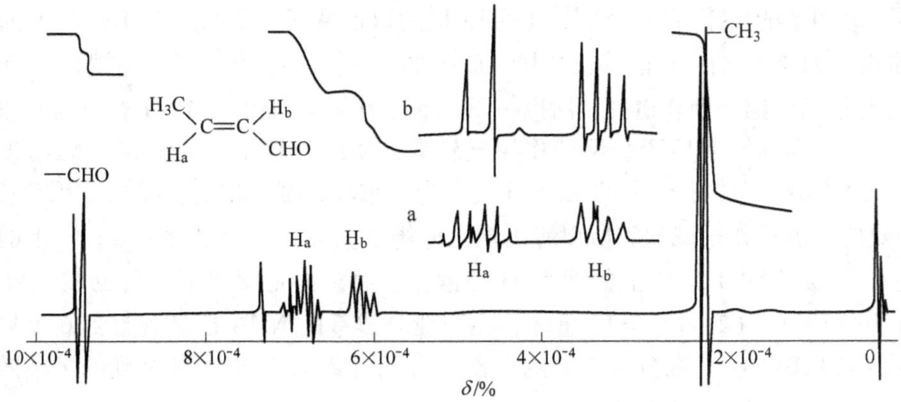

图 7-15 巴豆醛 NMR 谱（$CDCl_3$，90MHz）

a—烯烃质子重峰；b—去耦甲基后烯烃质子重峰

7.4 核磁共振波谱仪

按照仪器的工作方式，可使分辨率的核磁共振波谱仪分为两种类型：连续波核磁共振减谱仪及脉冲傅里叶变换核磁共振谱仪，由于脉冲傅里叶变换核磁共振谱仪不常用，所以这里只介绍一下连续波核磁共振减谱仪。连续波核磁共振波谱仪结构方框示意见图 7-16。

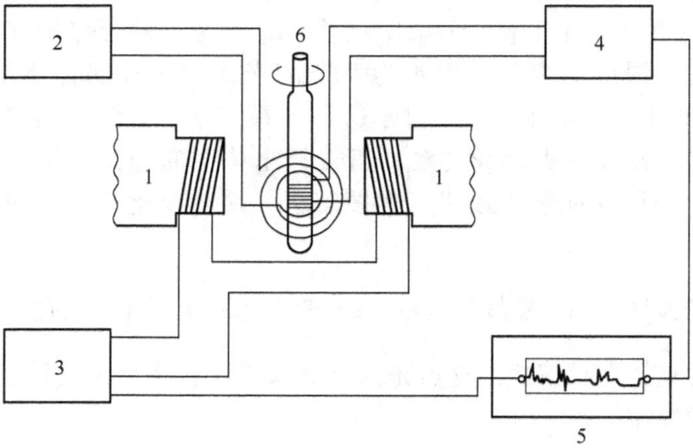

图 7-16 连续波核磁共振波谱仪的结构方框示意

1—磁铁；2—射频振荡器；3—扫描发生器；

4—检测器；5—记录器；6—样品管

由图 7-16 可见，连续波核磁共振波谱仪主要由以下 6 个部件组成：磁铁，探头（样品管）、扫描发生器，射频发生器、信号检测器及记录处理系统。

7.4.1 磁铁

磁铁是 NMR 仪中最重要的部分，NMR 的灵敏度和分辨率主要取决于磁铁的质量和强度。在 NMR 中通常用对应的质子共振频率来描述不同场强。NMR 常用的磁铁有三种：永久磁铁、电磁铁和超导磁铁。永久磁铁一般可提供 0. 7046T 或 1. 4092T 的磁场，对应质子共振频率。为30MHz和60MHz。超导磁铁可以提供更高的磁场，最高可达800MHz的共振频率。而电磁铁可提供对应60MHz、90MHz、100MHz的共振频率。由于电磁铁的热效应和磁场强度的限制，目前应用不多，商品NMR仪中使用永久磁铁的低档仪器，供教学及日常分析使用。而高场强的NMR仪，由于设备本身及运行费较高，主要用于研究工作。在NMR中要求测量的化学位移，其精度一般要达到10^{-8}数量级。这就要求磁场的稳定性至少要达到10^{-9}数量级，为了有效地消除温度等环境影响，在NMR仪中都采用了频率锁定系统，即对一个参比核连续地以对应于磁场的共振级大的频率进行照射和监控，通过反馈线路保证B/V不变而控制住磁场。常采用的有外锁定系统（以样品池外某一种核作参比）和内锁定系统（以样品池内某一种核作参比）来进行场频连锁，分别可以将磁场漂移控制在10^{-9}及10^{-10}数量级。为了使样品处在一个均匀的磁场中，在磁场的不同平面还会加入一些匀场线圈以消除磁场的不均匀性，以此来提高灵敏度和分辨率。

7.4.2 探头

样品探头是一种用来使样品管保持在磁场中某一固定位置的器件，探头中不仅包含样品管，而且包括扫描线圈和接线圈，以保证测量条件的一致性。为了避免扫描线圈与接收线圈相互干扰，两线圈垂直放置并采取措施防止磁场的干扰。样品管底部装有电热丝和热敏电阻检测元件，探头外装有恒温水套。

7.4.3 扫描线圈

在连续波NMR中，扫描方式最先采用扫场方式，B_0场的扫描是通过在固定磁场$B_{固}$上叠加一个可以连续变化的$B_{电}$（$B_{电} \ll B_{固}$，$B_{电}$与$B_{固}$同向，故$B_0 = B_{固} + B_{电}$）实现的。$B_{固}$由磁铁产生的；$B_{电}$由扫描线圈提供。

7.4.4 射频源

NMR仪通常采用恒温下石英晶体振荡器产生基频，经过倍频、调谐及功率放大后反馈入与磁场成90°角的线圈中。为了获得高分辨率，频率的波动必须小于10^{-8}，输出功率需小于1W，且在扫描时间内波动小于1%。

7.4.5 信号检测及记录处理系统

共振核产生的射频信号通过探头上的接收线圈加以检测，产生的电信号通常要大于10^5倍后才能记录，NMR记录仪的横轴驱动与扫描同步，纵轴为共振信号。现代NMR仪常都配有一套积分装置，可以在NMR波谱上以阶梯的形式显示出积分数据。由于积分信号不像峰高那样易受多种条件影响，可以通过它来估计各类核的相对数目及含量，有助于定量分析。随着计算机技术的发展，一些连续波NMR仪配有多次重复扫描并将信号进行累加的功能，从而有效地提高仪器的灵敏度。但由于一般仪器的稳定性影响，一般累加次数在100次左右为宜。

7.5 实验方法

7.5.1 样品的制备

NMR法的样品通常都配制溶液，在配制溶液时应注意如下几个问题。

(1) 选择适当的溶剂。研究^1H-NMR 谱时，溶剂不应含质子，常用的溶剂有 CCl_4、CS_2及氘代溶剂。氘代溶剂对样品的溶解能力一般比 CCl_4和 CS_2好但价格较贵。常用的氘代溶剂有 $CDCl_3$，也有 C_6D_6、$(CD_3)_2CO$、$(CD_3)_2SO$（氘代二甲亚砜，DMSO）等，水溶性的样品可以用 D_2O，不含^1H 的溶剂还有 CF_2Cl_2，SO_2FCl 等。表 7-10 列出某些氘代溶剂中残留^1H 的共振吸收位置。

表 7-10　某些氘代溶剂中残留^1H 的共振吸收位置

溶　剂	含 H 基团	化学位移（δ）
$CDCl_3$	CH	6.28（单峰）
$(CD_3)_2CO$	CD_2H	2.05（五重峰）
C_6D_6	CH（C_6D_5H）	6.20（多重峰）
D_2O	HDO	约 4.30（单峰）
$(CD_3)_2SO$	CD_2H	2.5（五重峰）
CD_3OD	CD_2H	3.3（五重峰）
C_2D_5OD	CHD_2	1.17（五重峰）
	CHD	3.59（三重峰）
	OH	不定（单峰）
$(CD_3)_2NCDO$	CD_2H	2.76（五重峰）
	CHO	7.06（单峰）

(2) 样品溶液的浓度。一般为 2% ~ 10%，纯样品一般需要 15 ~ 30mg。采用 PFT-NMR 法时，样品需要量较少，一般只需 1mg，甚至更少。

(3) 化学位移基准物质（TMS）的浓度。TMS 的浓度一般为 0.2% 左右。

7.5.2　样品的测定

常规 NMR 测定使用 5mm 外径的样品管，根据不同核的灵敏度取不同量的样品溶解在 0.5 ~ 0.6mL 溶剂中，配成适当浓度的溶剂。对于^1H 和^{19}F NMR 谱，可取 2 ~ 20mg 样品配成 0.01 ~ 0.1mol 溶液；^{13}C 和^{29}Si NMR 谱取 20 ~ 100mg 配成 0.1 ~ 0.5mol 溶液。^{31}P NMR 谱的用量介于两者之间。超导 NMR 谱仪具有更高的灵敏度，毫克乃至微克级的样品就可以得到很高信噪比的谱图。

对于^{15}N NMR 谱，如果非 15N 富集的样品，由于检测灵敏度低，需使用 10mm 或 16mm 的样品管，配制很高浓度的样品溶液（0.5 ~ 2.0mol），经过长时间累加才能得到具有较好的信噪比的谱图。

7.6　核磁共振波谱的应用

7.6.1　定量分析

NMR 图谱中积分曲线的高度与引起该共振峰的氢核数成正比，这不仅是结构分析的重要参数，而且是定量分析的依据。用 N MG 技术进行定量分析的最大优点是，不需要有被测物质的纯物质作标准，也不必绘制校准曲线或引入校准因子，而只要与适当的标准参照物（不必是被测物质的纯物质）相对照就可得到被测物质的量，对标准物的基本要求是其 NMQ 谱的共振峰不会与试样峰重叠。常用的标准物为有机硅化合物，其质子峰大多在高场，便于比较，为六甲基环三硅氧烷和六甲基环三硅胺等。标准参比物和试样的分析物的各参数如表 7-11 所示。

表 7-11 标准参比物和试样分析物的参数表

物 质	质量	相对分子质量	分析基中质子数	分析峰面积
标准参比物 R	m_R	M_R	n_R	A_R
试样分析物 S	m_S	M_S	m_R	A_S

由标准参比物分析峰求得每摩质子的相对峰面积 A_R^H 为

$$A_R^H = \frac{A_R}{\frac{m_R}{M_R} \cdot n_R} = \frac{A_R \cdot M_R}{m_R \cdot n_R} \tag{7-27}$$

同样试样分析物每摩质子的相对峰面积 A_S^H 为

$$A_S^H = \frac{A_S \cdot M_S}{m_S \cdot n_S} \tag{7-28}$$

因为 $A_R^H = A_S^H$ 所以

$$\frac{A_R \cdot M_R}{m_R \cdot n_R} = \frac{A_S \cdot M_S}{m_S \cdot n_S} \tag{7-29}$$

则分析物的量 m_S 为

$$m_S = \frac{A_S M_S n_R}{A_R M_R n_R} \cdot m_R \tag{7-30}$$

分析方法上可以有两种方法——内标法和外标法。

（1）内标法。把标准参比物与试样混合在一起，用合适的金属剂配制适宜浓度的金属液，绘制 NMR 谱，按上式进行计算。这种方法准确度高，操作方便，较常应用，尤其是一些较简单试样的分析更常用。

（2）外标法。当分析较复杂的试样时，难以找到合适的内标，可用外标准参比物和试样在同样条件下分别绘制 NMR 谱。计算方法一样。而外标准物可以用分析物的纯物质，此时计算式简化为

$$m_S = \frac{A_S}{A_R} \cdot m_R \tag{7-31}$$

7.6.2 结构鉴定

NMR 谱法一般经历如下的步骤进行谱图的解析：

（1）与 IR 法相同，首先尽可能了解清楚样品的一些自然情况，以便对样品有一些大概的认识；通过元素分析获得化合物的化学式，计算不饱和度 Ω；

（2）根据化学位移值确认可能的基团，一般先辨认孤立的，未耦合裂分的基团，即单峰，即不同基团的 ^{1}H 之间距离大于三个单键的基团及一些活泼氢基团，如甲基醚 H_3C—

CH_2—O—R、甲基酮（H_3C—C(=O)—R）、甲基叔胺（H_3C—N(R)—R）、甲基取代的苯中的甲基质子及苯环上的质子，活泼氢为—OH，—NH_2，—SH 等；然后再确认耦合的基团。从有关图或表中的 δ 可以确认可能存在的基团，这时应注意考虑影响 δ 的各种因素，如电负性原子或基团的诱导效应、共轭效应、磁的各向异性效应及形成氢键的影响等；

（3）根据积分高度确定出各基团中质子数比，验证耦合裂分多重峰所判断的基团连接关系；

（4）根据耦合裂分峰的重数、耦合常数，判断基团的连接关系。先解析一级光谱，然后复杂光谱。进行复杂光谱解析时，应先进行简化；

通过以上几个程序，一般可以初步推断出可能的一种或几种结构式。然后，反过来，从可能的结构式按照一般规律预测可能产生的 NMR 谱，与实际谱图对照，看其是否符合，从而可以推断出某种最可能的结构式。

谱图解析举例如下。

例 1　某化合物的化学式为 $C_7H_{12}O_4$，IR 谱表明约 $1750cm^{-1}$有一很强的吸收峰，NMR 谱如下，试确定其结构。

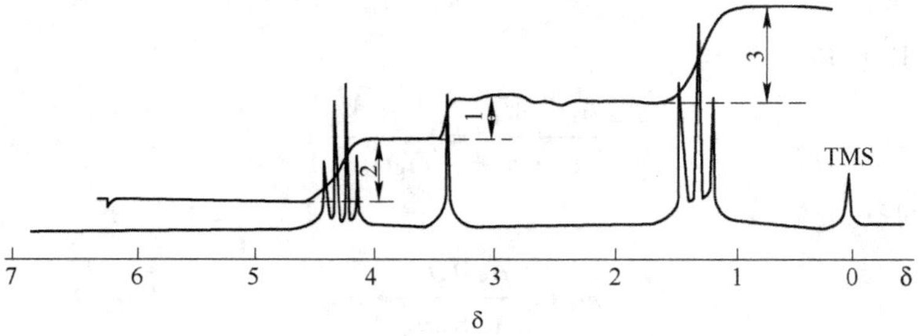

解：

$\Omega = 1 + 7 + (-12/2) = 2$；有三组峰，相对面积为 2∶1∶3，若分别为 2、1、3 个^{1}H，则总数为 6，为分子式 12 个^{1}H 的一半，因此分子可能有对称性；

IR 显示约 $1750cm^{-1}$有一强峰，应有 >C═ 存在，且分子中有 4 个 O，则可能有 2 个 >C═；δ 约 12 处有一组三重峰，可能为—CH_3，且受 >C═ 裂分，而 δ 约 3.2 处有一组四重峰，与 δ 约 1.2 是典型的—CH_2CH_3 组分；而 δ 较大，可能为 CH_3CH_2—O 的组分；δ 约 1.2 处有一单峰，相对面积为 1，则是一个与碳基相连的孤立（不耦合）的^{1}H，可能为 —C(=O)—CH(—)— ，所以可能有 CH_3—CH_2—OC(=O)—CH(—)— 的结合。而此结合的^{1}H、O 的数目为分子式的一半，而比 C 原子数一半多半个原子。因此可以推测出整个分子的中间 C 原子为对称的结构，可能为

CH_3CH_2O—C(=O)—CH_2—C(=O)—CH_2CH_3

参考文献

[1] 陈力功，张卫宏，冯亚青，等. 精细化学品的现代分离与分析 [M]. 北京：化学工业出版社，2000.
[2] 董慧如，柯以侃，王志华. 复杂物质剖析技术 [M]. 北京：化学工业出版社，2004.
[3] 黄玉媛，杜上鉴. 精细化工配方研究与产品配制技术（上册）[M]. 广州：广东科技出版社，2003.
[4] 高昆玉. 色谱法在精细化工中的应用 [M]. 北京：中国石化出版社，1997.
[5] 陈培榕，李景虹，等. 现代仪器分析实验与技术（第2版）[M]. 北京：清华大学出版社，2006.
[6] 高俊杰，余萍，等. 仪器分析 [M]. 北京：国防工业出版社，2005.
[7] 邓芹英，刘岚，等. 波谱分析教程 [M]. 北京：科学出版社，2007.
[8] 高向阳. 新编仪器分析（第二版）[M]. 北京：科学出版社，2004.
[9] 夏立娅. 仪器分析 [M]. 北京：中国计量出版社，2005.
[10] 叶宪曾，张新祥，等. 仪器分析教程（第2版）[M]. 北京：北京大学出版社，2007.
[11] 林新花. 仪器分析 [M]. 广州：华南理工大学出版社，2002.
[12] 周先碗，胡晓倩，等. 生物化学仪器分析与实验技术 [M]. 北京：化学工业出版社，2003.
[13] 张华，彭勤纪，等. 现代有机波谱分析 [M]. 北京：化学工业出版社，2005.
[14] 张晓丽. 仪器分析实验 [M]. 北京：化学工业出版社，2006.
[15] 冯玉红. 现代仪器分析实用教程 [M]. 北京：北京大学出版社，2008.
[16] 彭勤纪，王壁人. 波谱分析在精细化工中的应用 [M]. 北京：中国石化出版社，2001.
[17] 王光辉，熊少祥. 有机质谱分析 [M]. 北京：化学工业出版社，2005.
[18] 苏克曼，潘铁英，张玉兰. 波谱解析法 [M]. 上海：华东理工大学出版社，2005.
[19] 王乃兴. 核磁共振谱学在有机化学中的应用 [M]. 北京：化学工业出版社，2006.
[20] 李润卿. 有机结构波谱分析 [M]. 天津：天津大学出版社，2003.

冶金工业出版社部分图书推荐

书　　名	定价(元)
微生物应用技术	39.00
现代选矿技术手册（第2册）浮选与化学选矿	96.00
有色金属化学分析	46.00
有机化学	28.00
水处理工程实验技术（高等学校实验实训规划教材）	39.00
高等分析化学（高等学校教学用书）	22.00
冶金原理习题解	40.00
化验师技术问答	79.00
现代金银分析	118.00
现代色谱分析法的应用	28.00
大学化学实验（高等学校实验实训规划教材）	12.00
大学化学实验教程（高等学校实验实训规划教材）	22.00
大学化学（高等学校教学用书）	20.00
冶金化学分析	49.00
冶金仪器分析	42.00
分析化学实验教程	20.00
化学工程与工艺综合设计实验教程	12.00
水分析化学	14.80
水分析化学（第2版）	17.00
有机化学	20.00
现代实验室管理	19.00
轻金属冶金分析	22.00
重金属冶金分析	39.80
贵金属分析	19.00
钢材质量检验	35.00
铁矿石与钢材的质量检验	68.00
铁矿石取制样及物理检验	59.00
物理化学（第2版）	35.00
冶金物理化学	39.00
环境生化检验	14.80
分析化学简明教程	12.00
燃料电池（第2版）	29.00
燃料电池及其应用	28.00
煤焦油化工学（第2版）	38.00